超硬材料薄膜的制备、性能与应用

郑州大学出版社

图书在版编目(CIP)数据

超硬材料薄膜的制备、性能与应用/王光祖主编. —郑州:郑州大学出版社,2022.7(2024.6 重印)

ISBN 978-7-5645-8782-6

Ⅰ.①超… Ⅱ.①王… Ⅲ.①薄膜技术 Ⅳ.①TB43

中国版本图书馆 CIP 数据核字(2022)第 099670 号

超硬材料薄膜的制备、性能与应用

CHAOYING CAILIAO BOMO DE ZHIBEI XINGNENG YU YINGYONG

策划编辑	崔　勇	封面设计	苏永生
责任编辑	崔　勇	版式设计	凌　青
责任校对	杨飞飞	责任监制	李瑞卿

出版发行	郑州大学出版社	地　　址	郑州市大学路 40 号(450052)
出 版 人	孙保营	网　　址	http://www.zzup.cn
经　　销	全国新华书店	发行电话	0371-66966070
印　　刷	廊坊市印艺阁数字科技有限公司		
开　　本	787 mm×1 092 mm　1/16		
印　　张	14.25	字　　数	290 千字
版　　次	2022 年 7 月第 1 版	印　　次	2024 年 6 月第 2 次印刷

书　　号	ISBN 978-7-5645-8782-6	定　　价	78.00 元

河南省聚创磨具有限公司
本书由　西峡泰祥实业有限公司　资助出版
西安锐凝超硬工具科技有限公司

编委会

主　　编　王光祖

副主编　冯双勇　赵　宁
　　　　　吕华伟　朱新娟

编　　委　王光祖　冯双勇　赵　宁
　　　　　吕华伟　朱新娟　王鹏辉
　　　　　郑文萍　冯浩轩　李　娟

前 言

金刚石在天然物质中硬度最高,这是人人皆知的。然而,金刚石在热、电、声、光学等其他方面的优越性能就鲜为人知了。金刚石的室温热导率是铜的 5 倍,对激光器、半导体等器件的散热很有意义;金刚石的热膨胀系数低,与合金相比,其弹性模量和纵波声速之高使它在高温保真扬声器中有不可替代的作用。金刚石的内电子和空穴的迁移率都很高,极有希望制成微波大功率器件;因它的禁带宽度达到 5 eV 以上,这使它能从紫外直到远红外均有极好的光学透过性,并有希望成为宽禁带高温半导体。另外,金刚石还有很高的化学稳定性。金刚石的性能虽然好,但用人工制备困难不少。由于 20 世纪 80 年代初期金刚石薄膜的低压气相生成取得突破性进展,全世界掀起了一股金刚石薄膜的研究高潮。

早在 20 世纪五六十年代,美国、苏联的科学家先后在低压下实现了金刚石多晶薄膜的化学气相沉积(CVD),虽然当时其沉积速率非常低,但无疑是奠基性的创举。进入 20 世纪 80 年代以来,成功地发展了多种 CVD 金刚石多晶薄膜的制备方法,薄膜的生长速率、沉积面积和结构性质已逐步达到可应用的程度。研究证实,高质量的 CVD 金刚石多晶薄膜的硬度、导热、密度、弹性(以扬氏模量表征)和透光性已达到或接近天然金刚石。由于其相对低的成本和能够在衬底上生长连续的多晶薄膜,因而具有非常重要和广阔的应用前景。因此,20 世纪 80 年代后期“金刚石薄膜热”在国际的兴起,绝不是偶然的。

从 20 世纪 80 年代中期以来,建立了诸如:电子辅助热丝 CVD 方法、直流辉光放电方法、直流电弧等离子体喷射 CVD 方法、直流电弧放电 CVD 方法、微波 CVD 方法、射频 CVD 方法、激光辅助沉积等,解决了金刚石在大面积和复杂形状表面应用的问题,从而使其在加工模具和耐磨器、光学器件、声表面波器件、电化学电极、微机电系统、平板显示器等领域具有广泛的应用前景。材料学界断言,CVD 金刚石薄膜将成为金刚石材料未来发展的主流,其不仅可以带来巨大的经济效益,更为重要的是,CVD 金刚石薄膜可以把金刚石材料全方位特性应用发挥到极至,如应用于机械加工业、汽车、信息、能源领域及国防、军事武器和尖端技术等,有效改变整个国民经济的产业结构。

需要指出的是,常规 CVD 金刚石薄膜由微米级(几微米到几十微米)柱状多晶组成,表面较粗糙,作为耐磨涂层,这不仅会造成加工模具摩擦磨损加剧,导致使用寿命减小,而且还严重影响加工精度和表面质量。同时,高硬度表面也给后续抛光处理带来很大困难,直接限制金刚石薄膜的推广应用和产业化的进程。随着沉积金刚石薄膜技术的发展与成熟,纳米金刚石涂膜技术应运而生。

自 Gruen 等 1994 年首次使用微波等离子体 CVD 工艺在贫氢富氩气氛中引入少量 C_{60}制备纳米金刚石薄膜以来,纳米金刚石薄膜已成为 CVD 金刚石薄膜研究领域的一个新的热点。纳米金刚石薄膜优异的光学性能,结合优异的力学性能、导热性能及光滑的表面特性,使其可用于多种光学元件的保护涂层或替代材料。此外,CVD 金刚石自支撑膜由于高透光性、优异的力学性能、极佳的导热性能和在微波段极低的介电损耗,成为高功率 CO_2 激光窗口和高功率微波管的窗口材料的最佳选择。

国内 CVD 金刚石的研究始于 20 世纪 80 年代中期,以吉林大学邹广田为负责人的课题组于 1985 年获吉林省科委重点项目资助,开始金刚石薄膜的研究,1987 年 4 月采用热灯丝低压 CVD 方法制备出国内第一片金刚石薄膜。

我国 1987 年开始实施国家“863”计划,该计划分为七个领域。其中,在新材料技术领域列有金刚石薄膜研究课题,为我国金刚石薄膜研究发展提供了机遇。“七五”期间,我国金刚石薄膜的研究取得长足发展,得到了国际同行的关注,掀起了金刚石薄膜的研究热。

我国 CVD 金刚石薄膜的发展和国际上基本同步,经过近 30 年的发展,有关 CVD 金刚石的基础研究及设备制造技术都达到了国际先进水平,其中,热丝、直流热阴极、直流等离子体喷射等 CVD 设备已经十分成熟,基本上实现了自主制造,广泛应用于高校、研究所、企业单位。在获得高品质 CVD 金刚石的基础上,相关中高端金刚石制品的研发及其在精密切削、地质钻探、半导体等领域的广泛应用,是未来 CVD 金刚石更好、更快发展的必经之路。

集电学、光学、力学、声学和热学等众多特异性能于一身的金刚石薄膜,是国家重要战略材料。开发和研究金刚石薄膜材料的关键是对其核心制造技术热丝化学气相沉积系统的研制与开发。这种技术可实现在异型基材和金属基材表面沉积金刚石薄膜的目的,可促进我国的高端制造业、环保行业和能源行业的大力发展。目前,仅有德国 Cemecon 公司、日本 Seki 公司、瑞典 Neocoat 公司和美国 SP3 公司销售相关产品,而我国由于缺乏其关键核心技术，无成熟产品问世。现有国产的金刚石薄膜重复性差，性能不稳定，无法用于开展系统性金刚石薄膜材料基础科学研究和应用工作。因此，研制热丝化学气相沉积系统是实现高端制造业、环境和能源等关键材料——金刚石薄膜国产化的重要一步，可以促使我国从制造大国转变为制造强国。

随着 CVD 金刚石相关科学技术的不断发展，我国从事 CVD 金刚石研究和开发的科研队伍也在不断壮大，越来越多的企业逐渐加入这一市场巨大、前景可观的高科技产业中。我们坚信，中国的 CVD 金刚石会有更加美好的明天。

《超硬材料薄膜的制备、性能与应用》由概论、性能及其影响因素、制备技术的多样性、工程与功能应用、纳米金刚石薄膜、类金刚石涂层、金刚石薄膜的特性表征与测试技术、理论模型与机制研究、立方氮化硼薄膜和结语与展望十个部分组成。本书力求全面、系统地反映当今科研、生产最好新水平，是一部集众多行业研究者在研发、生产实践中所取得的丰硕理论与实际经验和智慧之大成。

衷心感谢河南省聚创磨具有限公司冯双勇总经理、西安锐凝超硬工具科技有限公司赵宁博士、西峡县泰祥实业有限公司朱新娟董事长的资助。

王光祖

2021 年 12 月

目　录

1 概论

低温低压制备金刚石是一种新的制备技术，起始于1970年苏联Deryagin、Spitsyn、Fedoseev等的成功试验，并在1976年公开发表在学术刊物上。低温低压沉积的人造金刚石这一创新成果，在整个20世纪70年代一直没有能引起人们的关注，甚至受人嘲笑。其主要思想根源是受“高温、高压”框框的禁锢，认为在低温低压下石墨相为稳态，金刚石相为非稳态，在低压下进行是不可能的。

在1980年前后，日本Setaka等重复了苏联Deryagin、Spitsyn、Fedoseev等先前的工作，用实验证实了苏联人的研究结果是真实可靠的。1986年美国公开宣布，用低压气相生长方法沉积金刚石取得成功。由此，引起轰动并形成全球金刚石薄膜热。这股金刚石薄膜热，不仅使发达国家（如日本、美国、德国等）投入了大量的人力物力，而且使发展中国家（如中国、印度等）也相继卷入。经过近30年的发展，提出了诸如热丝CVD法、微波等离子体CVD法、等离子体射流CVD法、火焰燃烧法、等离子体输运法等，其中，热丝CVD法是目前应用最为广泛的一种。

20世纪50年代，人们开始使用高温高压（HPHT）方法成功合成出金刚石，并经60余年的发展后已达到商业化水平。但是HPHT方法合成的金刚石呈离散的单晶颗粒状态，而半导体、光学窗口等领域的应用需要大面积的金刚石薄膜材料，如何制备出金刚石薄膜材料成为金刚石研究领域的重要课题。

1.1 国外发展概述

在HPHT发展的同时，1953年至1969年，Eversole和Deryagin进行了在低压下热分解含碳的气体合成金刚石的实验，使用的衬底材料是天然金刚石，实验中金刚石的生长速率极低，得到的只是含有极少量金刚石与大量石墨的混合相，期间实验进展缓慢。

到20世纪60年代末，Angus在实验中发现，在热分解气体工艺中，原子氢可以优先刻蚀石墨，随后苏联的科学家研究发现，采用CVD方法，可以在非金刚石衬底上生长出金刚石薄膜，虽然当时的沉积速率非常低，各项技术不完美，但是它为CVD方法奠定了基础。

1982年，日本无机材料研究所（NIRIM）的Matsumoto等分别采用热丝CVD和微波等离子体CVD技术，以氢气和甲烷为原料，在非金刚石衬底上率先成功制备了质量较好的金刚石薄膜，使金刚石薄膜技术取得了真正突破性的进展，引发了世界范围的"金刚石薄膜"研究热。

2010年，日本产业技术综合研究所（AIST）使用MPCVD能够制备出尺寸达12 mm的单晶金刚石和25 mm的马赛克晶片。2013年，他们在一份首创声明中称，使用MPCVD能够制备出尺寸为20 mm×40 mm的自支撑单晶金刚石晶圆。

美国的"星球大战计划"、欧洲的"尤里卡计划"等都把CVD金刚石薄膜技术视为关键之一；1988年，CVD金刚石薄膜被列入国家"863"计划。经过全世界科学工作者的不断努力，已在CVD金刚石薄膜研究与产业化进展上取得令人瞩目的成果。

国外在CVD同质外延单晶金刚石研究方面已经取得了不少成就，且在首饰、精密切削材料和光学材料等方面已实现了部分应用。但单晶金刚石在电子领域的实际应用仍没有实现。

美国APOLLODI AMOND公司一直致力于CVD法合成宝石级金刚石，不仅成功制备出了可与天然金刚石相媲美的人造钻石，而且其价格仅为天然金刚石的三分之一。他们还在CVD法生长金刚石过程中，先对其进行掺杂（硼或氮），形成一层或多层过渡层，然后再在其上进行单晶金刚石的外延生长。这样做有利于消除因异质基底与金刚石间晶格常数不匹配而引起的内应力，从而有利于形成大单晶金刚石颗粒，还能显著增强金刚石各方面的性能，如颜色、机械强度、热导率[可达3200 W/(m·K)]等。

卡内基地球物理实验室2004年生长出了对角长10 mm、厚4.5 mm的单晶金刚石，平均生长速率为100 μm/h，这比传统生长速率高出1～2个数量级。2009年他们已生长出了厚度10 mm以上的克拉级单晶金刚石，生长速率为50～100 μm/h。目前，该实验室已经能够让方形金刚石在6个面（100）上同时生长，使得大单晶金刚石生长成为可能。2012年，卡内基的研究员称他们在制造克拉级无色的CVD金刚石方面取得重要进展，制造出无色单晶金刚石加工后重达2.3 ct，生长速率达50 μm/h。

美国卡内基地球物理实验室通过专利公布了其用微波等离子体化学气相沉积（MPCVD）法，能够高速生长无色、大尺寸单晶金刚石。他们通过控制金刚石籽晶表面的生长温度,可以使整个基片的温差<20 ℃,同时他们在过生长过程中通入 O_2,合成出了重量超过 10 ct 的无色单晶金刚石,其生长速率达到了 50 μm/h。元素六公司使用 MPCVD 法也实现了单晶金刚石的高速同质外延,他们制备出了至少 1 mm 厚的彩色单晶金刚石薄膜,其色相角小于 80°。他们还合成出了厚度高达 3 mm 的高质量金刚石薄膜。

在 1995 年的第三届金刚石薄膜与相关材料应用会议上,美国 QQC 公司采用激光辅助沉积方法使金刚石薄膜的生长速率达到创纪录的 3600 μm/h,而美国 Nordon 公司也实现了直径达到 200 mm 的 CVD 金刚石厚膜,以及直径 100 mm 的光学级 CVD 金刚石球罩。CVD 金刚石的大规模制备和应用随之不断地在全世界范围内开展起来。

1.2 国内发展状况

在国内,CVD 金刚石的研究始于 20 世纪 80 年代中期。我国 1987 年开始实施“863”计划,当时该计划分为七个领域,其中在新材料技术领域列有金刚石薄膜研究课题。

“七五”和“八五”期间如下单位承担过“863”计划研究课题:吉林大学、北京人工晶体研究所、北京理工大学、四川大学、北京科技大学、天津理工大学、上海交通大学、合肥工业大学、郑州大学、中国科学院物理研究所、成都工具研究所、中国科学院等离子体物理研究所、中国科技大学、中国科学院长春物理研究所、牡丹江光电技术研究所、西安交通大学等。

1.2.1 吉林大学

吉林大学原子与分子物理研究所于 1984 年 2 月组建了金刚石薄膜研究组,1986 年自行设计研制了国内第一台热灯丝 CVD 金刚石薄膜制备装置,经过一年左右的工艺实验,在 1987 年 4 月合成了我国第一片 CVD 金刚石薄膜,填补了国内空白。

“七五”—“十五”期间,吉林大学在国家“863”计划等的大力支持下建立了电子增强热丝 CVD 法、直流热阴极 CVD 法和微波 CVD 法,用电子增强热丝 CVD 法制备出大尺寸高导热金刚石厚膜,用直流热阴极 CVD 法实现了高品质金刚石薄膜的快速生长,用微波 CVD 法制备出高导热、高绝缘、高取向的大尺寸金刚石薄膜。2008 年在国内首先开展了同质外延 CVD 金刚石单晶快速生长,速率可达 50~200 μm/h,生长出大尺寸近无色透明单晶金刚石,并应用于高精密切削刀具和大功率微波窗口等领域,部分成果达到了国际先进水平。

1.2.2 北京科技大学

北京科技大学是我国最早开展 CVD 金刚石薄膜研究的单位之一,1988 年研究起步,从 1991 年开始和河北省科学院紧密合作进行 DC Arc Plasma Jet 设备和工艺研究，于 1995 年年底建成了 100 千瓦级 DC Arc Plasma Jet CVD 系统，于 1997 年年底国内首次制备出光学级(透明)金刚石薄膜。经过多年的艰苦努力，目前已经形成系列化的、可用于科学研究和大规模工业化生产的金刚石薄膜大面积、高质量、低成本制备设备。合作研发的高功率 DC Arc Plasma Jet CVD 金刚石薄膜沉积系统，采用了独特的磁控旋转电弧等离子体炬(发明专利)和半封闭式气体循环系统，具有独立知识产权和我国特色。

北京科技大学在气体循环条件下，采用高功率 DC Arc Plasma Jet CVD 系统制备大面积光学级金刚石自支撑膜迄今为止仍是国内外唯一成功案例。

2009 年和河北省科学院合作成立河北普莱斯曼金刚石科技有限公司。目前拥有 30 千瓦级生产型 DC Arc Plasma Jet CVD 系统 30 余套，产品涵盖工具级、热沉级和光学级金刚石自支撑膜，年产能超过300 万 mm^3。

1.2.3 北京人工晶体研究院

北京人工晶体研究院金刚石薄膜研究始于 1987 年，“七五”—“九五”期间，一直是国家“863”计划中该项研究的主要承担单位之一。

1996 年与南京天地集团合资建立了北京天地东方金刚石技术有限责任公司(现更名为北京天地超硬材料股份有限公司)，是国内首个以金刚石薄膜技术和应用研究开发为主的股份制企业，初步构造了金刚石薄膜的产业化模式，实现了从实验室技术到生产技术的转化，建立了从金刚石厚膜材料生长、加工到金刚石厚膜工具产品生产线。

1998 年与上海同济大学声学所共同承担国家自然科学基金“金刚石薄膜声学特性的激光超声研究”项目，并与德国海德堡大学合作，采用激光超声技术成功测定了金刚石厚膜的纵波声速和声表面波速度，为“十五”和“十一五”军工应用的极高频声表面波技术和器件奠定了基础。

多年以来，北京人工晶体研究院已研制了实用化、高速度、大面积热丝法 CVD 金刚石厚膜生长技术和设备，并具备产业化的能力。独特的直丝、张丝结构，生长面积、生长速率、生长质量等主要技术指标，设备及膜片低的制作成本等技术经济指标，均达到该技术国际先进水平。同时研究开发了 CVD 金刚石薄膜材料的关键加工技术，完成了金刚石厚膜的激光切割、高精度与高光洁度研磨抛光加工及真空焊接等各项技术，为实现工具产品的应用开发奠定了基础。

1.2.4 上海交通大学

早在 1987 年，上海交通大学就开始从事低压气相合成金刚石薄膜的研究工作，在国内较早建立起金刚石薄膜涂层研究基地,连续承担了“七五”“八五”“九五”“十五”期间国家 863 计划新材料领域关于 CVD 金刚石薄膜的研究工作。

1996 年至 2000 年,已先后完成了“863”项目“CVD 金刚石涂层技术”“CVD 金刚石涂层刀具在汽车工业中的应用”“金刚石涂层拉丝模应用开发研究”等多项科研项目。

在国内外首创用直拉穿孔热丝 CVD 法制备得到金刚石涂层拉丝模,质量稳定,在实际生产线上拉拔电焊条试验表明,拉丝模寿命可提高 5~10 倍。

2002 年至今,上海交通大学承担国家“863”重大专项和上海市科委纳米科技专项“纳米金刚石复合涂层的应用与产业化”项目,在国际上首先把化学气相沉积(CVD)金刚石薄膜制备技术应用于拉拔模具,建立了国内第一个金刚石涂层产品的企业标准。

1.2.5 上海大学

20 世纪 80 年代,上海大学开始采用化学气相沉积(CVD)法生长金刚石薄膜。1995 年,首先成功地在氧化铝陶瓷基片上沉积金刚石薄膜,同时进行了将该复合材料用于高频、高功率密度集成电路封装基片的工作。

“大面积金刚石薄膜制备及应用研究”重点项目于 1996 年通过上海市科委鉴定。“金刚石薄膜的选择性定向生长研究”重点项目于 2001 年通过上海市教委鉴定。

2002 年年底完成国际合作项目“适应超大规模集成电路的金刚石薄膜/氧化铝陶瓷复合基片材料”“适应超高速、大功率集成电路的金刚石薄膜/氧化铝陶瓷复合基片材料”成果。

2001 年起在国内率先开展了金刚石薄膜在高能粒子(射线)辐射探测器中的应用研究。上海市科技攻关项目“金刚石薄膜粒子探测器的研究”,于 2003 年通过上海市科委鉴定。国家自然科学基金项目“高分辨率 X 射线成像——微条气体室(MSGC)的研制”于 2003 年完成,该工作首次报道了采用金刚石薄膜/硅复合材料作为微条气体室的衬底,可以有效克服传统衬底的电荷积累问题。

2004 年开展了金刚石薄膜粒子探测器芯片 1×128 读出集成电子学系统的设计研究。

2005 年年底完成国家自然科学基金项目“高速、强抗辐照粒子探测器的研究”,成功开发了 Au/[001]金刚石薄膜/硅/Al 单元探测器、Cr Au 复合电极微条宽度和间距均为 25 μm 的 1×128 微条探测器,基金委专家对该项目结题的评价为“特优”。

2008 年年底完成国家自然科学基金项目“金刚石薄膜紫外光探测器的设计和工艺研究”,通过改善金刚石薄膜的质量和改进器件结构,即采用共面栅结构明显提高了紫外探测灵敏度和紫外/可见分辨率。

2009 年起得到国家自然科学基金项目的资助,开展基于金刚石薄膜的场效应光敏晶体管(OP-FET)的研究。

2011年、2012年连续获得国家自然科学基金项目的资助,开展强磁场下金刚石薄膜的制备和硼/金刚石薄膜复合结构的制备及中子阵列探测技术研究。

1.3 CVD 金刚石生产企业

经过近10年的发展,国内金刚石的制备、应用及产业化方面取得了很大的成就,经历了“从无到有,从小到大”的发展,并且具有十分广阔的市场需求和发展空间。主要厂家有北京希波尔科技发展有限公司、北京天地东方超硬材料股份有限公司、河北普莱斯曼金刚石科技有限公司、深圳雷地科技有限公司、上海交友钻石涂层有限公司、长春八方金刚石科技有限公司等。下面介绍一下河北普莱斯曼金刚石科技有限公司和北京希波尔科技发展有限公司。

1.3.1 河北普莱斯曼金刚石科技有限公司

在2012年的年产值达到2200万元,从2009年到2012年的四年内年产值增加了2倍,平均年增长超过50%。目前已拥有30千瓦级DC Arc Plasma Jet CVD设备30多台套,产能超过700万 mm^3(12万ct),涵盖工具级、热沉级和光学级金刚石自支撑膜产品。2012年度国内市场销售量已上升到30%以上。

热沉级CVD金刚石薄膜开始出现固定客户,光学级自支撑膜和窗口级开始小批量的销售(河北普莱斯曼公司)。

上海交大的金刚石薄膜涂层深孔硬质合金拉丝模年销售额超过千万。

1.3.2 北京希波尔科技发展有限公司

对外展示250 mm×250 mm大面积热丝CVD金刚石自支撑膜。

微波等离子体CVD技术终于开始获得较大进展。从1987年到2010年的24年中,国产微波等离子体CVD设备一直停留在国外20世纪80年代末到90年代初期的水平。在2007年左右,成都电子科大仿照国外产品,研制了一台5千瓦级椭球腔微波等离子体CVD装置,出售给清华大学,但一直未能正常运转。从2009年到2012年,北京科技大学从微波等离子体的理论模拟开始,设计并建立了8千瓦级椭球腔微波等离子体CVD系统,和5千瓦级进气可调谐振腔微波等离子体CVD系统。前者达到了国外20世纪90年代末期水平,后者与国外当前的微波等离子体CVD系统的谐振腔设计相比还需有所改进。

2 CVD 薄膜性能及其影响因素

2.1 金刚石薄膜的性能

2.1.1 金刚石薄膜的力学性能

CVD 金刚石薄膜的优越物理机械特性早已广泛为人所知，从表 2-1 中可以看出 CVD 金刚石薄膜具有和天然金刚石类似的极高的硬度和弹性模量、极高的热导率、低的摩擦系数、低热膨胀系数，并且解决了金刚石在大面积和复杂形状表面应用的问题，从而使其在耐磨器件、光学器件、声表面波器件、电化学电极、微机电系统、平板显示器、医学等领域具有广泛的应用前景。

表 2-1 天然金刚石和 CVD 金刚石薄膜的主要力学性能指标比较

力学性能	天然金刚石	CVD 金刚石薄膜
硬度/GPa	100	70~100
密度/(g/cm^3)	3.515	2.8~3.5
熔点/℃	4000	接近 4000
弹性模量/Pa	1.04×10^{12}	—
杨氏模量/GPa	1200	1050
泊松比	0.2	—
热冲击系数/(W/m)	10^7	0.08~0.1
断裂韧性/($MPa\cdot m^{1/2}$)	约 3.4	1~8

续表 2-1

力学性能		天然金刚石	CVD 金刚石薄膜
抗拉强度/GPa		约 3	200~400
热膨胀系数	300 K	1.0×10^{-6}	1.0×10^{-6}
	500 K	2.7×10^{-6}	2.7×10^{-6}
	1000 K	4.4×10^{-6}	4.4×10^{-6}

金刚石低的密度和高的弹性模量,以及其声音传播速度大,又可作为高保真扬声器高音单元的振膜,更是高档音响扬声器的优选材料。

金刚石摩擦系数低,散热快,可作为宇航高速旋转的特殊轴承,加上它的优良耐辐射性能和碳原子在金刚石中键能密度高于其他所有物质,因此能承受高能加速器内接近光速移动的基本粒子撞击,当带电粒子进入金刚石薄膜,其电荷可由仪器测知,因此它又是高能加速器粒子的探测材料;它的高散热率、低摩擦系数和透光性,还可作为军用导弹的整流罩材料。

与常规金刚石薄膜相比,纳米金刚石薄膜具有许多优异的性能,见表 2-2。

表 2-2　纳米金刚石薄膜、常规金刚石薄膜与单晶金刚石性能的比较

性能	纳米金刚石薄膜	常规金刚石薄膜	单晶金刚石
晶粒尺寸	3~20 nm	几十个微米(μm)	—
表面粗糙度	19 nm	粗糙	—
硬度/GPa	39~78	85~100	50~100
摩擦系数	0.05~0.1(未抛光)	0.1(已抛光)	—
禁带宽度/eV	4.2	5.2	5.45
化学稳定性	极好	极好	极好
杨氏模量/GPa	864	1040	>1000
剪切模量/GPa	384	354~535	—

2.1.2　金刚石薄膜的电学性能

金刚石还具有优异的电学性能,表 2-3 列出了天然金刚石和 CVD 金刚石薄膜的主要电学性能。

表 2-3 天然金刚石和 CVD 金刚石薄膜的主要电学性能

电学性能	天然金刚石	CVD 金刚石薄膜
禁带宽度/eV	5.45	5.45
电阻率/(Ω·cm)	10^{16}	$>10^{12}$
击穿电压/(V/cm)	3.5×10^{16}	—
介电常数	5.5	5.5
产生电子空穴对能量/eV	13	—
热导率/[W/(cm·K)]	20	10~20
电子迁移率/[cm^2/(V·s)]	2200	—
空穴迁移率/[cm^2/(V·s)]	1600	—

常规金刚石薄膜和纳米金刚石薄膜的电学性能相比:两种薄膜的电阻随温度上升单调上升。在室温和高温处,纳米金刚石薄膜的电阻比常规金刚石薄膜的电阻分别低 10^7 和 10^5 左右。两种薄膜的损耗相差很多,常规金刚石薄膜为 0.014~0.049,纳米金刚石薄膜为 0.056~0.174,两者相差 3~4 倍,如图 2-1 所示。而两种薄膜的介电常数比较接近,纳米金刚石薄膜为 7.5~10,常规金刚石薄膜为 6.9~10。

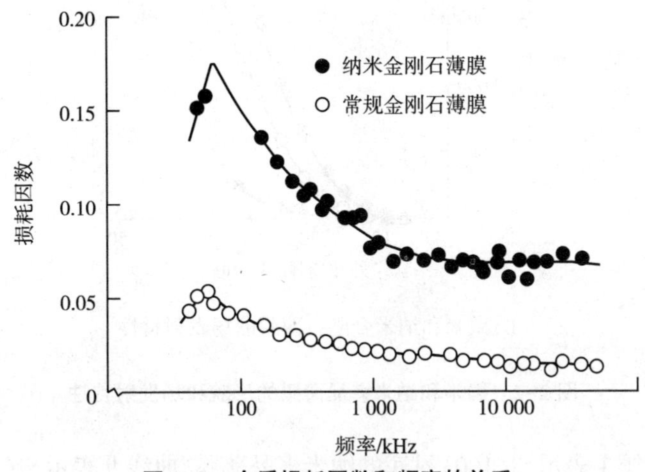

图 2-1 介质损耗因数和频率的关系

采用 CVD 方法制备的纳米多晶金刚石薄膜和微米多晶金刚石薄膜的形貌如图 2-2 的图(a)所示,其对应的场外发射特性如图 2-2 中的图(b)所示,可以看出在同样的电场下,纳米多晶金刚石薄膜的场发射电流明显大于微米多晶金刚石薄膜的场发射电流。

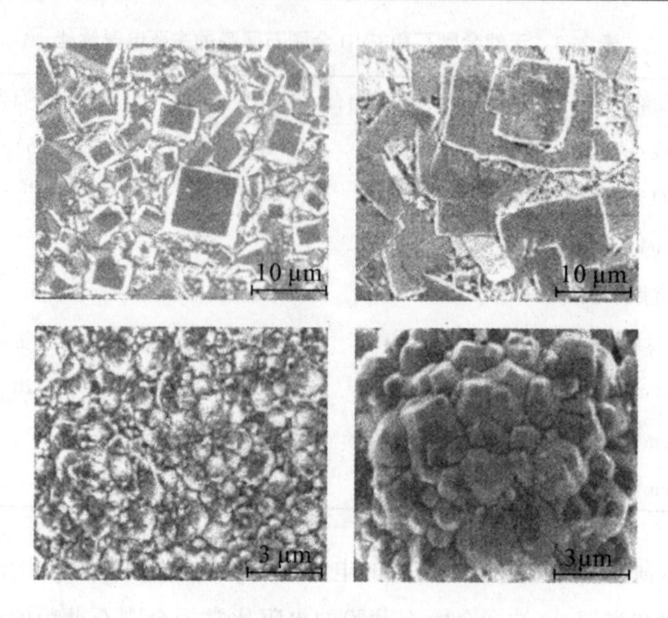

(a)微米和纳米多晶薄膜的形貌

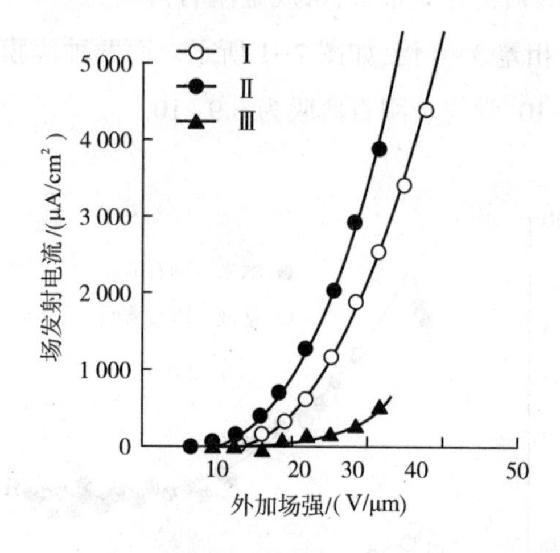

(b)微米和纳米金刚石薄膜的场发射持性

图 2-2　微米和纳米多晶薄膜的形貌和场发射特性

图 2-2 中曲线Ⅰ表示 Si(100)衬底的纳米多晶薄膜,曲线Ⅱ表示 Si(111)衬底的纳米多晶薄膜,曲线Ⅲ表示 Si(100)衬底的微米多晶薄膜。

由表 2-3 数据可知,金刚石具有低介电常数,是理想的微波介质材料。金刚石禁带宽、载流子迁移率高、高热导、高的击穿电压,可在半导体器件中制作 600 ℃以下能正常工作的耐高温器件。工作温度高,可制作大功率晶体管和半导体温度计。作为耐强辐射器件,可在宇航飞船和原子能反应堆等强辐射环境中正常工作。特别是金刚石薄膜的掺杂,可半导体化,使其成为极其优异的半导体材料。它在半导体中的应用,可引发电子领域的革命。

2.1.3 金刚石薄膜的热学性能

金刚石具有最高的热导率。表 2-4 是金刚石的热学性能。金刚石薄膜的热导率现今基本上接近天然金刚石的热导率。金刚石由于电阻率高,可作为集成电路基片和绝缘层以及固体激光器的导热绝缘层。高导热金刚石薄膜制备技术的发展,使金刚石热沉在大功率激光器、微波器件和集成电路上应用变成现实。金刚石热导率高,热容小,尤其是高温时的散热效能更为显著,无法累积热量,是散热极好的热沉材料。

表 2-4 金刚石的热学性能

热学性能	热导率/[W/(cm·K)]		线膨胀系数/℃
	理论	单晶	
人工合成	20	20	1.1×10^{-6}
天然	20	20	1.1×10^{-6}

2.1.4 金刚石薄膜的光学性能

表 2-5 是金刚石的光学性能。就光学性能而言,从紫外到远红外整个波段都具有高的透过率,是大功率红外激光器和探测器的理想窗口材料,其折射率高可作为太阳能电池的反射膜;金刚石的高透过率、高热导,优良的力学性能、发光特性和化学惰性,可作为光学上的最佳应用材料,诸如各种光学透镜的保护膜;利用雷达波在穿透金刚石薄膜不易失真的特性,可用作雷达罩;飞机和导弹在超音速飞行时,头部锥形的雷达无法承受高温,且难以耐高速雨点和尘埃的撞击,用金刚石薄膜来制作雷达罩,不仅散热快,耐磨性好,还可以解决雷达罩在高速飞行中同时承受高温的骤变问题。

表 2-5 金刚石的光学性能

光学性能	数值
透光性	225 nm≈远红外
光吸收	0.22
折射率	(5900 nm)0.241

金刚石具有好的化学稳定性,能耐各种温度下的非氧化性酸。金刚石的成分是碳,无毒,对含有大量碳的人体不起排异反应,加上它的惰性,又与血液和其他流体不起反应,因此它又是一理想的医学生物体植入材料,可制作心脏瓣膜。

以前 CVD 金刚石薄膜,因其表面不够光滑在某些方面受到应用的限制。而今在 CVD 金刚石薄膜中掺入碳同位素并严格控制其浓度即可消除晶格失匹和晶格应变,从而生产出具有光滑表面的 CVD 金刚石薄膜。这种金刚石薄膜不但消除了上述缺陷,而且免除了用 CVD 金刚石薄膜制作元器件时必须抛光加工的工序。

迄今,科学家们对 CVD 金刚石薄膜技术的研究已付出艰辛努力,但对 CVD 金刚石薄膜的许多未知的特异性能却远未全面开发,许多核心技术问题仍有待深入探索研究。

2.2 影响金刚石薄膜的因素

2.2.1 掺硼对金刚石薄膜的影响

不同的理论目标和应用条件会对金刚石薄膜的附着力性能、表面光洁度、表面硬度或表面可抛光等特性及摩擦性能提出不同的要求。因此,如何结合已有的金刚石薄膜掺杂的方法及沉积工艺,开发出具有不同特性的高质量金刚石薄膜,以满足不同耐磨减摩器件的工作需求,是促进金刚石薄膜推广应用需要重点解决的课题之一。其中非常关键的一点是,金刚石薄膜表面的可抛光性的提高往往意味着其表面耐磨损性能的降低,综合性能的提升也常常意味着沉积成本的大幅增加,如何处理这一矛盾综合体,也成为产业化应用中亟待解决的一大难题。采用分步沉积的方法获得的复合金刚石薄膜可以综合不同金刚石薄膜各自性能的特点,成为解决该问题的有效方法之一。

基于以上认识,选用反应烧结碳化硅(SiC)作为基体材料,综合现有的未掺杂 MCD (undoped MCD, UMCD) 薄膜、硼掺杂 (boron - doped MCD, BDMCD) 和未掺杂 FGD (undoped FGD UFGD)薄膜各自的性能特点,开发了基于硼掺杂的高性能硼掺杂微米-未掺杂微米复合金刚石(BDM-UMCD)薄膜及硼掺杂微米-未掺杂微米-未掺杂细晶粒复合金刚石(BDM-UM-UFGCD)薄膜,并以上述三类常规金刚石薄膜作为对比样品,对比研究了不同类型金刚石薄膜的机械性能。

BDM-UMCD 薄膜中底层的 BDMCD 薄膜可有效提高其附着性能,降低薄膜的残余应力,但是复合工艺对表层 UMCD 薄膜其他特性的影响很小,该薄膜具有与单层 UMCD 薄膜类似的表面形貌、表面粗糙度和表面可抛光性,具有类似 UMCD 的表面硬度,因此,BDM-UMCD 适用于对薄膜附着力性能和硬度有较高要求但对其表面光洁度要求不高的场合。

BDM-UM-UFGCD 薄膜具有较好的附着性能、良好的表面光洁度和表面可抛光性。因此,该复合金刚石薄膜适用于对薄膜的附着性能和表面光洁度有较高综合要求的应用场合,此外,由于表层 UFGCD 薄膜较薄及中间 UMCD 薄膜层的作用,该复合薄膜还具有较高的表面硬度,尤其在持续应用过程中,表层 UFGCD 薄膜层的逐渐磨损也会使该复合薄膜逐渐表现出接近 UMCD 薄膜的表层高硬度。

2.2.1.1 掺硼对电性能的影响

随着对金刚石研究的深入,掺硼金刚石的独特性能成为人们研究的热点。普通金刚石表面有一个未配对的悬键电子,表现出对外的不稳定性。硼掺杂金刚石由于硼原子的加入并与内部碳原子结合成共价键,对外表现出稳定状态,在化学惰性、耐热性、力学性能上更加优异。并且,通过调整金刚石中硼的掺杂量,可使其导电率从绝缘体向导电体转变,进而被广泛应用在半导体和电化学设备中。

硼掺杂原子作为电子受体,在价带边缘上会形成一个约 0.35 eV 的带隙,根据掺杂水平的不同,掺杂硼原子可以替代碳原子和/或占据中性位置。在低温或低硼浓度下传导通过离子化的硼的价带空穴发生;在较高水平的硼掺杂情况下,传导通过离子化的硼位点之间的最近邻位和可变范围的空穴跳跃产生,并伴随着迁移率的下降。且在很高的掺杂水平下,硼掺杂金刚石会形成一个杂质带,产生金属化的电导率。此外,硼掺杂不仅存在于晶粒中,而且在晶界中也存在。因此,硼掺杂会导致金刚石晶格常数的改变,并且在价带顶部引入受体杂质能级,从而影响硼掺杂金刚石薄膜的价带结构和光学性能。

为了更好地制备硼掺杂金刚石器件,许青波等对硼掺杂金刚石薄膜的生长特性进行了研究,指出硼掺杂金刚石电阻与硼流量的关系如图 2-3 所示,随着硼流量的增加,金刚石薄膜的电阻极速降低;当硼流量增加到 10 mL/min 时,电阻下降开始变得缓慢;当硼流量增加到 20 mL/min 时,硼掺杂金刚石薄膜电阻为最小值。随硼流量继续增大,硼掺杂金刚石薄膜的电阻略微升高,但总体变化不大。

硼掺杂金刚石为 p 型半导体,掺杂硼原子通过替代碳原子成为受主中心,使晶体出现空穴;随着掺硼流量的增大,晶体中空穴数量增多,电阻迅速降低,导电性能增强。通过硼原子的掺入,一方面增加了空穴数量,另一方面会出现更多的杂质和缺陷。在硼流量过高时,引入大量的缺陷杂质,造成载流子移动时阻碍增大,能量在碰撞中迅速衰减或者导致处在杂质能级的空穴发生电离困难,难以进入价带而导电。

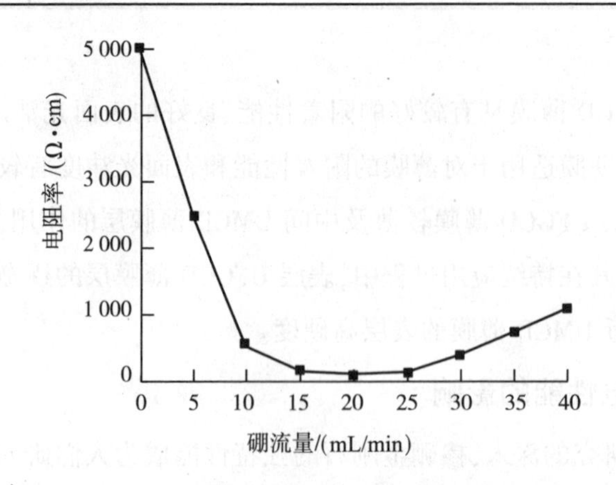

图 2-3 硼掺杂金刚石薄膜电阻率与硼流量的关系

2.2.1.2 掺硼流量对金刚石表面形貌的影响

图 2-4 为不同掺硼流量下金刚石薄膜的 SEM 图。从图 2-4 中可以看到,金刚石以(111)晶面生长为主,呈现出金字塔状的八面体生长模式,晶粒棱角清晰,晶面平整,晶界明显。

未掺硼的金刚石薄膜[图 2-4(a)],平均晶粒尺寸约 3.5 μm,且夹杂着大量的二次形核,金刚石(110)面生长比较明显,有大量位错存在。引入硼源后[图 2-4(b)和图 2-4(c)],金刚石薄膜表面金字塔状生长愈发明显,平均晶粒尺寸明显增大,由图 2-4(b)约 6.1 μm 增大至图 2-4(c)的约 8.3 μm,相应地,薄膜中二次形核的数量不断减少。当碳源流量增加到 35 mL/min 时,金刚石晶体依然以(111)面为主,但表面缺陷增多,晶体质量下降,生长失去完整性,并且平均晶粒尺寸开始减小[图 2-4(d)]。

掺硼可影响金刚石的表面结构、晶粒尺寸、生长方向等。这是因为硼原子在(111)晶面上的结合强度,高于在(100)、(110)晶面上的结合强度。在(111)晶面上的 3 个碳原子与硼原子结合紧密,对外没有悬键电子,所以随着硼流量的增大,金刚石(111)面的生长状况良好。当金刚石晶体中掺入过多的硼时,(111)晶面的氧化速度会迅速提高,导致金刚石晶体质量变差。

(a) $Q_B = 0$ mL/min

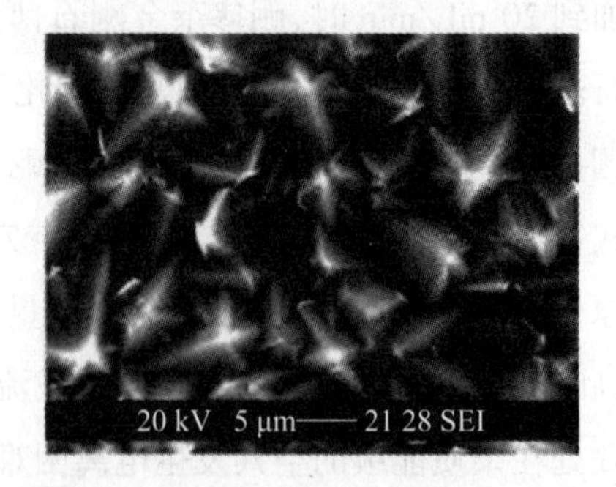

(b) $Q_B = 5$ mL/min

(c) Q_B = 20 mL/min

(d) Q_B = 35 mL/min

图 2-4 不同掺硼流量下金刚石薄膜的 SEM 图

2.2.1.3 硼掺杂金刚石薄膜的 XRD 分析

图 2-5 为不同硼流量下金刚石薄膜的 XRD 谱线图。图中 44.1°和 75.6°附近存在尖锐的金刚石衍射峰,分别对应(111)晶面和(220)晶面;在 91.8°附近存在微弱的(311)晶面衍射峰,其他晶面衍射峰不明显,未在图中标出。从图 2-5 中可以清晰地观察到,随着硼流量的增加,金刚石(111)晶面的峰值明显增强;当硼流量增加到 35 mL/min 时,(111)晶面的峰值又出现明显的回落。这与 SEM 图中观察到的变化相吻合。

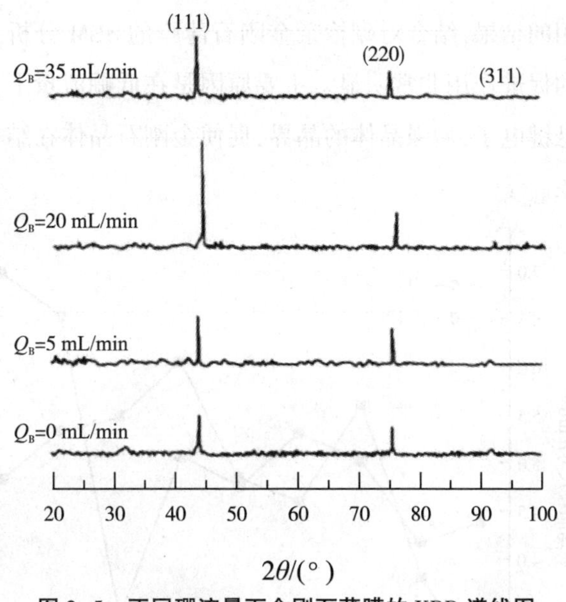

图 2-5 不同硼流量下金刚石薄膜的 XRD 谱线图

图 2-6 为金刚石(111)晶面衍射峰面积 $S_{(111)}$ 和(110)晶面衍射峰面积 $S_{(110)}$ 的比值随硼流量的变化关系。在同一衍射图谱中,衍射峰面积可反映该晶面的相对晶粒数量。图中 $S_{(111)}/S_{(110)}$ 比值明显随硼流量的增加先增加后减小,在硼源流量达为20 mL/min时达到最大值。随硼源流量的增大,金刚石(111)晶面的生长速率相比于(110)晶面的生长速率更高;当硼流量增加到一定值后,金刚石(111)晶面的生长速率相对于(110)晶面出

现回落。表明:在低的硼流量下,有利于金刚石(111)晶面的生长;当硼流量过高时,对金刚石(111)晶面的促进作用减弱。

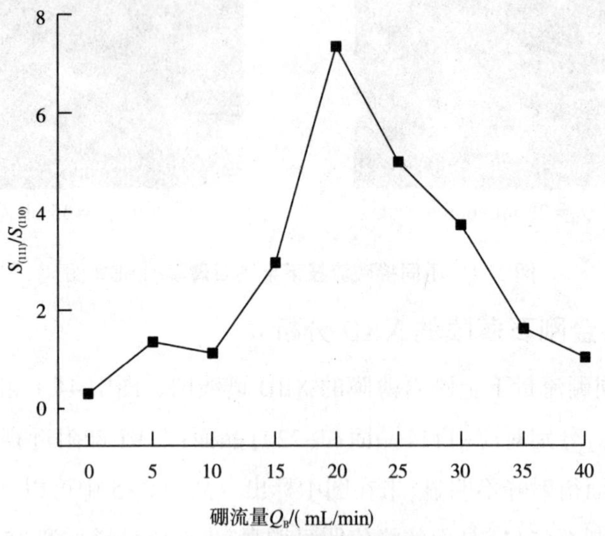

图 2-6 峰面积比随硼流量的变化关系

图 2-7 为不同晶面的平均晶粒尺寸与硼流量的关系图。平均晶粒尺寸是晶粒数量和晶粒尺寸共同作用的结果,结合对硼掺杂金刚石薄膜的 SEM 分析,低硼流量下硼元素对金刚石晶粒长大的促进作用非常明显。主要原因是在低硼流量下,硼原子能够稳定金刚石中位错中心的悬键电子,增强晶体的晶界,促使金刚石晶体在结构上更加完整,所以出现晶粒长大的现象。

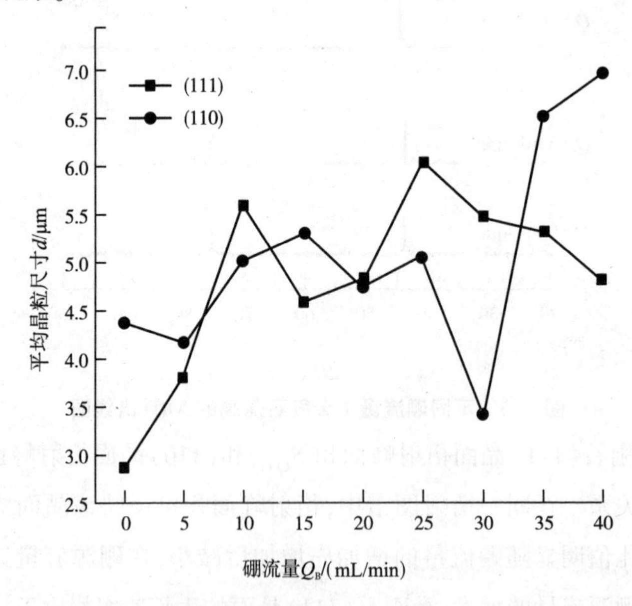

图 2-7 不同晶面的平均晶粒尺寸与硼流量的关系

图 2-8 为金刚石薄膜残余应力与硼流量的关系图。从图中可知：硼掺杂金刚石的残余应力为负值，即为压应力。在硼源流量较低时（小于 10 mL/min），硼掺杂金刚石薄膜的应力随流量的增加而减小；当掺硼流量过高时（大于 30 mL/min），应力随流量的增加而增加，且(111)晶面衍射峰强度也降低。由于金刚石晶体在不同晶向上存在不同的杨氏模量，虽然[111]晶向杨氏模量要大于[110]晶向，但残余应变量较小，[111]晶向上整体残余应力依然较低。

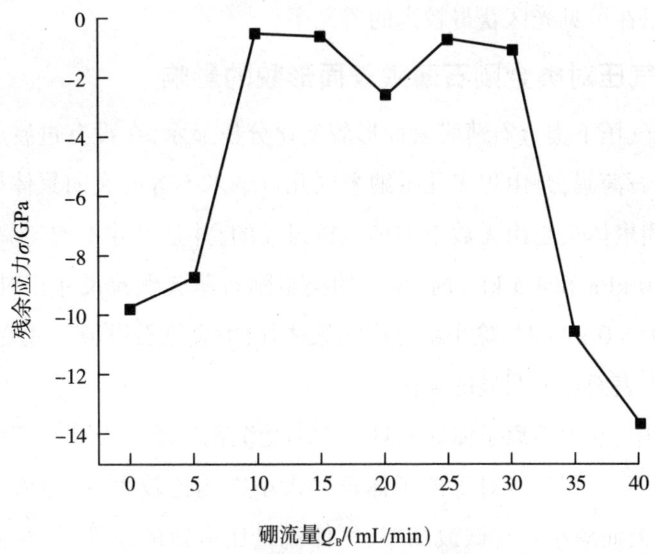

图 2-8　金刚石薄膜残余应力与硼流量的关系

2.2.2　沉积气压对类金刚石薄膜的影响

2.2.2.1　沉积气压对类金刚石薄膜光学性能的影响

类金刚石(DLC)是一类含有金刚石结构(sp^3 杂化键)和石墨结构(sp^2 杂化键)的亚稳非晶态物质，因此具有沉积温度低、沉积面积大、沉积条件简单、膜面平整光滑等独特的性能。

自 20 世纪 80 年代后，已经成功开发出了许多物理气相沉积制备类金刚石薄膜的新方法和新技术，具体方法主要有离子束沉积、溅射沉积、真空阴极电弧沉积、等离子体沉积等。

以玻璃为基底的表面溅射 Ti 形成过渡层，再采用 MPCVD 法制备类金刚石薄膜，并研究不同沉积气压对其光学性能的影响，指出：从薄膜的紫外-可见光透射光谱可知，类金刚石薄膜在可见光区范围内具有良好的透光性，在紫外区范围内有很好的光吸收率。当类金刚石薄膜沉积条件不同时，光透过率在 200~700 nm 范围内有明显差异。总的来说，光透过率随着沉积气压的增加而增大，当沉积气压为 5.0 kPa 时，薄膜的透过率在可见光区达到 97%，透过性能好。

微波功率一定时,较高的沉积气压能获得较高的基片温度,从而有效提高沉积速率,提高了真空室内甲烷的离化概率及氢粒子浓度,对 a-C:H 薄膜,由于 H 是单价电子,主要与 C 键合形成 σ 键,因此消耗了 sp^2 杂化,使薄膜中 π 键含量降低而 σ 键含量升高,从而改变 π 键和 σ 键的比例,导致 $\pi\pi^*$ 键带边态密度降低而 $\sigma\sigma^*$ 键带边态密度升高,使薄膜光学带隙变宽。那么不管是 a-C、ta-C,还是 a-C:H、ta-C:H,薄膜的光学带隙随着 sp^2 杂化键含量的减小而增大,所以沉积气压增大可以导致光学带隙增大。因此,选择合适的沉积气压,可以在可见光区获得较高的透光率。

2.2.2.2 沉积气压对类金刚石薄膜表面形貌的影响

对不同沉积气压下类金石薄膜表面形貌变化分析显示,在没有过渡层的玻璃基体上所制备的类金刚石薄膜,是由很多几十纳米到几百纳米不等的大团聚体构成。进一步观察可以发现,大团聚体又是由无数个细小颗粒组成的,并且尺寸不均匀。制备过渡层后,当沉积气压为 4.0 kPa 和 4.5 kPa 时,生长的类金刚石薄膜颗粒尺寸相对均匀,平整度较好;当沉积气压为 5.0 kPa 时,除小部分小团聚体外,类金刚石颗粒尺寸变得非常细小,膜的平整度也很高,表面也无明显的起伏。

在实验过程中,腔内等离子体球的直径大小受沉积气压和微波功率的影响。在微波功率一定的条件下,沉积气压对等离子体球的大小影响比较大,且等离子体球的直径随着沉积气压的增大而减小。在微波功率、气体流量比一定的条件下,腔体内反应气体的电离程度及等离子体的能量均不会发生变化,也就是说,单位时间内等离子体中所含的粒子数不变。然而,随着沉积气压的增加,等离子体球逐渐变小,单位时间内、单位面积内所包含的粒子数增加,因此,颗粒密度增大有更多的粒子在表面沉积,表面变得致密,颗粒尺寸变得细小,沉积速率不断上升。

2.2.3 ECR 等离子体刻蚀对 CVD 金刚石薄膜形貌的影响

实验分别在不同的基板温度和工作气压下对 CVD 金刚石薄膜进行刻蚀,具体工艺参数见表 2-6。

表 2-6 ECR 等离子体刻蚀 CVD 金刚石薄膜的工艺参数

样品	功率/W	磁场位形	气压/kPa	刻蚀时间/h
1	800	1	3×10^{-2}	4
2	800	1	3×10^{-2}	4
3	800	1	2×10^{-3}	4
4	800	2	2×10^{-3}	4

2.2.3.1 基板温度的影响

由于 CVD 法制备的金刚石薄膜表面粗糙度较高,限制了其在工业上的应用,因此在使用前需对金刚石薄膜进行表面抛光处理。

基板未加热时,刻蚀主要发生在金刚石薄膜晶粒顶端和晶棱处,晶界处几乎没有被刻蚀。

基板温度为 150 ℃,金刚石晶形和晶界被破坏,大部分晶粒体积变小,与基板不加热相比,刻蚀效果显著增强。基片温度是影响基片表面碳过饱和度的重要因素。随着基片温度的降低能使基片表面碳过饱和度增加,增加金刚石薄膜的二次形核率,降低金刚石薄膜的晶粒尺寸。推测,在较高或较低的基片温度下,氮气的引入会对金刚石薄膜的沉积产生不同的影响。

基片温度在较高(980 ℃)较低(770 ℃)的沉积情况下,氮气体积浓度分别为 0.02%、0.05%和 0.10%时,金刚石薄膜表面形貌的变化,可以看出:在较低的基片温度下,氮气体积浓度的微小变化会明显降低金刚石薄膜的晶粒尺寸,当氮气体积浓度升高至 0.05%和 0.10%时,金刚石薄膜开始出现明显的球状团聚体,并很难观察到明显的单个晶粒,表明此时金刚石薄膜具有较高的二次形核率。与之相比,在较高的基片温度下,当氮气体积浓度为 0.02%时,金刚石薄膜主要由规则排列的(100)晶粒所覆盖。随着氮气体积浓度的增加,金刚石薄膜的晶粒尺寸迅速增加,且当氮气体积浓度为 0.05%和 0.10%时,大尺寸的(100)晶面上均能明显观察到螺旋状的生长台阶,该现象可能是晶面上随机形核的结果。同时不难发现,随着晶粒尺寸的增加,规则方形棱角的(100)面也逐渐消失,显露出圆弧状的(100)晶面。

在较高基片温度下,晶形产生上述变化的行为说明:随着基片温度升高,受到表面溶解度约束的台阶生长速率呈上升趋势,从而使基片上决定金刚石薄膜生长主要基团的迁移率有明显的提高。但是,增加氮气体积浓度的作用却等同于增加基片上的碳过饱和度,可使决定金刚石薄膜生长基团的迁移率下降。由此可见,一定程度上,基片温度与氮气体积浓度这两个因素在影响金刚石薄膜生长的方面是相互制约的。

因此,在较低基片温度的情况下引入氮气时,更容易得到晶粒细小的金刚石薄膜;随着基团温度的升高,金刚石薄膜二次形核率将会逐渐降低,但氮气的引入会显著增加二次形核率,两者将出现相互竞争的结果;在基片温度为 980 ℃的情况下,高基片温度所导致的低二次形核率将占主导作用,氮气所导致的二次形核率增加的现象将有所抑制,更显著的作用可能是引入的 CN、NH 等基团,以提高金刚石薄膜的生长速率。而在中等基片温度下,两种因素的竞争结果将更为明显。

既然提高氮气体积浓度和降低基片温度对减小金刚石晶粒尺寸均具有积极作用，那么，在较低的基片温度下，向工作气体中引入氮气，并通过控制其体积浓度应能获得晶粒尺寸较小的金刚石薄膜。在基片温度约为 750 ℃时，利用不同的氮气体积浓度沉积所得到的金刚石薄膜的表面形貌。

当氮气体积浓度为0.01%时，金刚石薄膜的晶粒呈近似竖直排列的片状晶形结构；当氮气体积浓度增加至0.04%时，已观察不到明显晶形的晶粒，由于二次形核率的提高而导致细小晶粒已均匀致密地完全覆盖了金刚石薄膜表面；当氮气体积浓度继续增加至0.08%时，可以明显观察到尺寸细小的球形团聚物，但金刚石薄膜的表面形貌呈现较为疏松的状态。这表明金刚石薄膜的结晶度随二次形核率的增加有明显的降低。

基片温度与金刚石晶核生长速率和晶粒尺寸的关系：由于温度的升高，气体的热介效率增大，相应就提高了氢对石墨的刻蚀和抑制石墨的生成，因而有利于金刚石薄膜沉积速率的提高和晶粒尺寸的增大。基片温度同金刚石生长速率和晶粒尺寸的关系，如图2-9 所示。这种关系表明，基片对薄膜的沉积速率、成核密度和成膜质量影响显著。温度过高、过低都会引起非晶碳和石墨的形成。

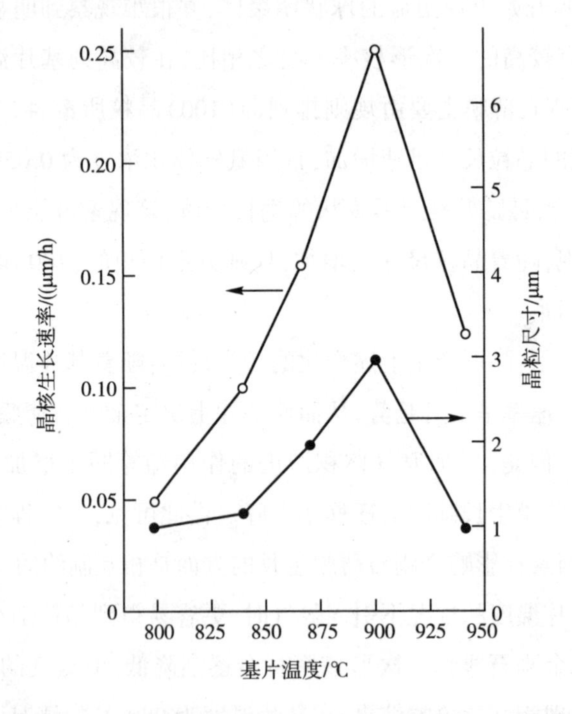

图 2-9　基片温度同金刚石晶核生长速率和晶粒尺寸的关系

从图 2-9 可知，随基片温度的升高，晶粒尺寸与晶核生长速率的变化趋势基本相同。基片与基片间距同金刚石晶核生长速率和晶粒尺寸的关系：间距大于 10 mm 时，沉积速率太低，晶粒难以成膜；间距小于3 mm时，实验证实，沉积面积小，膜也不均匀；间距为5～8 mm时，沉积面积相对来说大些，质量好些。

2.2.3.2　工作气压的影响

工作气压为2×10^{-3} Pa，经4 h刻蚀后，晶粒表面晶棱已被刻蚀，出现晶棱刻蚀后留下的棱沟，且深度较大，晶粒完整性被破坏。同时晶面上刻蚀坑较明显。其原因在于气压较高时，离子平均自由程较小，增加了离子与中性气体间的碰撞频率，这种碰撞绝大多数为非弹性碰撞，每次碰撞都伴随着离子能量的损失，导致等离子体的刻蚀能力降低。

降低气压后离子的碰撞频率减小，离子的能量增加。同时，等离子体中电子温度也随着工作气压的降低而升高，使等离子体能量进一步增加。由于能量高的粒子有利于提高刻蚀去除效率，所以较低气压下刻蚀比较高气压下效果更佳。

2.2.3.3　磁场位形的影响

晶棱已被刻蚀，晶粒完整性被破坏；晶棱刻蚀不明显，仍保持着晶粒完整性，晶界处几乎没有被刻蚀。产生这种结果的原因可能在于磁场的聚焦作用。在磁场中，带电粒子运动到基片前方时的速度可分解为垂直于磁场和平行于磁场两个方向。垂直于磁场方向的速度使得粒子发生回旋运动，磁场强度越大，回旋半径越小，散射角度越小，聚焦作用越强，导致粒子轰击CVD金刚石薄膜表面时能量更为集中，从而提高了刻蚀效率。因此，较强的磁场可以更好地提高刻蚀效果。

2.2.4　氩气流量对等离子体喷射法制备的金刚石薄膜形核的影响

氩气不仅能增加电子密度并促进氢气和甲烷的分解，而且对金刚石薄膜的生长速度、金刚石中的非晶碳成分、金刚石薄膜的表面形貌以及晶体的生长习性都会产生很大影响。

Ar在直流电弧等离子体喷射CVD法制备金刚石薄膜的工艺中有着重要作用。由于阴极材料热电子的高密度发射是等离子体产生的主要原因，因此Ar作为电子载体，有利于电子从阴极迁移到阳极，以维持电弧稳定；此外，作为惰性气体，Ar还能对放电过程中的电极起到保护作用，减少电极的高温烧蚀，因此只有Ar浓度维持在一定范围内才能保证电弧的稳定。

实验使用100 kW级直流电弧等离子体喷射CVD法制备，以CH_4、H_2、Ar为金刚石薄膜沉积的原料气体，以镀有钛过渡层的石墨为衬底。实验前对衬底的一半用M1.5/3金刚石研磨膏进行研磨预处理，另一半不研磨，从而考察Ar流量和不同电弧分区及预处理对金刚石形核阶段的影响。

2.2.4.1　氩气对衬底表面的轰击

在不通甲烷的条件下，分别选取 Ar 流量为 2、4、6、8 L/min 进行实验 10 min，观察不同 Ar 流量对衬底表面轰击的影响（衬底未经研磨处理）。图 2-10(a)~2.10(d) 为四次实验弧心位置的表面形貌。从图 2-10 中可以发现，图 2-10(a) 中衬底表面相对平整，而随着 Ar 流量的增加，衬底表面明显缺陷增加，出现凹坑和凸起，变得不平整，可见高能量 Ar 离子对衬底表面有明显的轰击作用。图 2-10(e) 为 Ar 流量 6 L/min、不通甲烷的实验条件下实验 2 h 所得样品的表面形貌。与图 2-10(c) 对比可发现，经过长时间的轰击，衬底表面出现更多凹坑和凸起，可见 Ar 离子对衬底表面形貌及平整度有很大影响。

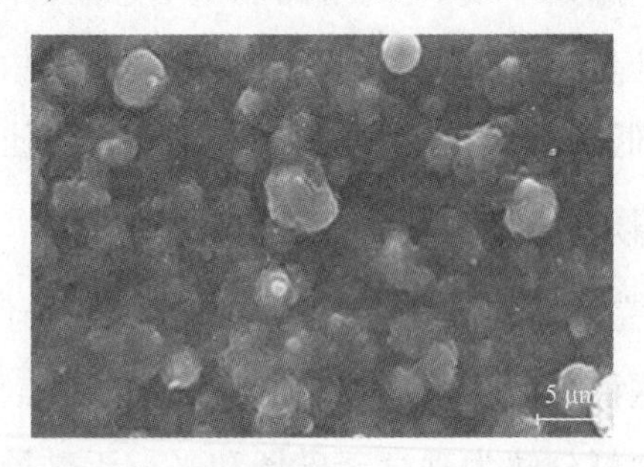

(a) 2 L/min

(b) 4 L/min　(c) 6 L/min

(d) 8 L/min　(e) 6 L/min

图 2-10　氩气在不同流量和时间条件下对衬底表面轰击后的形貌

2.2.4.2　氩气流量对形核的影响

对于使用金刚石研磨膏 M1.5/3 研磨过的衬底,在甲烷流量为 160 mL/min,Ar 流量分别为 4、6、8 L/min 实验条件下,形核 10 min,对所得金刚石薄膜进行 SEM 测试,以弧干为例,如图 2-11。对比发现,Ar 流量为 4 L/min 实验条件下,金刚石形核后的表面形貌以(111)取向为主,并伴随少量四棱台(100)织构;Ar 流量为 6 L/min 时,金刚石形核后的表面形貌以(100)取向为主,且晶形变得不完整;Ar 流量为 8 L/min 时,能看到部分(100)取向,晶粒变得更琐碎,晶形更不完整,且趋于团簇状,这是由二次形核生长的金刚石微晶聚集造成的。

(a)4 L/min

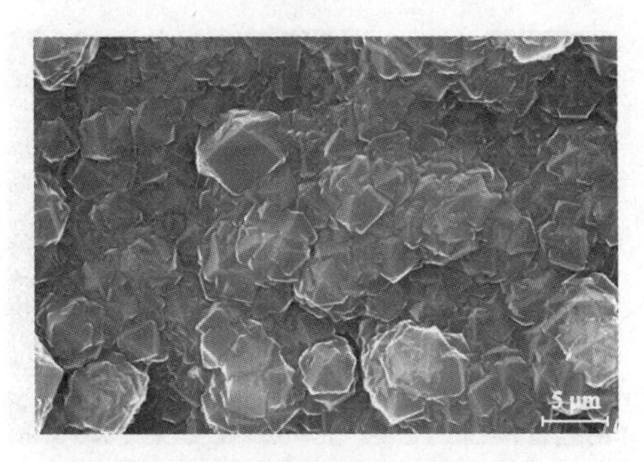

(b)6 L/min

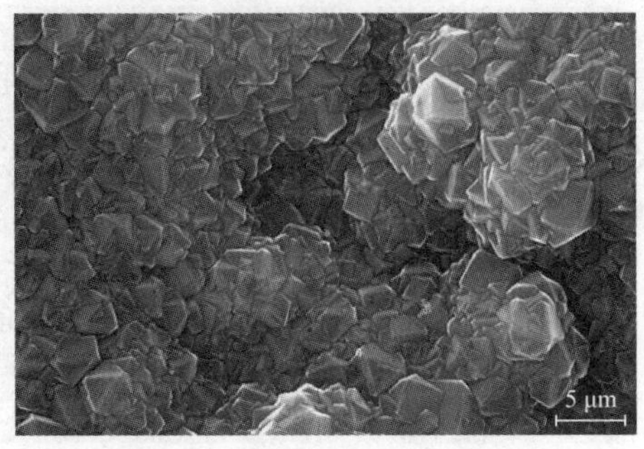

(c)8 L/min

图 2-11　不同氩气流量条件下形核后金刚石薄膜的表面形貌

为考察形核期衬底上不同电弧区域的金刚石晶粒形貌是否有区别，对 Ar 流量 8 L/min实验条件下，衬底上弧心、弧干、弧边区域的表面形貌进行对比，如图 2-12 所示。由图 2-12 可见弧边位置(100)取向最明显。由工作气体在放电通道中的进入位置可知，弧边区域 CH_4 浓度最高，CH_3 基团浓度也就最高，而 CH_3 基团决定着金刚石晶粒(100)晶面的生长速度。此外，张高君研究发现，随着 CH_4 浓度的升高，金刚石表面形貌出现了以(111)为主向(111)/(100)混合形貌转变的趋势，这也意味着 CH_4 浓度的升高会促进(100)取向的出现，因此在 CH_4 浓度最高的弧边区域(100)取向最明显。

(a)弧心

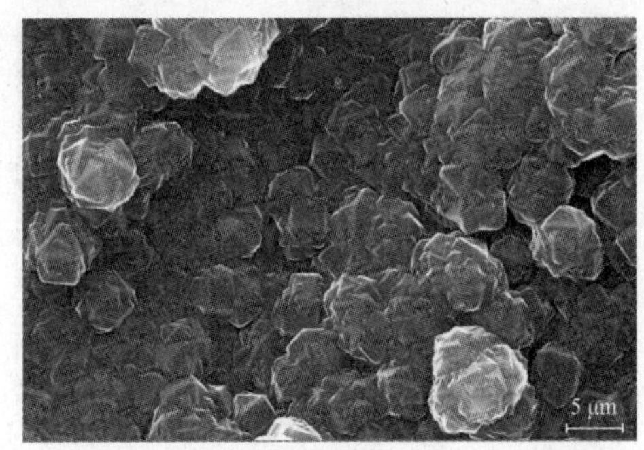

(b)弧干

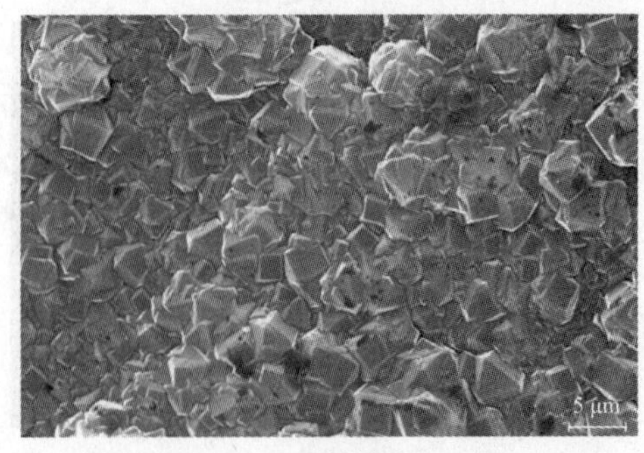

(c)弧边

图 2-12 不同电弧分区表面形貌

2.2.4.3　时间及预处理对形核的影响

对衬底上未研磨区域，在实验温度 850~950 ℃。H_2 流量 6 L/mim、Ar 流量 4 L/mim、甲烷流量 160 mL/min情况下，分别形核 3、6、10 min，对所得样品进行扫描电镜测试，以弧干为例，如图 2-13 所示。从图 2-13 中可以发现，对于未用金刚石微粒研磨预处理的衬底，形核 3 min 及 6 min 后，衬底上几乎看不到有金刚石晶核出现，而 10 min 时衬底上出现了一些团簇状金刚石晶粒，虽然晶形还不太明显，但已能辨认出金刚石的特征。可见刚开始通甲烷时，形核速度非常缓慢，随着金刚石晶核的出现，在籽晶诱导作用下，形核速度显著提高。

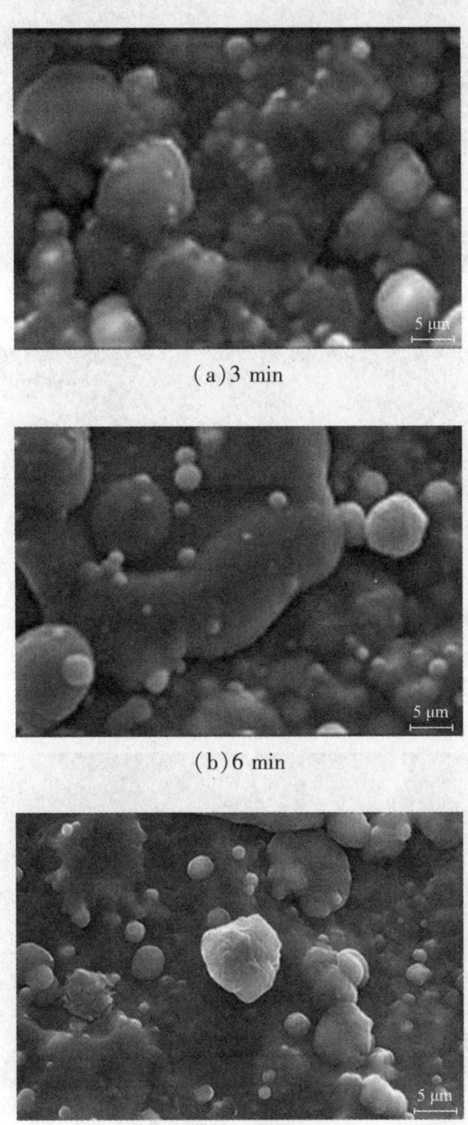

(a) 3 min

(b) 6 min

(c) 10 min

图 2-13　未研磨区域不同时间形核的表面形貌

对于用 M1.5/3 金刚石研磨膏预处理过的衬底，弧干区域表面形貌如图 2-14 所示。在形核 3 min 后，就已出现较多的金刚石晶粒；6 min 时，已出现大量金刚石晶粒且晶粒长大；10 min 时，金刚石晶粒几乎已布满了衬底。使用金刚石微粒对衬底进行预处理，可以显著缩短金刚石的形核孕育期，增大形核密度。因为当用金刚石微粒研磨衬底时，残留在衬底表面的金刚石微粒能起到籽晶的作用，诱导金刚石成核。因此，用金刚石微粒研磨能很好地促进金刚石的形核。

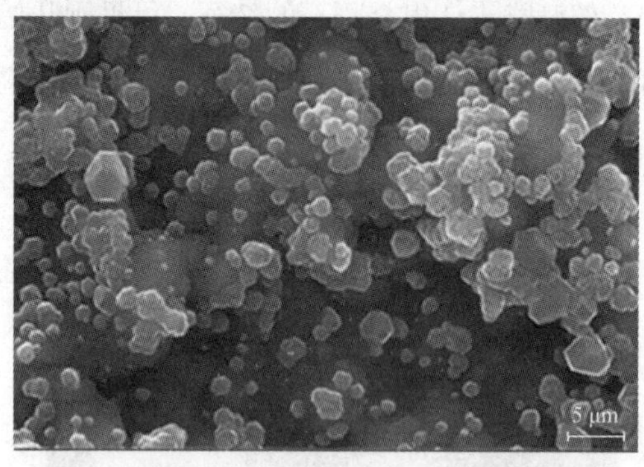

(a)3 min

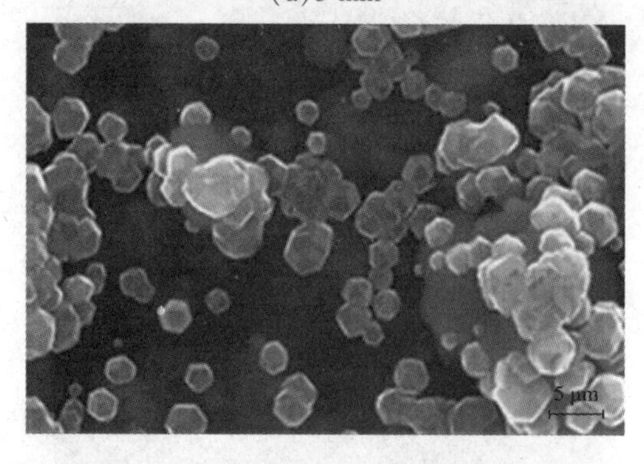

(b)6 min

(c)10 min

图 2-14　研磨区域不同时间形核的表面形貌

2.2.5 碳源气体的浓度

不同的应用对 CVD 金刚石薄膜的性能有不同的要求，而 CVD 金刚石薄膜的性能在很大程度上取决于其表面形貌的特征。金刚石薄膜的表面形貌主要是由金刚石的晶粒度和晶形来决定的，例如，当金刚石晶粒达到纳米尺寸时，则 CVD 金刚石薄膜就会具有很低的摩擦系数，而在电子及半导体行业中，高取向和表面平整的金刚石薄膜则一直是人们所追求的目标，因此，金刚石薄膜表面形貌的研究对其应用具有重要的意义。

不同甲烷浓度沉积所得膜体的 SEM 照片，如图 2-15 所示。实验中氩气的流量采用 6 L/min，氢气的流量采用 3 L/min。

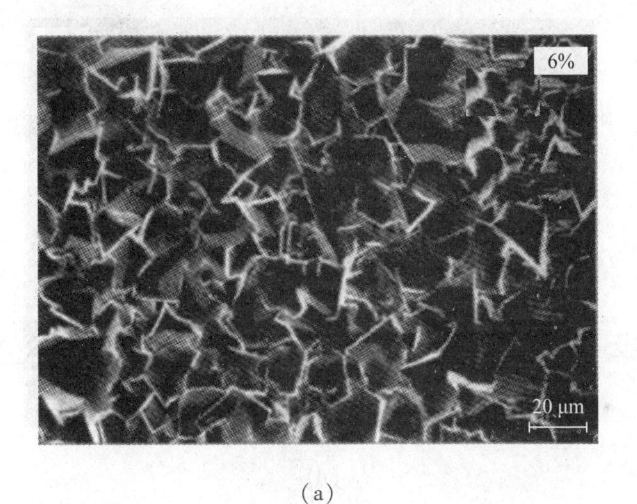

(a)

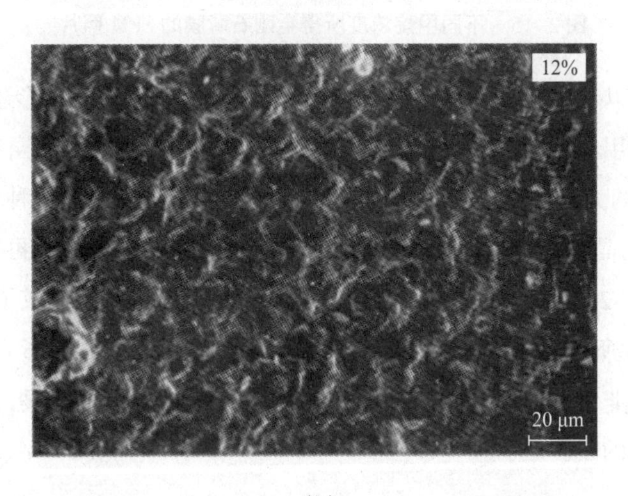

(b)

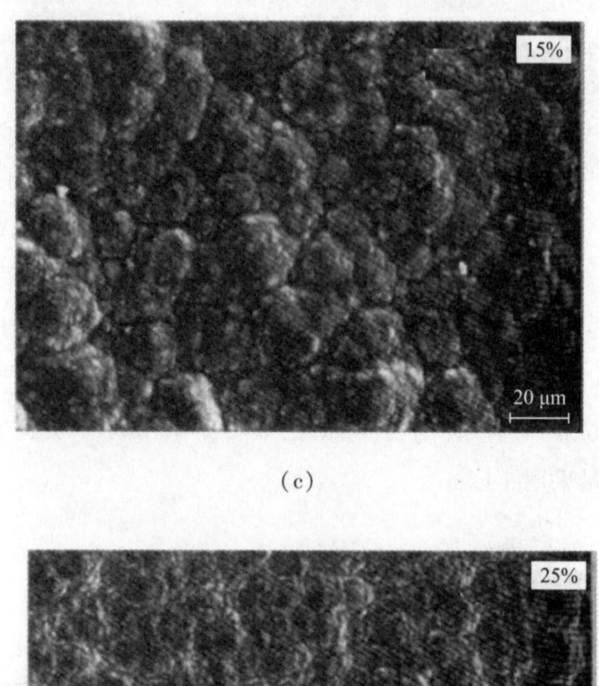

(c)

(d)

图 2-15 不同甲烷浓度所得金刚石薄膜的 SEM 照片

由图 2-15 可以看出，当甲烷浓度相对较低为 6%时，膜体表面晶形还比较完整，没有出现二次形核；当甲烷浓度达到 12%时，开始了大面积的二次形核；当甲烷浓度增加到 15%时，膜体表面的大晶粒完全消失，变成细小的菜花状的晶粒，即一种由众多小晶粒和大晶粒残片混合的晶粒；当甲烷浓度进一步增加时，膜体表面形貌不再变化。根据上述分析，可以认为，图 2-15(c)、图 2-15(d)中，金刚石表面晶粒已经变成了纳米尺寸。

不同甲烷浓度所得膜体的 XRD 结果，如图 2-16 所示。由图 2-16 可以看出，所得膜体都是(111)取向非常突出的，而(220)取向和(311)取向不是很明显，这说明所得膜体是(111)取向占优的。

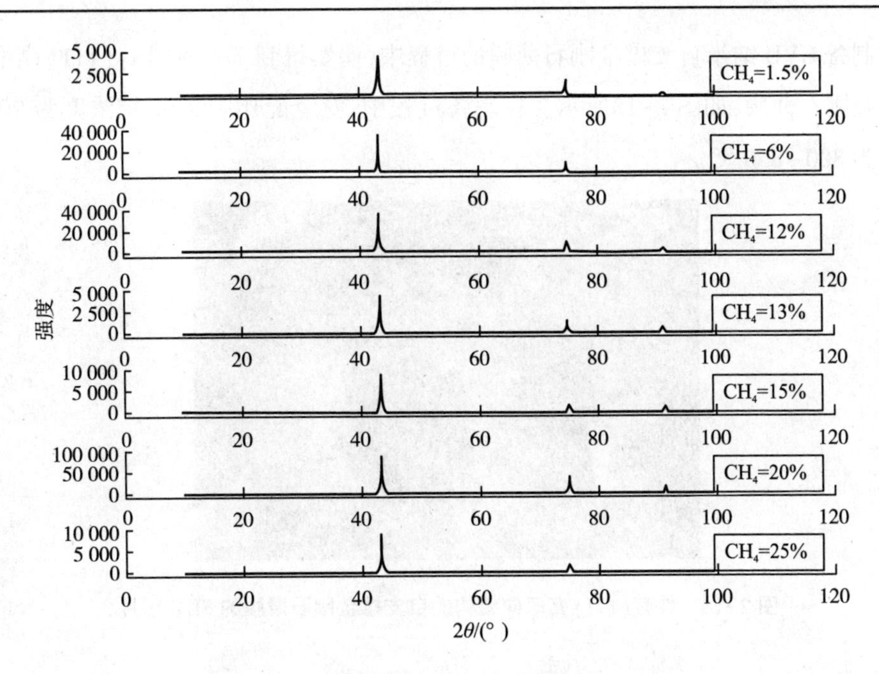

图 2-16　不同甲烷浓度所得膜体的 XRD 结果

此外,图 2-17 的 $I_{(111)}/I_{(220)}$ 与甲烷浓度的关系曲线说明,当甲烷浓度小于 6%时,金刚石薄膜表面晶粒(111)晶面的取向占优;当甲烷浓度在 6%~13%时,金刚石薄膜表面晶粒(111)晶面的取向程度下降;当甲烷浓度大于 13%时,金刚石薄膜表面晶粒(111)晶面的取向程度又呈现上升趋势;当甲烷浓度达到 20%时,金刚石薄膜表面晶粒(111)晶面的取向程度达到最大;当甲烷浓度超过 20%时,金刚石薄膜表面晶粒(111)晶面的取向程度开始迅速下降。这说明当甲烷浓度在 20%左右时,金刚石薄膜表面晶粒(111)晶面可以达到高取向。

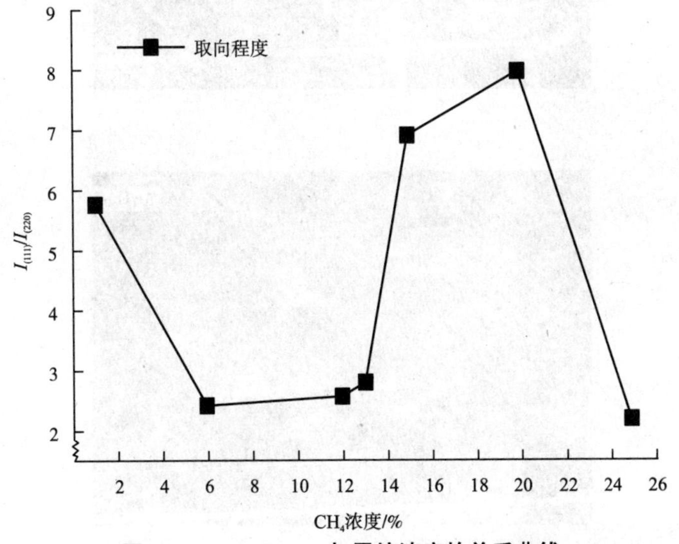

图 2-17　$I_{(111)}/I_{(220)}$ 与甲烷浓度的关系曲线

在制备 CVD 纳米自支撑金刚石薄膜的过程中,偶然得到了一种具有(111)高取向的微米级金刚石薄膜,如图 2-18所示。在制备过程中,氩氢配比为 2,甲烷浓度为 20%,沉积温度为 800~850 ℃。

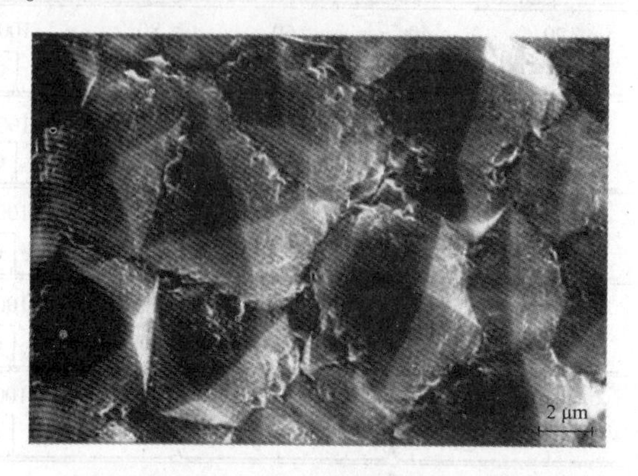

图 2-18　具有(111)高取向结构的自支撑金刚石薄膜的 SEM 照片

氩气和氢气的配比,对金刚石薄膜表面晶粒的大小也存在一定的影响,不同氩氢配比的金刚石薄膜的 SEM 图像如图 2-19 所示。

(a)

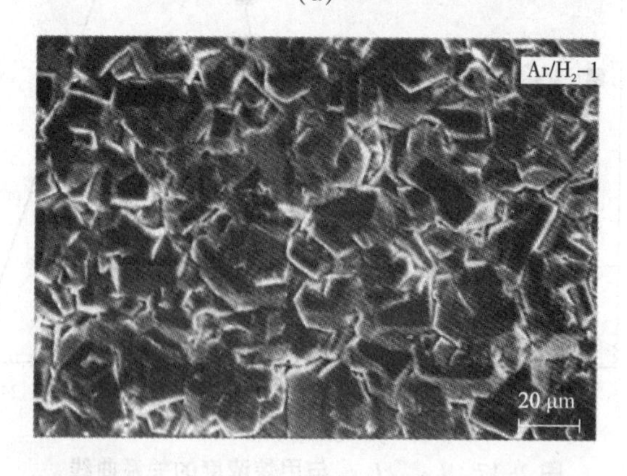

(b)

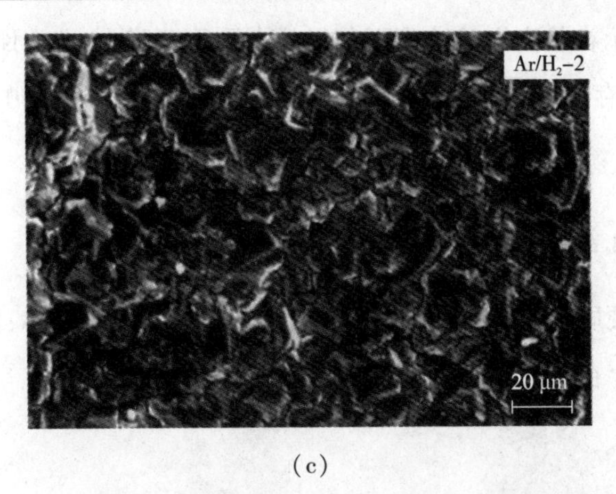

（c）

图 2-19 不同氩氢配比的金刚石薄膜的 SEM 图像

在较低的甲烷浓度下，金刚石为面形的，膜也很致密。而在较高的甲烷浓度下，金刚石为球形，金刚石球是由许多微晶金刚石堆集而成。硬质合金基体上金刚石薄膜的 Raman 光谱如图 2-20 所示。基体温度在一定范围内（700～1100 ℃）对金刚石薄膜的纯度影响不大，但影响金刚石颗粒的大小，基体温度高，金刚石颗粒就大。

由于石墨的生长自由能大于金刚石的生长自由能，通常采用 CH_4 时，提高甲烷浓度，石墨生长速率就会提高，而且比金刚石的生长速率还高。因此，一般选用低浓度的碳源。

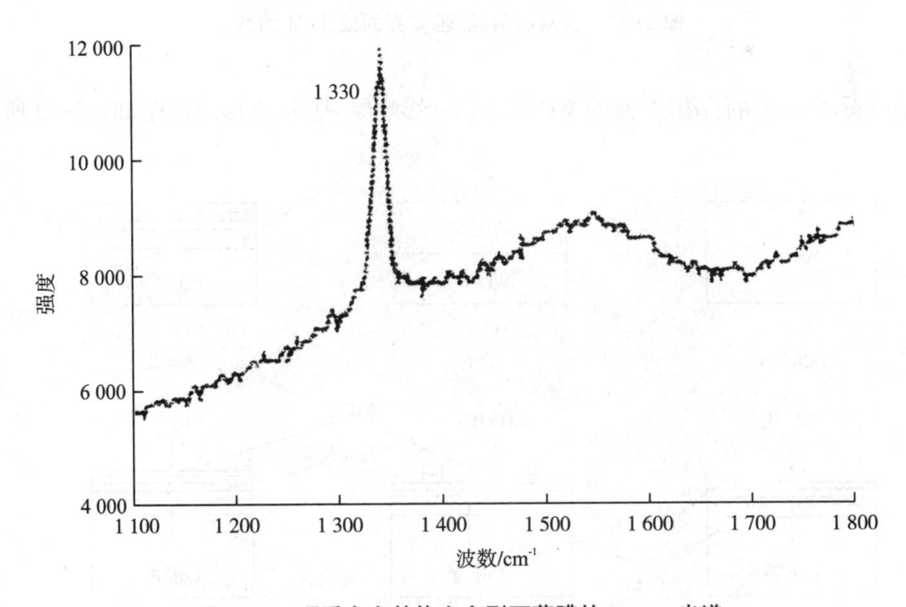

图 2-20 硬质合金基体上金刚石薄膜的 Raman 光谱

Raman 光谱显示在较高甲烷浓度下获得的金刚石薄膜中，非金刚石相含量较高，表现在 1550 cm^{-1}附近存在较高的 Raman 谱峰，而在低甲烷浓度下，1550 cm^{-1}附近的非金刚石的峰不明显。

2.2.6 金刚石薄膜断面、界面结构

金刚石薄膜与硬质合金基体界面处的微观结构，如图 2-21 所示，图中显示在金刚石薄膜与 WC 之间还存在一不连续的空隙。

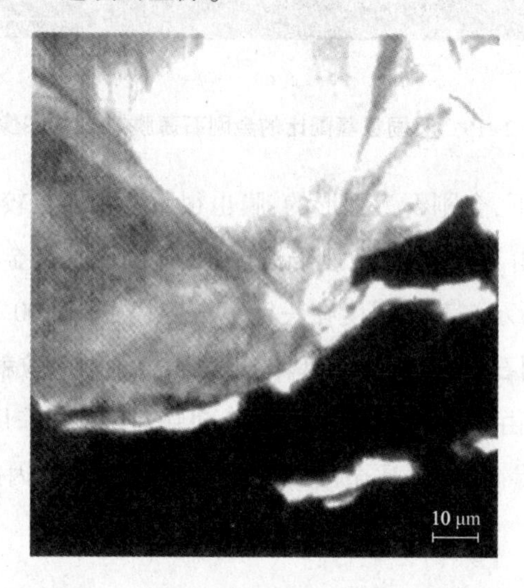

图 2-21 金刚石薄膜/基体界面处 TEM 照片

金刚石薄膜/薄的石墨层/细的 WC 层/脱 Co 影响层/基体，其形成过程如图 2-22 所示。

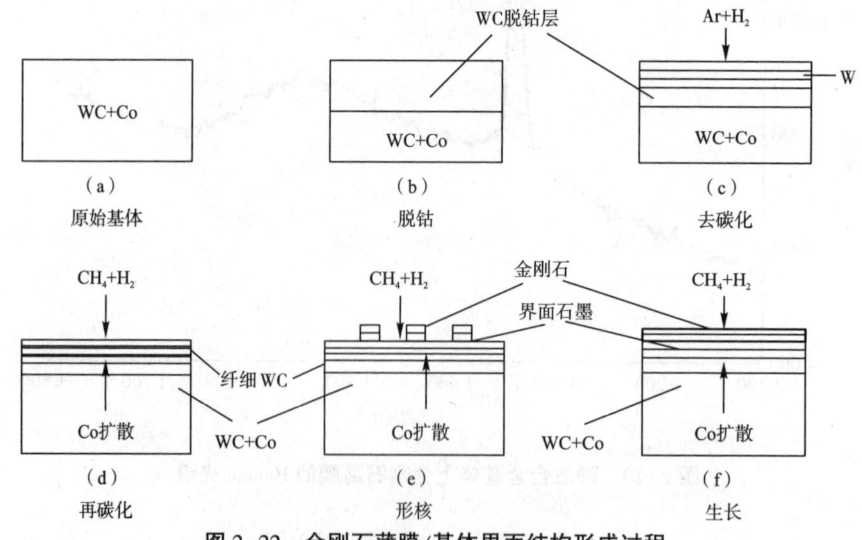

图 2-22 金刚石薄膜/基体界面结构形成过程

2.2.7 金刚石薄膜的应力及微观结构

在下面所采用的工艺制备条件下,金刚石薄膜的位错线点阵畸变较小,通常为 10^{-4} 数量级,嵌镶块尺寸为纳米数量级,残余应力为 GPa 量级的压应力,位错密度统计平均值为 10^{10} 个/cm^2 数量级以上。金刚石薄膜的位错线,如图 2-23 所示。

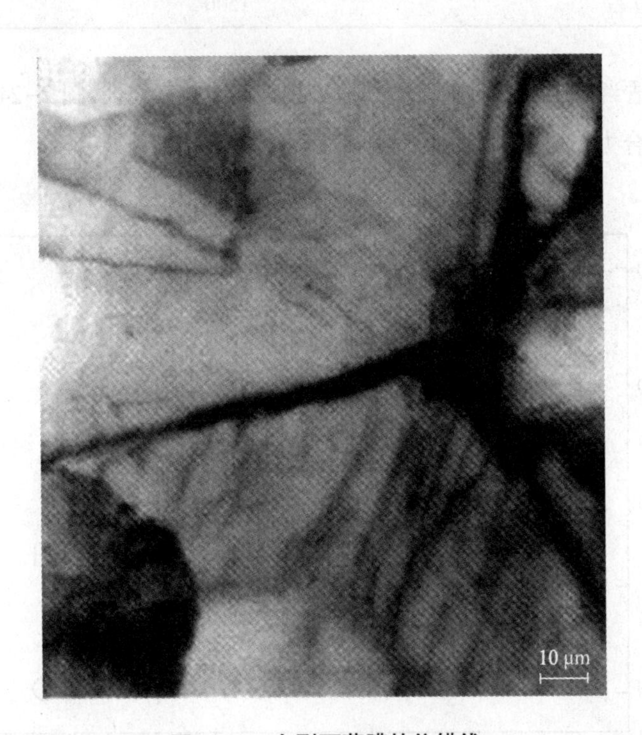

图 2-23 金刚石薄膜的位错线

脱钴时间对结合强度的影响见表 2-7,不脱钴时,由于钴的负面影响而使结合力很差;而脱钴过量时,由于钴的大量缺少,而使基体强度变弱,影响结合力。

表 2-7 脱钴时间对结合强度的影响

刻蚀时间/min	临界载荷 p_c/MPa
0	300
15	1250
30	600

基体表面粗糙度越大,结合强度也越大,见表 2-8。但若表面粗糙度太大,对加工精度不利,因此通过粗糙度来提高结合强度是有限的。

表 2-8　表面粗糙度对结合强度的影响

粗糙度/μm	临界载荷 p_c/MPa	
	1.5%H_2	2.0%CH_4
0.03	550	400
0.10	1250	800
0.17	1500	1250

一般认为,适当的压应力对金刚石薄膜/基体结合力有好处,图 2-24 显示了在-2 GPa 的应力左右,结合力最大,过高过低都不好。

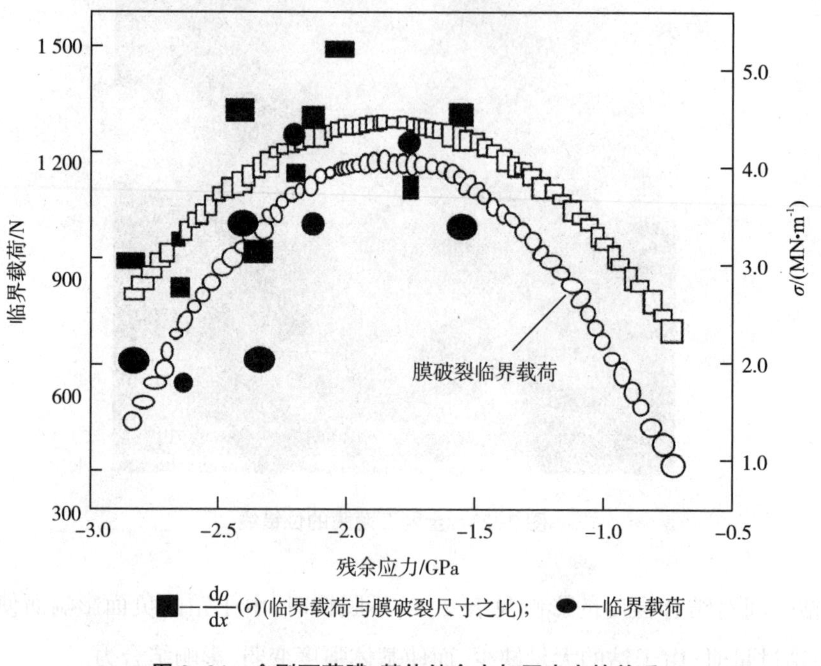

图 2-24　金刚石薄膜/基体结合力与压应力的关系

2.2.8　沉积主要参数对金刚石薄膜生长过程的影响

2.2.8.1　生长的一些动力学因素

为了促进金刚石相的生长,抑制石墨相的生长,必须利用影响金刚石相生长的动力学因素,才能有效快速地促成金刚石薄膜的沉积生长,这些动力学因素,归纳起来主要有以下几点。

(1)基片的合理选用　基片的合理选用原则是应选与金刚石相同的晶型、相同点阵常数和与碳能形成碳化物的材料。

CVD 金刚石薄膜制备的基体材料可分为三类:一是强碳化物形成材料,如 Si、Ti、Cr、SiC、W、Mo;二是强溶碳材料,如 Fe、Co、Ni;三是既不与碳反应又不溶碳的材料,如 Cu、Au 等。目前,普遍采用的基体材料有硬质合金(WC-Co)、硅(Si)、不锈钢、高速钢、钼(Mo)等。

(2)基片的预处理　对基片进行预处理,是为了增加成核密度,以使基片产生许多利于金刚石生长的缺陷——成核中心。基片的预处理,是直接影响金刚石“成核密度”的重要手段。Si 基片上沉积的金刚石薄膜属异相成核。未经研磨处理的抛光 Si 基片,其成核密度一般小于 10^8 个/cm^2。实验证实,成核密度一般在1×10^8 个/cm^2的数量级,就能沉积出连续多晶的金刚石薄膜。表面缺陷密度越大,金刚石成核密度就越高。缺陷密度大于 1 μm 时,成核密度不再增高。

(3)基片的表面状态　基片的表面状态是影响成膜生长的关键和影响膜/基结合的重要因素。衬底的表面加工状态对外延金刚石的质量也有重要影响。Alexandre Tallaire 等使用一种锥形衬底进行生长,锥形的表面能够使得位错弯向晶体的边缘,限制它在顶部表面出现。当生长到一定厚度时,这种锥形形状就会消失。使用这种方法,毫米级、低位错密度的单晶金刚石已经成功研制出来。Osamu Maida 等使用另一种衬底表面加工技术,即加工成不同取向的衬底面,研究了相对于{100}或者是{110}晶面法向成 2°到 5°的衬底面对外延单晶金刚石质量的影响,发现具有较大偏转角度的衬底面上能获得高质量的单晶金刚石。

衬底基座的结构对于金刚石的外延生长来说是一个重要因素。设计特别的基座有两个目的,即产生高微波功率密度和均匀的温度场,从众多设计的衬底基座来看,基本上归为“嵌入式”和“开放式”两类。使用“嵌入式”衬底基座能够产生一个均匀的温度场,从而能抑制多晶和孪晶的形成,但是微波功率密度较“开放式”低;“开放式”衬底基座能够产生高的微波功率密度,提高金刚石生长速率,但是其温度梯度相对于“嵌入式”基座来说,是比较大的。总的来说,在其他条件相同的情况下,使用“嵌入式”基座的生长速率比“开放式”基座要低,而且最佳生长温度也不一样,就质量来说,前者比后者要好。

(4)基片的温度　基片的温度要适中,温度过高,石墨生长速率就会大幅增大;温度过低,又生长不了金刚石。

一般来说,随着气相沉积温度的升高,沉积生长的速率也逐渐增大。各种气相沉积方法生长金刚石薄膜速度的差异,由 C—H 或 C—H—O 等离子体的温度决定。在不同低压气相沉积的方法中激活 CVD 法金刚石生长速率与等离子体温度的关系,如图 2-25 所示。

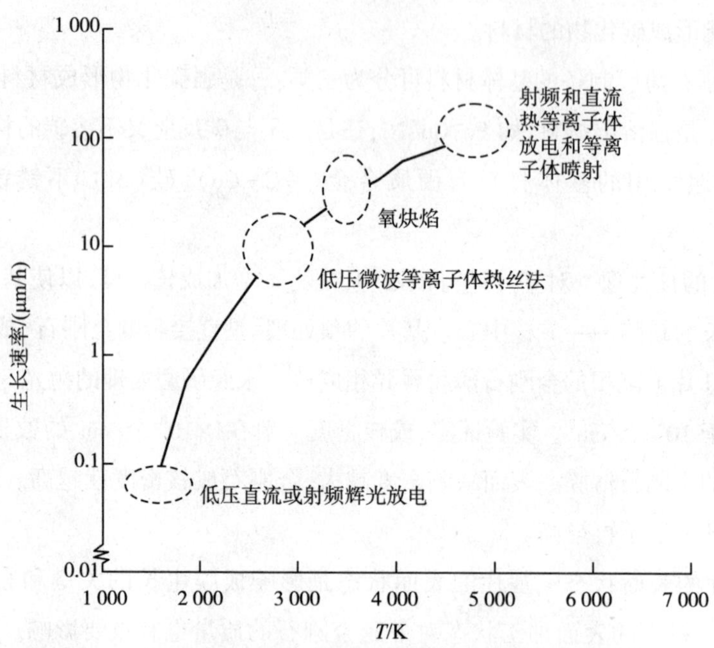

图 2-25 激活 CVD 法金刚石生长速率与等离子体温度的关系

2.2.8.2 氮加入量与金刚石薄膜完整性的关系

在氮加入量比较低的前提下，随着氮加入量的增加，CVD 金刚石薄膜的生长速率也在不断增加，当氮加入量为 5%（计算式为$\frac{N}{N+C}\times100\%$）时，氮对金刚石薄膜生长速率的影响作用不再成正比关系，随着氮加入量的增加，CVD 金刚石薄膜的生长速率出现最大值。氮加入量对断裂强度的影响，如图 2-26 所示，断裂强度随氮加入量呈单边下降的趋势。

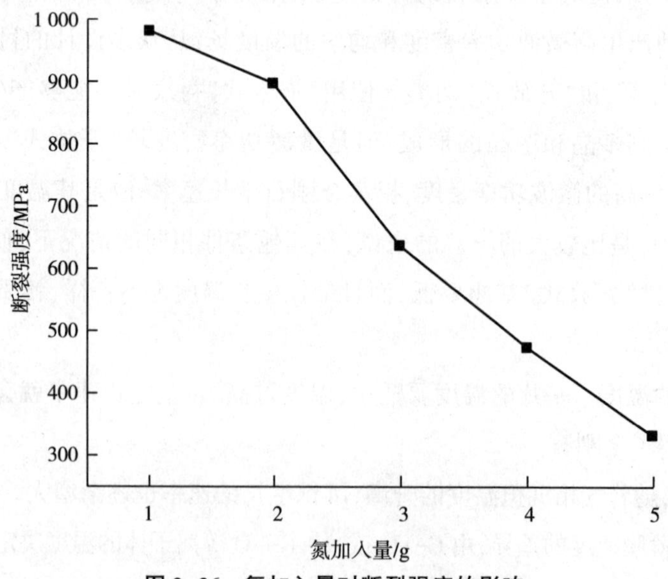

图 2-26 氮加入量对断裂强度的影响

金刚石薄膜本身的质量,是金刚石薄膜完整性最重要的因素之一。金刚石本身质量差,在应力的作用下,会形成龟裂纹。本身质量越高,断裂强度越高,金刚石薄膜抗破坏的能力越强,金刚石薄膜越完整。

衬底和金刚石薄膜的结合力,是通过控制衬底的粗糙度来实现的。试验结果显示,采用 W50 金刚石微粉处理的衬底,关机后,金刚石薄膜没有与衬底脱离;采用 W30 金刚石微粉处理的衬底,关机后,金刚石薄膜与衬底脱离,但膜破碎严重,如图 2-27 所示;采用 W10 金刚石微粉处理的衬底,关机后,衬底与金刚石薄膜很快脱离,膜完整,但是有宏观裂纹;采用 W5 金刚石微粉处理的衬底,在沉积过程中,金刚石薄膜与衬底脱离。

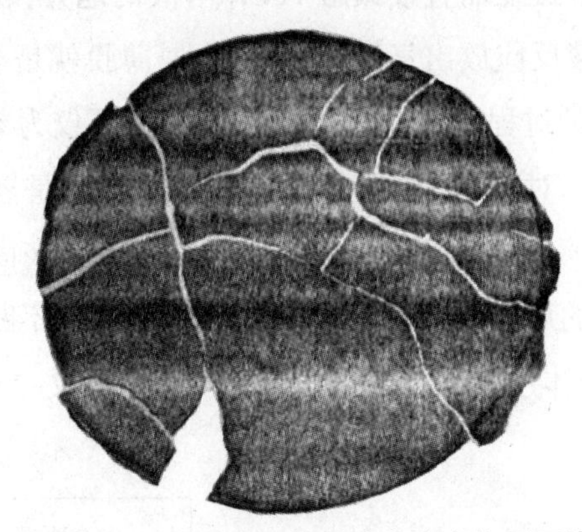

图 2-27　W30 金刚石微粉处理的衬底在应力作用下膜裂成碎片

采用磁控溅射的方法,在石墨衬底上溅射 1 μm 左右厚的金属钛层,金刚石在钛层上很容易形核和生长。因为钛层很薄,热膨胀主要是石墨在起作用,因此大大降低了热应力。关机后,金刚石薄膜仍在石墨衬底上,经过酸腐蚀取下金刚石薄膜,完整没有裂纹,如图 2-28 所示,切边后直径 95 mm。

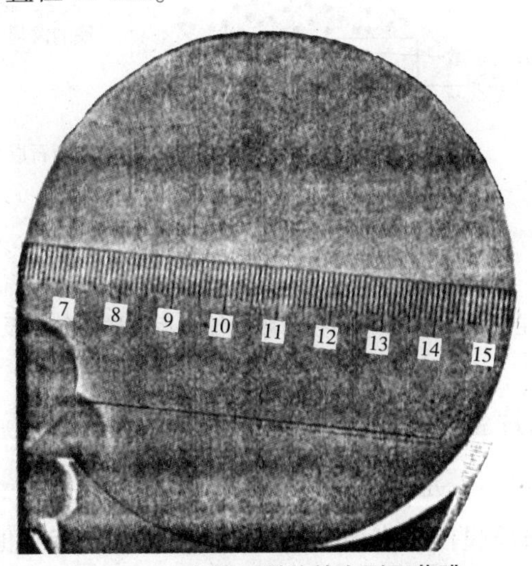

图 2-28　完整无裂纹的金刚石薄膜

2.2.8.3 金刚石薄膜的图形化刻蚀

金刚石薄膜是一种具有巨大应用潜力的新型功能材料，但是它极高的硬度和化学稳定性使其难被加工成型，因此，如何对金刚石薄膜表面进行精确的图形化加工是实现制造金刚石器件的关键技术问题之一。针对上述特点，人们研究出了不少方法，这些方法大致可分为两类：一类是利用选择性沉积技术，另一类是依靠蚀膜技术，利用等离子体对金刚石进行选择性的刻蚀技术。

经过氢等离子体图形化刻蚀后的金刚石薄膜表面，在原先有胶水覆盖的地方没有明显的变化，在原先没有胶水覆盖而直接接触 $FeCl_3$ 溶液的地方，表面形成了一层金属状薄膜，该金属状薄膜与酸溶液反应放出气体，推断该金属薄膜就是 Fe 薄膜。

氢等离子体在整个刻蚀过程中起着十分重要的作用，不仅为刻蚀过程提供一定的温度环境，还可以大幅度提高 Fe 对金刚石薄膜的刻蚀速率，其原因是氢等离子体能够将 Fe 薄膜中的非金刚石碳及时刻蚀掉，这样可以保证 Fe 将金刚石薄膜表面石墨化后生成的非金刚石碳从其靠近金刚石薄膜的那一面，利用存在的浓度差而源源不断地扩散到接触氢等离子体的那一面，并被氢等离子体连续不断刻蚀掉，整个过程如图 2-29 所示。

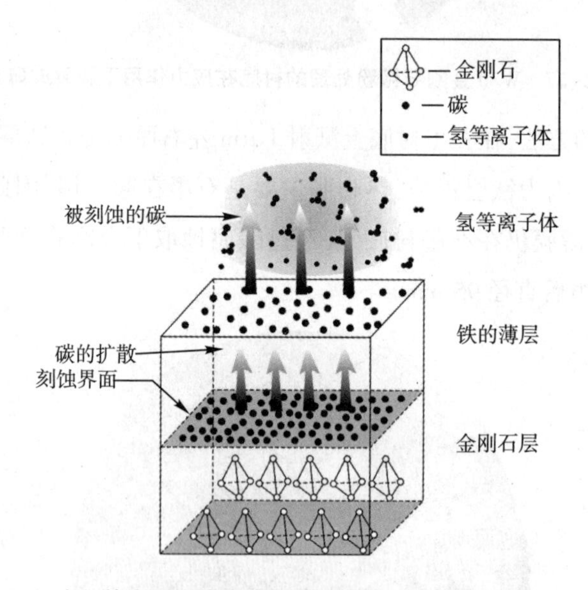

图 2-29　在氢等离子体辅助铁薄膜刻蚀作用下碳的转变及迁移示意

2.2.8.4 声表面波基片金刚石层细晶粒的生成

（1）当甲烷浓度（1.4%）一定，其他参数恒定（基体温度、丝距、氩气浓度、功率等），仅气压逐渐减小时，金刚石薄膜拉曼光谱中金刚石相、石墨相与其他非金刚石相发生的含量变化情况：金刚石的特征峰1332 cm^{-1}很强，同时几乎没有任何非金刚石相，说明所得金刚石质量极高。甲烷浓度为 1.4%，气压为1500 Pa，除了看到它的金刚石特征峰 1332 cm^{-1}，还可以看到一个比较高的从 1400 cm^{-1}到 1640 cm^{-1}宽峰包，说明非金刚石成分多，此外还有 1140 cm^{-1}小峰，有文献证明它不是以前认为的纳米金刚石特征峰，而是反式聚乙炔特征峰，但它常伴随着纳米金刚石薄膜的存在。甲烷浓度为 1.4%，气压为 1200 Pa，金刚石的特征峰 1332 cm^{-1}不强，金刚石的信号很弱。非金刚石相成分很多。

(2)气压保持不变(900 Pa 左右)，其他条件恒定时，甲烷浓度变化，金刚石薄膜拉曼光谱中金刚石相、石墨相与其他非金刚石相发生的含量变化情况：甲烷浓度为0.9%，气压为 900 Pa，可以看出，碳的含量比较多，有一个很宽的峰包，从 1400 cm^{-1}到 1650 cm^{-1}，中心位于 1540 cm^{-1}，同时还显示出金刚石特征峰1340 cm^{-1}(1340 cm^{-1}是 1332 cm^{-1}的正常偏移)。另外，也出现 1140 cm^{-1}小峰。甲烷浓度为 0.6%，气压为 900 Pa，可以看出，含有特征峰在 1331 cm^{-1}的金刚石相，以及存在非金刚石相，包括石墨和无定形碳，此峰包在 1439 cm^{-1}到 1546 cm^{-1}范围内。其金刚石特征峰更加突出，远远高于石墨和无定形石墨峰。而峰1158 cm^{-1}的出现显示有纳米金刚石的存在。

2.2.8.5 脉冲偏压辅助热丝法沉积

电子辅助热丝沉积相比单纯的热丝法能促进金刚石的形核和生长，主要是基于偏压驱动热发射电子与分子和基团碰撞，使热分解后的氢原子和基团能存在更长时间，到达基体表面的氢原子和基团浓度更高，促进金刚石的形核和生长。

其他参数不变，仅仅改变脉冲偏置电压的频率，探讨对金刚石沉积的影响。金刚石沉积工艺条件见表 2-9。

表 2-9 金刚石沉积工艺条件

热丝	本底真空	基体	H_2 流量	气压
8 根 W 丝	1.5 Pa	ϕ60 mm 钼片	6×10^{-2} m^3/h	2 kPa
CH_4 流量	加热电压	加热电流	脉冲偏置电压	生长时间
6×10^{-4} m^3/h	16 V	400 A	120 V	10 h

首先将脉冲电压频率设置为 3 kHz，占空比 40%，此时平均电流为 5 A。金刚石沉积完成后取出样品进行观察，断面测量膜层厚度 10 μm，且靠近基体部分晶粒细密，表明金刚石沉积过程中经过二次形核后生长的金刚石颗粒较粗大，平均晶粒尺寸为 4 μm。其他参数不变，将脉冲偏置频率设置为 5 kHz 制备的金刚石薄膜，平均晶粒尺寸为 4 μm。频率设置为 1 kHz 制备的金刚石薄膜，平均晶粒尺寸 2 μm。频率设置为 500 Hz制备的金刚石薄膜，平均晶粒尺寸 2 μm，晶形规整，表面显形的晶面大多数为三角形(111)面。

分析结果表明，采用不同频率脉冲偏置电压制备的金刚石薄膜晶形和晶粒度有差异。其中，3 kHz 和5 kHz频率脉冲偏压下制备的金刚石薄膜颗粒较为粗大，形态较差。在 1 kHz 和 500 Hz 频率下制备的金刚石薄膜颗粒细小，形态良好，可见明显的三角形(111)面显形。

其他工艺参数不变，将脉冲频率设置为 1 kHz，仅仅改变脉冲偏置电压的占空比，以探讨对金刚石沉积的影响。占空比为 40%时，制备的金刚石薄膜，平均晶粒尺寸为2 μm，颗粒形态良好；占空比为 60%时，制备的金刚石薄膜，平均晶粒尺寸为 2 μm，颗粒形态良好。可见，调节占空比引起的金刚石薄膜形貌变化不很明显。采用脉冲偏压在硬质合金基体表面沉积金刚石薄膜，平均颗粒尺寸为 1 μm 左右，沉积工艺参数见表 2-10，脉冲偏置电压辅助热丝法在硬质合金基体上制备的金刚石薄膜照片，如图 2-30 所示。金刚石薄膜与硬质合金基体之间的结合力用划痕法，测试载荷为 11.6 N，具有良好的结合力。

表 2-10　硬质合金表面沉积金刚石薄膜的工艺参数

热丝	本底真空	基体	H_2 流量气压	气压
8 根 W 丝	1.5 Pa	ϕ60 mm 钼片	6×10^{-2} m^3/h	2 kPa
CH_4 流量	加热电压	加热电流	脉冲偏置电压	生长时间
6×10^{-4} m^3/h	16 V	400 A	120 V	9 h
脉冲电压	平均电流	占空比	频率	峰值电流
120 V	3 A	40%	1 kHz	20 A

图 2-30　脉冲偏置电压辅助热丝法在硬质合金基体上制备的金刚石薄膜照片(500×)

2.2.8.6　圆柱形衬底上高质量金刚石薄膜的沉积

偏压增强热丝 CVD 法制备金刚石薄膜的装置，如图 2-31 所示。

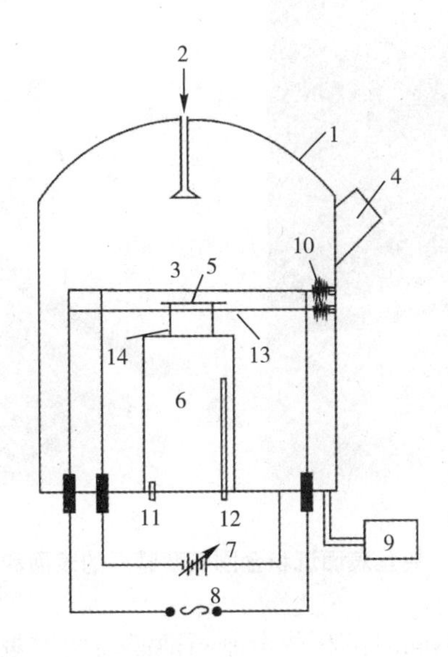

1—不锈钢钟罩;2—反应气体入口;3—反应室;4—观察视窗;
5—钨丝;6—支撑台及冷却装置;7—直流偏压电源;8—热丝电源;
9—真空及气压控制装置;10—耐高温弹簧;11—冷却水入口;12—冷却水出口;13—热丝;14—钨丝支架。

图 2-31　钨丝外表面金刚石涂层制备装置示意

钨丝表面沉积金刚石薄膜后的表面和截面形貌,如图 2-32 所示。其中图(a)的钨丝的截面形貌,图(b)为钨丝表面的金刚石薄膜外表面,图(c)为钨丝上表面截面的金刚石沉积情况,图(d)为钨丝下表面截面的金刚石沉积情况。

(a)

(b)

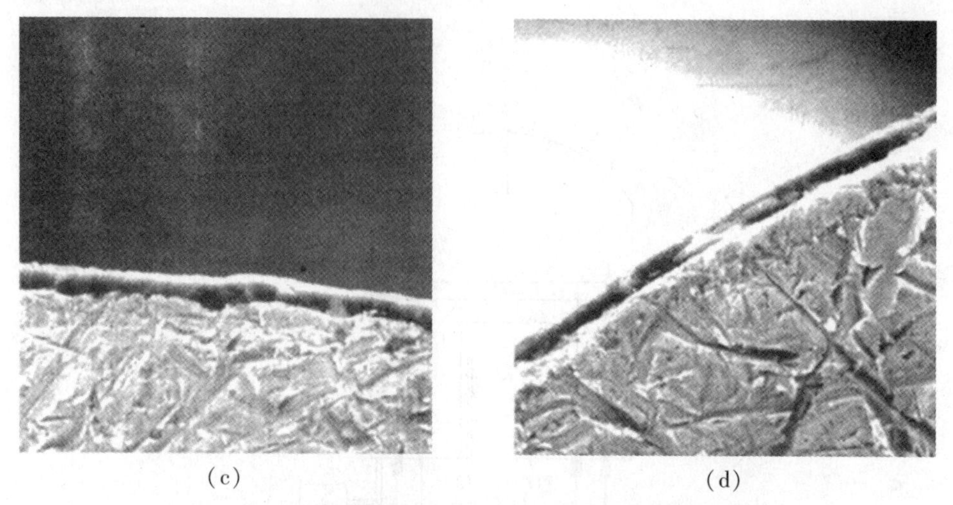

(c) (d)

图 2-32　钨丝表面沉积金刚石薄膜后的表面和截面形貌

钨丝与热丝之间距离不同时沉积的金刚石薄膜表面形貌,如图 2-33 所示。

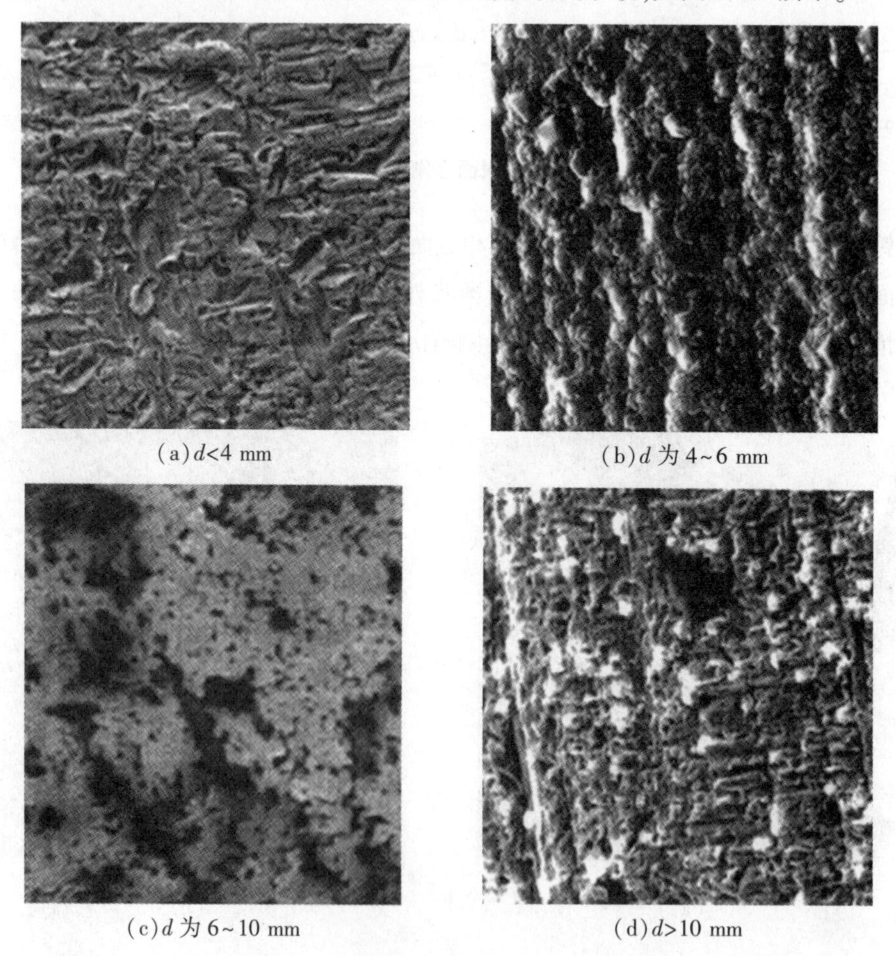

(a) d<4 mm　(b) d 为 4~6 mm

(c) d 为 6~10 mm　(d) d>10 mm

图 2-33　钨丝与热丝之间距离不同时沉积的金刚石薄膜表面形貌

通过调整钨丝与热丝之间的距离进行金刚石涂层的电镜观察发现，钨丝与热丝的最佳距离为 4~6 mm。

2.2.9　影响 CVD 金刚石涂层附着力的因素

如何提高 CVD 金刚石在刀具基体上的形核密度、形核及生长速度，改善金刚石薄膜与基体的结合性能是必须要解决的问题。

纵观众多共识，影响 CVD 金刚石涂层刀具附着力的因素：①不同的预处理方法（研磨、去钴、加稀土等）对刀具基体所致的表面粗糙度、物理性质、化学性质的差异；②金刚石与刀具基体的热膨胀系数不协调，这种不协调通常导致膜/基体之间弱的结合力和高的残余应力（热应力）；③在金刚石沉积过程中，竞争生长的金刚石、非金刚石碳共同沉积、生长，从而导致金刚石与刀具基体的交界处，晶界处石墨、非晶碳的形成；④金刚石形核密度的高低将导致表面粗糙度的高低，甚至岛状结构薄膜（金刚石内膜颗粒大小不均匀）的生成。

对基体材料为硬质合金 YG5（WC-Co）的金刚石涂层刀具，在基体沉积涂层之前的表面几何形状及性质，特别是基体的含 Co 量、表面粗糙度、碳化物的含量等，都将直接影响金刚石在基体上的沉积质量及金刚石薄膜与基体的黏附性能。

通过大量研究，总结出一系列的硬质合金刀具基体处理方法，其中见成效的方法：①表面的净化与粗化；②表面植晶处理；③在刀具基体与金刚石薄膜间施加过渡层；④去除或稳定刀片表面层中作为黏结相的 Co。

2.2.9.1　提高膜/基附着力典型工艺

（1）表面预处理

1）表面的净化与粗化　基体表面的净化、粗化处理的主要目的是清除硬质合金刀具在制造过程中不可避免地残留在基体表面上的污染物、吸附物、氧化物，以及改变基底表面的微观结构；去除表面附着强度较低的 WC 颗粒，以增加反应气源与基体的接触面积，增加基底表面的表面能，提高金刚石在异质基体上的成核密度，从而增强膜/基附着力。

2）表面植晶处理　由于金刚石的表面能较高，故一般很难在非金刚石基体上形核。但在基体表面上，采用金刚石粉（金刚石膏）研磨，去除强度不高的 WC 颗粒，同时利用金刚石粉末研磨基体所产生的“种子”效应等，都可大大地提高金刚石的形核密度。采用纳米级的金刚石粉对硬质合金基体进行超声研磨，可获得较高的形核密度（2×10^{11} 个/cm^2），继而从很大程度上提高了金刚石薄膜与基体的附着力。

（2）去除或稳定刀具基体表面层中的 Co　大量实验结果表明，硬质合金基体中作为黏结相的Co不仅抑制金刚石的形核和生长，而且还会降低金刚石涂层的质量与基体的附着力。为了抑制黏结相金属Co的不利影响，国内外大量的实验表明，采用酸刻蚀、等离子体刻蚀、化学试剂纯化、等离子体钝化、化学反应置换Co、激光辐照等方法，基本上消除了钴黏结相不利影响。从而提高了金刚石薄膜与硬质合金刀具基体的黏结性能。

(3)施加中间过渡层　由于金刚石与大部分基体材料的物理性质差别较大，为消除薄膜与基底因晶格失配、热膨胀系数差异而造成的内应力，同时阻止在沉积过程中薄膜与基底之间直接发生反应，防止Co过度渗入基底，并防止Co在沉积温度下从基底深处向表面扩散，从而影响金刚石的生长。

为解决这一问题，可先在基体上生长一层或多层(厚度0.01～1 μm)物理性质介于基体材料与金刚石薄膜之间的过渡层，选用中间过渡层时应遵循以下几点原则：①热膨胀系数适中，可释放金刚石薄膜与基体之间的热应力；②与金刚石薄膜和硬质合金要有较好的黏结性能；③化学性能稳定，具有一定的机械强度；④能与Co反应生成稳定的化合物，或阻止Co在高温下向涂层扩散，形成一个障碍层。

目前在硬质合金刀具上沉积的过渡层有：钛粉和金刚石微粉烧结层、铌/银/铌过渡层、钨/金刚石成分梯度层、无序碳过渡层、类金刚石薄膜过渡层、W/WC等。

2.2.9.2　预处理新方法的研究

大量研究表明，由于Co的催石墨化作用和硬质合金与金刚石薄膜热膨胀系数差异等影响因素，一般情况下，很难在未经处理的硬质合金衬底上沉积出高质量的金刚石薄膜。如何提高金刚石薄膜与硬质合金基体之间的附着力一直是CVD金刚石薄膜涂层工具研究开发的关键问题。然而目前广泛采用的预处理技术大多都是针对一般形状的衬底预处理，对于复杂形状的工模具的预处理效果则不理想。研究开发既能适用复杂形状的硬质合金衬底又能保证金刚石薄膜附着力的预处理方法，是实现金刚石涂层在机械加工领域产业化的关键问题之一。硬质合金衬底表面预处理方法，同时将该方法融入到传统的两步预处理方法中，即醇碱两步预处理方法。

(1)平面衬底　未处理的试样表面非常光滑，没有凹坑或凸起，而经过两步处理后的试样表面非常粗糙，高低不平，出现了很多凹坑，使得金刚石非常容易在这些部位形核，增强了金刚石薄膜与衬底之间的结合力，从而提高了附着强度。

(2)复杂形状衬底　未进行两步法预处理的螺旋槽表面粗糙度为95.4 nm左右。而经过两步法预处理后的螺旋槽表面变得凹凸不平，非常粗糙，表面粗糙度达到366 nm左右，这些凹凸不平的地方对金刚石晶体生长来说具有很低的形核能力，提高了形核密度。由此可以看出，改进的两步预处理方法非常适合于复杂形状硬质合金衬底的预处理，可以省去传统的手工研磨等过程,能够大大提高衬底预处理的效果。

2.2.9.3 Si 的引入对附着力的影响

Endler I 等比较了 TiN、TiC、Si_3N_4、SiC、Si(C,N)、(Ti,Si)N、非晶碳等过渡层对金刚石涂层附着力的影响。其研究表明,含有 Si 的过渡层,有助于提高金刚石涂层的附着力。Chii Ruey Lin 在硬质合金基体和金刚石涂层之间制备了 Ti 和 Si 的过渡层。其研究结果表明,能够形成 SiC、TiC 的 Ti-Si 过渡层可以提高金刚石涂层对硬质合金基体的附着力。可见,Si 是可以被用来提高硬质合金金刚石涂层附着力的元素之一。

为此,樊凤玲等向化学气相沉积系统中引入 Si 元素,即采用 H_2 和八甲基环四硅氧烷为原料气体,在适当的沉积条件下,在基底材料上可控地沉积金刚石、SiC 等物相。实验结果表明,在金刚石涂层的沉积过程中向沉积系统中引入 Si 有利于提高金刚石涂层对硬质合金基体的附着力。

在化学气相沉积过程中,原料气体包括 H_2、CH_4 和八甲基环四硅氧烷(简称 D_4)。D_4 的分子式为$[(CH_3)_2SiO]_4$,其四对 Si—O 原子依次键合为环状,而八个甲基两两分别与 Si 原子形成键合。使用 D_4 作为化学气相沉积过程的原料气体的目的是要利用其向化学气相沉积系统中引入 Si。同时 H_2、CH_4 气体一方面是沉积金刚石涂层所必需的,另一方面也有使 D_4 得到还原的作用。

经过相同预处理的硬质合金基体上分别在使用 D_4 和不使用 D_4 两种工艺条件下沉积了金刚石涂层。金刚石涂层的具体沉积条件如表 2-11 所示。考虑到有机物 D_4 中含有氧元素,因此在使用 D_4 的情况下,沉积金刚石涂层时 CH_4 的流量要高于不使用 D_4 的对比工艺时的 CH_4 流量。

表 2-11 金刚石涂层沉积的两种工艺条件

工艺	压力/Pa	温度/℃	H_2(Ⅱ)流量/(mL/min)	CH_4 流量/(mL/min)	H_2(Ⅰ)流量/(mL/min)	时间/h
工艺Ⅰ	400	850	100	形核期 1 h:2.5 生长期 25 h:2.0	0.5	26
工艺Ⅱ	400	850	100	形核期 1 h:1.6 生长期 25 h:1.2	0	26

探索了在硬质合金金刚石涂层的化学气相沉积过程中引入 Si 对金刚石涂层附着力的影响。研究结果表明,与一般纯金刚石涂层时的情况相比,Si 的引入可使金刚石涂层与硬质合金基体间的附着力得到一定程度提高。成分的分析表明,元素 Si 在涂层与基体间的界面处有富集的倾向,而这将有助于抑制 Co 对涂层附着力的不利影响,从而提高金

刚石涂层对硬质合金基体的附着力。

2.2.9.4 等离子体技术对附着力的影响

由于等离子体中含有大量的电子和离子、原子、分子,其中许多原子或分子处在激发态,内能很高,具有较高的反应活性。因而等离子体技术在材料合成与加工中有着广泛应用。等离子体技术除了在金刚石沉积方面有着重要应用外,在提高金刚石薄膜在硬质合金基体上附着力方面也有重要作用。

(1)采用2.5%CO+97.5%H_2 等离子体、2.5%H_2O+97.5%H_2 等离子体以及 HCl 刻蚀6%Co-WC 刀片表面 Co,发现 $CO+H_2$ 等离子体比 H_2O+H_2 等离子体更能有效刻蚀 Co,采用 $CO+H_2$ 等离子体处理的刀具获得了更好的附着力。

(2)将 YG6 硬质合金试样经酸蚀处理后,再采用 H-Ar 等离子体刻蚀刀具表面 WC,产生一层纯 W 或少量钴、碳、钨化合物,形成粗糙的活性表面,在随后的薄膜沉积过程中,这层纯钨层被重新碳化成细小的碳化钨,增加了金刚石薄膜与 WC 的接触面积,从而提高了金刚石薄膜的附着力。

(3)研究负偏压形核对金刚石薄膜与 WC-6%Co 硬质合金刀具附着力的影响。结果表明,负偏压形核不仅能增加金刚石的形核密度,形核位置也与未加偏压时不完全相同。未加负偏压时,形核优先发生在 WC 颗粒边缘与 WC 晶粒交界处;加负偏压后,WC 颗粒中部也有许多晶核,分布也较均匀,增加了膜基有效结合面积,从而增加了金刚石薄膜的附着力。

(4)采用 B_2O_3 作 B 源,NH_3 作 N 源,使用 H-B-N 等离子体对 YG8 硬质合金基体表面进行处理,结果表明,单纯的 H-B 等离子体处理试样,使表面出现多孔组织,其原因是 B_2O_3 裂解后产生的氧等离子体对基体表面有很强的刻蚀作用,Co 比 WC 更容易刻蚀,导致表面多孔洞,降低表面机械强度。当等离子体中加入氮后,由于氮等离子体与氧等离子体有极强的反应倾向,中和了氧的不利影响,而 B 则和表面的 Co 反应,生成惰性的 CoB、Co_2B 等,一方面保持刀具基体表面机械强度;另一方面,由于表面 Co 被 B 钝化,从而抑制金刚石薄膜生长时 Co 的不利影响,显著提高了金刚石薄膜与基体附着力。

2.2.9.5 硬质合金表面粗糙度的影响

利用金刚石粉研磨硬质合金基体表面,然后采用酸碱两步法处理,研究和分析当硬质合金基体处于不同的表面粗糙度情况下,对金刚石涂层附着力所产生的影响。

采用 YG6(WC+6%Co)硬质合金刀片作为涂层基体材料,分别用粒度 320#、200#、140#、80#的金刚石粉对基体表面进行研磨,然后采用酸碱两步法粗化表面和去钴,最后使用酒精超声波清洗。

利用不同粒度金刚石粉对硬质合金基体表面研磨得到不同的表面粗糙度。其中,采用 80#金刚石粉研磨的基体表面粗糙度 *Ra* 达到 1.783 μm,为五个样品中的最大值,而仅经过表面平磨处理的样品,经酸碱腐蚀后粗糙度 *Ra* 为 0.052 μm,随着研磨金刚石粉粒度的增大,表面粗糙度也随之提高,处理后数据结果见表 2-12。

表 2-12　各种金刚石粉研磨处理对硬质合金表面粗糙度的影响

编号	基体处理方法	粗糙度/μm
a	平磨	0.052
b	320#	0.085
c	200#	0.828
d	140#	1.205
e	80#	1.783

2.2.9.6　形核密度对 CVD 金刚石涂层附着性能的影响

影响 CVD 金刚石硬质合金涂层刀具质量的两个关键问题是:涂层与硬质合金基体附着力和表面粗糙度。

化学气相沉积金刚石由形核和生长两步组成,形核是 CVD 金刚石涂层沉积的首要环节,直接影响着沉积所得金刚石涂层的性能,如晶粒尺寸、定向生长、透明度、附着力和粗糙度等,对金刚石形核的研究可以很好地控制金刚石涂层生长和金刚石涂层的质量,所以极其重要。通常我们是要最大限度地提高金刚石形核密度,因为高的形核密度可以提高涂层的致密性,从而提高金刚石涂层的附着力。邓福铭等重点考察了不同形核工艺参数对 CVD 金刚石涂层附着力的影响,采用热丝 CVD 法在硬质合金基体上进行金刚石形核,对比寻找最优形核工艺参数,并在此最佳工艺条件下沉积金刚石涂层,采用压痕法对该金刚石涂层附着力进行研究。研究结论如下:

(1)碳源气体浓度是影响金刚石形核密度的重要参数。金刚石形核必须在一定浓度下才能进行,碳源浓度太低形核无法进行,而碳源浓度太高将造成石墨和非晶碳的生成,使金刚石不纯。当碳源浓度达到 3%时,表面形核密度最高,约为 $10^7/cm^2$;浓度增大为 4%时,表面有二次形核,形核密度降低,且此时金刚石已进入生长阶段。

(2)形核密度最高时,获得的金刚石涂层压痕最浅,压痕直径最小,涂层表现出优越的附着性能。碳源浓度较低时,形核密度低,不仅会增大沉积涂层的粗糙度,还会使得金刚石涂层/基体处形成空隙,造成金刚石涂层附着力降低;碳源浓度过高时,形核密度反而降低,沉积得到的涂层非金刚石成分升高,也会对金刚石涂层附着力产生负面影响。

3 CVD 薄膜制备技术的多样性

早在 20 世纪 50 年代和 60 年代,美国、苏联等国的科学家已在低压下实现了金刚石薄膜的化学气相沉积(chemical vapor deposition,CVD),虽然当时其沉积速率非常低,但无疑是奠基之举。进入 20 世纪 80 年代以来,成功地开发出了多种 CVD 金刚石薄膜的制造方法。

高压及低压合成金刚石的区域及石墨-金刚石平衡曲线如图 3-1 所示。低压沉积的金刚石薄膜是在以石墨相为稳态,金刚石为非稳态的区域进行的。

低压合成金刚石薄膜的方法主要有化学气相沉积(CVD)法、等离子体化学气相沉积(PCVD)法、物理气相沉积(PVD)法、化学气相输运(CVT)法、火焰燃烧法等几大类。

3.1 化学气相沉积法

目前,CVD 制备的主要方法有:热丝化学气相沉积(HFCVD)法、电子辅助热丝 CVD 法、直流放电等离子体化学气相沉积法(DC-PCVD)、直流等离子体喷射化学气相沉积(DC-PCVD)法、高频等离子体 CVD 法、火焰燃烧法等,上述 CVD 方法中综合指标较好的是微波等离子体 CVD(MPCVD)、热丝法应用较为广泛。它们的共同特点是,都靠热解等离子体中的甲烷形成 C、H 及碳氢基团,然后在基体上形成金刚石涂层,这三种方法产生热量的手段几乎很简单,微波等离子体中的热源可以用微波炉做热源;热丝法中的热源可以用一般灯泡中的灯丝做热源;直流电弧喷射法中的热源可以用一般的电弧枪做热源,所以,这三种方法都易于普及和推广,便于工业化生产。

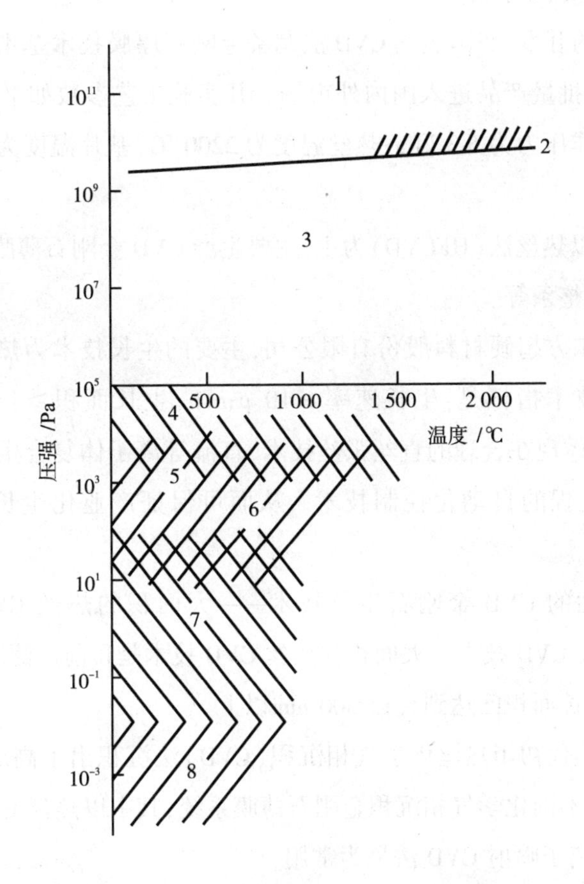

1—金刚石;2—金刚石-石墨平衡线;3—石墨;4—热等离子体;5—CVD 法;6—PCVD 法;7—PVD 法;8—离子束法。

图 3-1 高压及低压合成金刚石的区域及石墨-金刚石平衡曲线

3.1.1 热丝化学气相沉积法和电子辅助热丝化学气相沉积法

最早沉积金刚石薄膜的方法是 1982 年开发的热丝法,其基本原理是:利用热丝产生的高温,将甲烷和氢气分解离化成含碳基团和原子氢等,通过化学反应在衬底表面沉积,从而获得金刚石薄膜。

热丝 CVD(HFCVD)法是成功制备金刚石薄膜最早的方法之一。与其他方法相比,HFCVD 法制备金刚石厚膜具有技术成本较低,设备简单,成膜过程易控制等优点,因而被广泛使用。主要缺点是因热丝做热源,热介效率低,生长速度低、热导率与理想值差距大,一般只可在小面积上生长金刚石厚膜,生长速率为 0.3~2 μm/h。用这种装置可制备出 100 mm 的均匀金刚石厚膜。

经过三十多年的开发,我国热丝 CVD 法制备金刚石厚膜技术基本成熟,已经开始小规模产业化生产,有批量产品进入国内外市场。其实验工艺参数如下:基片为 Si(100);气源为 CH_4,H_2;工作压力为 5.3 kPa;热丝温度为 2200 ℃;基片温度为 800 ℃;生长速率为 0.5~2 μm/h。

美国 SP3 公司以热丝法(HFCVD)为主,主要生产 CVD 金刚石薄膜涂层工具,同时也做一些刀具、砂轮修整条等。

中国北京天地东方超硬材料股份有限公司,主要的生长技术为热丝生产 CVD 金刚石技术,其生长的技术指标是:生长速率≥10 μm/h,生长面积≥150 mm^2,成功率≈100%。其工艺特点体现在合理的直丝张丝技术、直流等离子体复合生长技术、含氧的碳源供应系统、生长过程的自动化控制技术。从而可保证产业化生长技术先进指标的实现。

目前,有代表性的 CVD 金刚石生长技术——大面积的热丝 CVD 技术和大功率(35 kW或更高)微波 CVD 技术。大面积的热丝 CVD 技术是目前广泛应用和比较成熟的产业化技术,它的生长面积已达到直径 300 mm以上。

自 20 世纪 80 年代初用热丝化学气相沉积(CVD)法沉积出了高质量多晶金刚石薄膜以来,出现了许多不同化学气相沉积金刚石薄膜系统,其中以热丝 CVD、微波等离子体 CVD 和直流电弧等离子喷射 CVD 法最为常用。

3.1.2 等离子体化学气相沉积法

3.1.2.1 直流等离子体化学气相沉积法

直流等离子体化学气相沉积法装置示意如图 3-2 所示。操作时,先抽真空至 10^{-4} Pa,然后再通入控制配比的反应气体 CH_4 和 H_2,到 10~100 Pa 时,阴极阳极开始放电,开始放电时,不开挡板,当达到设定炉压后,即开挡板,开始反应。在反应过程中,生长速率一般可达 0.3~2 μm/h,沉积的金刚石薄膜质量较好。

3.1.2.2 直流等离子体喷射化学气相沉积法

直流等离子体喷射化学气相沉积(DC Plasma Jet CVD)法工作原理是:在阳极和棒状阴极之间通入沉积气体,利用直流电弧放电所产生的高温等离子体使沉积气体离解。该方法相对于其他类型的等离子体喷射方法,具有气体温度高、能量密度大、离化率高的特点。北京科技大学建立了功率高达 100 kW 的直流电弧等离子体喷射系统,实现电弧旋转,并且实现了反应气体的循环利用,大幅度地降低了实验成本,可以实现大面积金刚石薄膜的沉积。

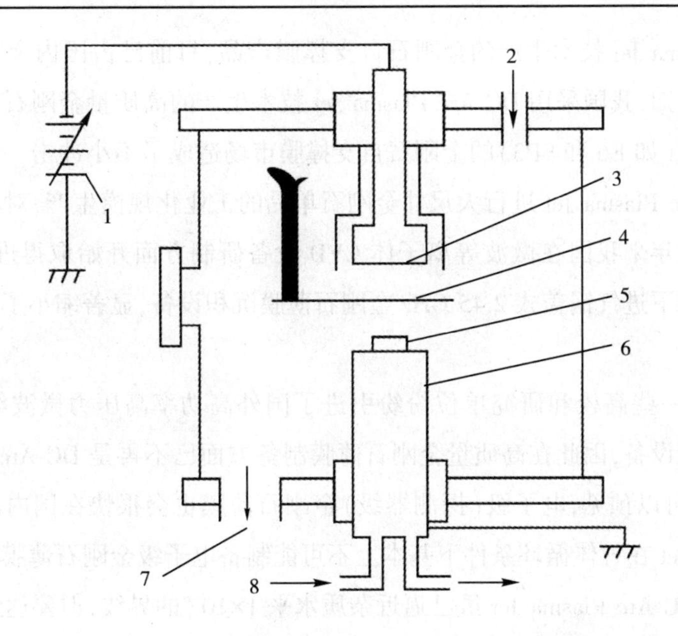

1—直流电源；2—反应气体（CH_4+H_2）；3—阴极；4—挡板；5—基体；6—阳极；7—真空排气系统；8—冷却水。

图 3-2　直流等离子体化学气相沉积法装置示意

早期的直流等离子体喷射化学气相沉积法大都沿用高功率工业等离子体炬设计，采用了超音速等离子体炬，尽管金刚石薄膜生长速率早在 1990 年就达到创纪录的 930 mm/h，但沉积面积很小（直径约 1~2 cm^2），均匀性很差，没有任何实用意义。

为了尽可能扩大 DC Arc Plasma Jet 的金刚石沉积的面积和沉积均匀性，曾经尝试过的技术方案包括：在低压下扩展超音速射流，设计多等离子体炬系统，或多阴极系统；旋转衬底；等离子体炬做相对于衬底做扫描运动；衬底相对于等离子体矩扫描运动（设计 X-Y样品台）等方法。但仅以上方法取得的效果非常有限，以致这一技术并未在工业界得到广泛应用。唯一值得一提是 Norton 公司曾利用高功率 DC Arc Plasma Jet 技术制备大面积高质量的金刚石支撑膜。

北京科技大学和河北省科学院从 1992 年起就合作进行 DC Arc Plasma Jet 金刚石薄膜沉积技术研发，成功地研发了一种基于长通道直流旋转电弧等离子体炬和半封闭式气体循环技术的高功率 DC Arc Plasma Jet CVD 金刚石薄膜沉积系统。经过多年努力，已形成 100 千瓦级研究型、30 千瓦级研究生产两用型、30 千瓦级生产型和 20 千瓦级研究型（直喷式，气体不循环）的 DC Arc Plasma Jet 设备系列。已能制备包括工具级、热沉级和光学级金刚石支撑膜，最大均匀沉积面积的直径达 120 mm，最大厚度超过 2 mm，最高热导率 20 W/（cm · K）。已形成年产 1200 mm^3 以上金刚石自支撑膜产品的生产能力，已成为我国目前 CVD 金刚石自支撑膜生产的两大主力之一，产品大部分销往国外。

DC Acr Pasma Jet 技术生产的金刚石自支撑膜产品,目前已占国内金刚石自支撑膜产品的主流。据知,我国采用 DC Arc Plasma Jet 技术生产的高质量金刚石自支撑膜已经给国外知名厂商(如 E6 和 SP3)的金刚石自支撑膜市场造成了不小冲击。如果能够顺利实现采用 DC Arc Plasma Jet 进行大尺寸金刚石单晶的工业化规模生产,对国外市场的冲击将会更大。近年来我国在微波等离子体 CVD 设备研制方面开始取得进展,相继研制成功了椭球腔和下进气锅盖式 2.45 GHz 金刚石薄膜沉积设备,显著缩小了与国外先进水平的差距。

此外,国内一些高校和研究单位纷纷引进了国外高功率高压力微波等离子体 CVD 金刚石薄膜沉积设备,因此在高质量金刚石薄膜制备方面已不再是 DC Arc Plasma Jet 一支独秀的局面,可以预见,电子级(探测器级)金刚石薄膜也会很快在国内出现。而采用 DC Arc Plasma Jet 在气体循环条件下基本上不可能制备电子级金刚石薄膜。采用直喷式(气体不循环)DC Arc Plasma Jet 虽已逼近杂质水平 1×10^{-6}的界线,但要达到 1×10^{-9}量级恐怕不会那么容易,难以和高功率高压力微波等离子体 CVD 竞争。但由于红外光学窗口要求的尺寸一般都很大,形状往往很复杂(球罩),而且对杂质水平的要求没有电子级(探测器级)那样高,因此 DC Arc Plasma Jet 还会在光学窗口应用领域继续占有优势。

3.1.2.3 直流电弧等离子体射流法

直流电弧等离子体射流法,其气源采用 CH_4、H_2、Ar 气体,沉积温度为 950~1000 ℃,沉积工作压力为 2~60 kPa,衬底材料为 Mo。此法最大的优点是沉积速率高,但沉积面积受到一定的限制,在沉积的边界上有非晶碳生长,即存在所谓的“边界效应”。为了克服存在的“边界效应”,设计了如图 3-3 所示的超音速直流等离子体射流法装置。在低压下,高的气流速度,使 CH_3、H 等基团,高速到达沉积表面,而不是复合,生长速率可达到 10 μm/h,避免了“边界效应”。

射流等离子体法的生长速率可达到 180 μm/h,而且膜层质量好,生成的膜比较均匀。缺点主要是沉积工艺难以控制。

3.1.2.4 直流热阴极等离子体化学气相沉积法

直流热阴极等离子体化学气相沉积法的工作原理是:用阴极与阳极间的辉光放电,将反应气体分解形成等离子体。为了在较高气压条件下还可维持稳定的辉光放电,阴极温度在金刚石的沉积过程中保持在 1100 ℃以上。这使该法具有较大的放电电流和较快的生长速度,并被广泛应用于快速生长工具级厚膜。吉林大学在这类设备的设计和技术上达到了国际先进水平。

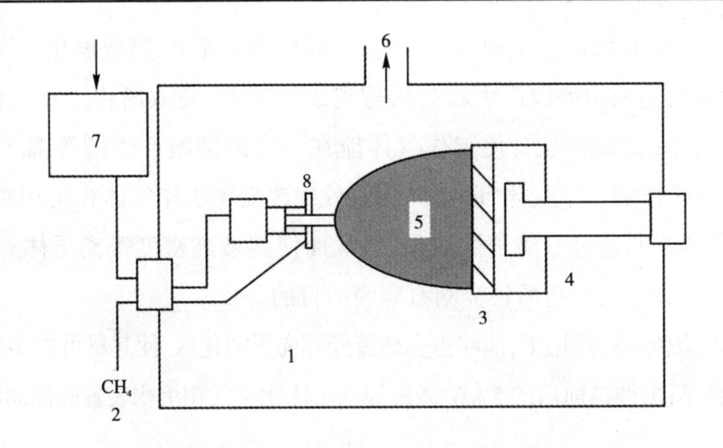

1—真空室;2—碳氢气源;3—衬底;4—冷却水;5—等离子焰;6—抽真空系统;7—电源;8—等离子体炬。

图 3-3 超音速直流等离子体射流法装置示意

3.1.2.5 射频等离子体化学气相沉积法

射频等离子体化学气相沉积(RF-PCVD)法的生长速率通常很慢,为 0.1 μm/h。

采用环状电极,而不采用平行板电极,其目的是使电场 E 与磁场 B 平行,衬底垂直于电场、磁场,降低电子碰撞衬底的能量,从而提高沉积膜的质量。

采用电感耦合系统时,一般是把螺旋线圈置于真空沉积反应室外,这样可获得高密度的等离子体。等离子体球的直径大约是线圈直径的一半,可大面积沉积,一般可获得 0.2 μm/h 的生长速率。

3.1.2.6 脉冲等离子体化学气相沉积法

用脉冲等离子体化学气相沉积金刚石薄膜的原理是:当脉冲放电产生等离子体时,使通入的碳氢化合物分解,在等离子区中产生微晶状的金刚石粒子,在停止放电时,使微晶金刚石冷却、稳定。

脉冲等离子体化学气相沉积法的优点是沉积温度很低,金刚石薄膜与基体的附着性好,膜层均匀、光滑,膜层显微硬度较高;其缺点是金刚石薄膜的纯度不够。

3.1.2.7 微波等离子体化学气相沉积法

微波等离子体化学气相沉积(MPCVD)法是一种制备金刚石薄膜的优质方法,其工作原理是:通过波导管和天线,将微波发生器产生的微波传输到反应腔体中,激发腔体内的反应气体离化形成等离子体,产生能够沉积金刚石薄膜的各种基团。由于 MPCVD 法具有无极放电、功率大、沉积气压高等优点,因而能制备出质量非常高的金刚石,是目前制备 CVD 金刚石薄膜最普遍的使用方法。

为了提高 MPCVD 法沉积金刚石薄膜速率，同样需要充分、高效离化工作气体。一方面需要提高微波的输入功率以产生较高的等离子体密度，高效离化工作气体；另一方面需要改变工作气体的流动状态，使工作气体能在一定的微波产生的等离子体下充分离化。通过在腔体内添加一个气体“限流环”，有效地改变了工作气体在沉积腔体中的流动状况，使工作气体强制通过等离子体活化区，从而使其被高密度等离子体充分离化成含碳活化基团，达到高速沉积高质量金刚石薄膜的目的。

工作气体在限流环的作用下，能够更多地流经等离子活化区，使其尽可能多地被等离子体离化成含碳活性基团，改进前后的 5 kW 微波等离子体化学气相沉积装置腔体如图 3-4 所示。

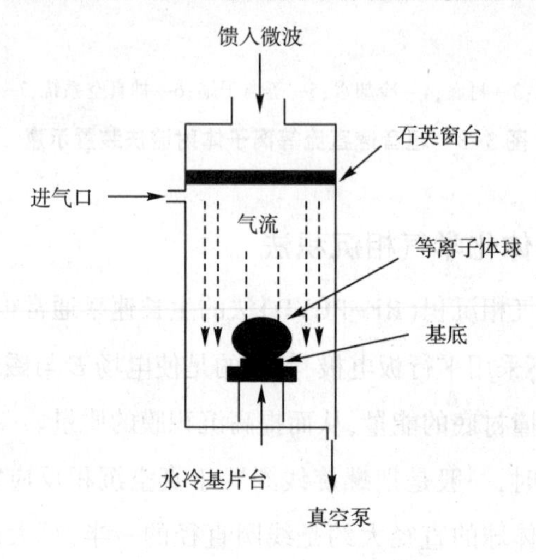

(a)改进前

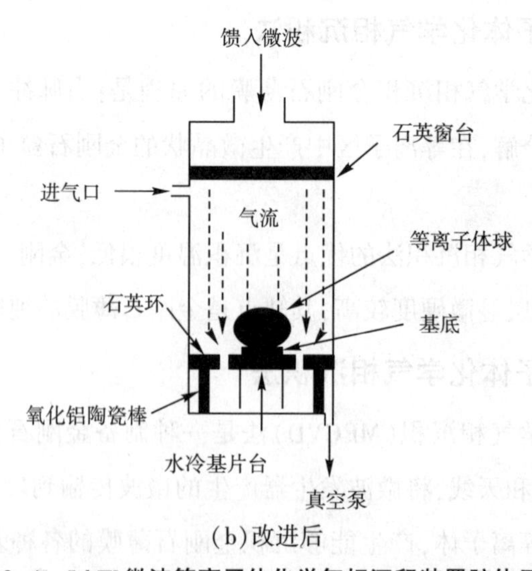

(b)改进后

图 3-4　5 kW 微波等离子体化学气相沉积装置腔体示意

由图 3-4(a)可知,微波在基片上方激发工作气体产生等离子体。为了使工作气体通过进气口进入空腔体后,可以被等离子体充分离化,因此对腔体内基片台周围的环境进行了相应的改进,如图 3-4(b)所示。不同样品的平均沉积速率,如图 3-5 所示,在功率较低时(1500 W),在改进后的装置中沉积金刚石薄膜的速率从 1.0 μm/h(样品 1a)升高至 1.2 μm/h(样品 1b),变化不明显。当微波功率上升至 4500 W 时,沉积速率明显增加,样品 3a 和 3b 的沉积速率分别为 10.0 μm/h 和 24.8 μm/h。

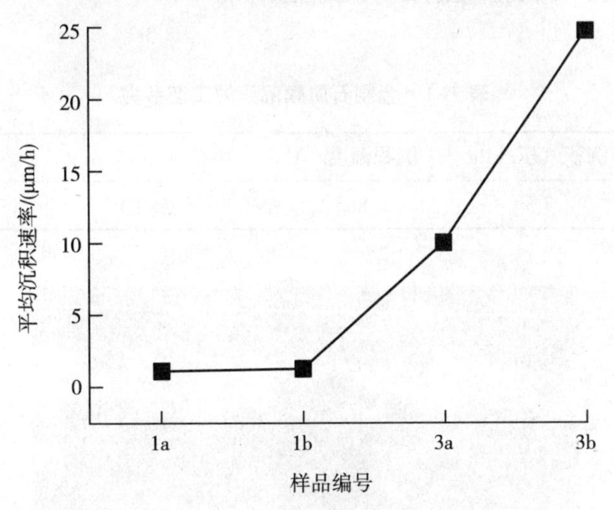

图 3-5　不同样品的平均沉积速率

各样品金刚石峰(1332 cm^{-1})的半高宽变化,以及石墨峰(G 峰)与金刚石峰(D 峰)的强度比变化趋势图如图 3-6 所示。

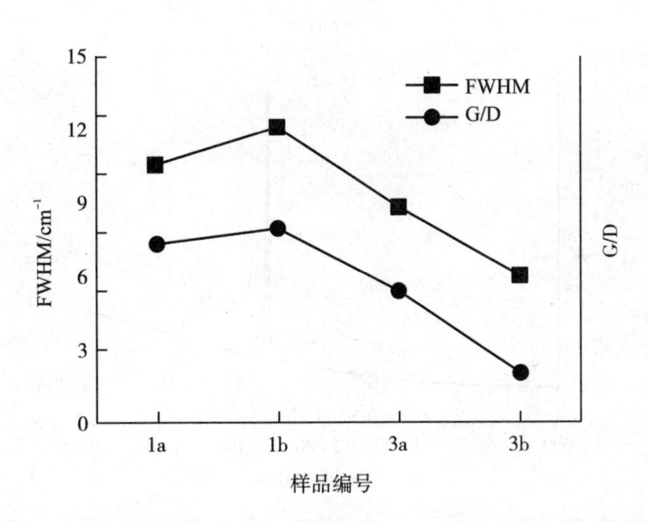

图 3-6　样品金刚石特征峰的半高宽变化以及石墨峰(G 峰)和金刚石峰(D 峰)的强度比(G/D)

在微波功率较低时(1500 W),在改进后的装置中沉积的金刚石薄膜质量有所降低。随着微波功率上升至4500 W,金刚石薄膜则有较大改善。产生上述现象的原因:在MP-CVD法制备高质量金刚石薄膜的过程中,必须具有较高的等离子体密度,并使工作气体能在等离子体中充分高效地离化成含碳基团,以较高的沉积速率沉积出高质量的金刚石薄膜。按表3-1的工艺参数沉积得到的金刚石薄膜进行断面SEM表征和拉曼光谱表征,如图3-7(1)所示,以观察金刚石薄膜的沉积状态和质量。

表3-1　金刚石薄膜沉积的工艺参数

微波功率/W	沉积气压/kPa	沉积温度/℃	甲烷流量/(nm^3/s)	氢气流量/(nm^3/s)
4700	7.5	865	5×10^{-8}	3.3×10^{-6}

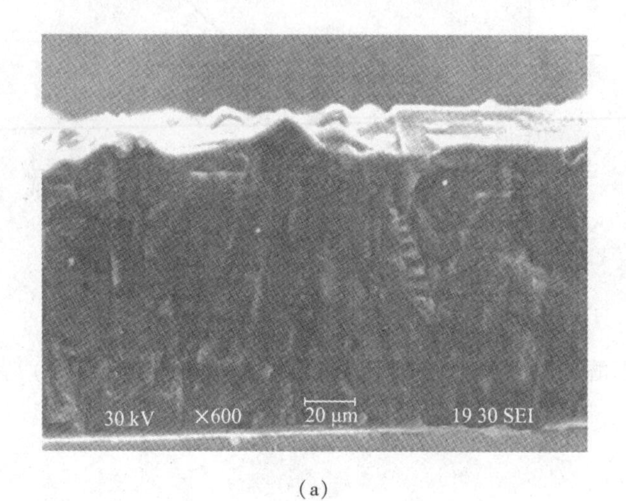

(a)

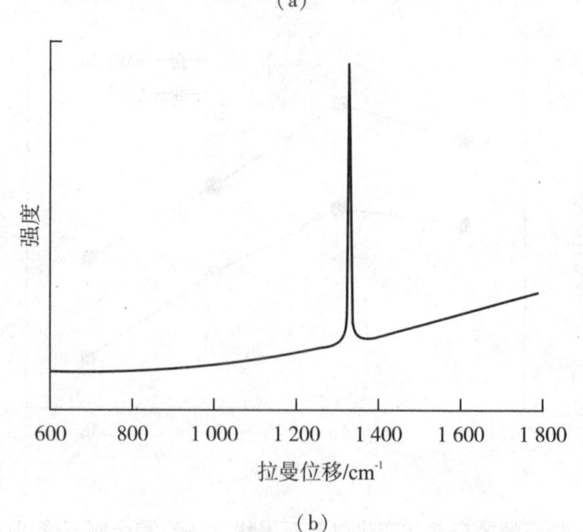

(b)

图3-7　金刚石薄膜的断面形貌和拉曼光谱

从图 3-7(a)可以看出,金刚石薄膜的断面呈柱状生长模式,这是金刚石薄膜高速生长的标志。在改进后的装置中,利用表 3-1 中的工艺参数,金刚石薄膜的平均沉积速率为 25.0 μm/h。对金刚石薄膜的拉曼光谱表征可以看出,如图 3-7(b)所示,金刚石薄膜在 1332 cm^{-1}处呈现出尖锐的金刚石薄膜特征峰,其半高宽为 5.94 cm^{-1},并且在1550 cm^{-1}附近没有观察到明显的石墨特征峰,由此可见所沉积得到的金刚石薄膜具有较高的沉积速率和质量。

微波等离子体生长法主要缺点是难以在大面积衬底上沉积金刚石薄膜。运用磁场增强的磁化和电子回旋共振(ECR)微波等离子体,可在低温下沉积金刚石薄膜。元素六公司以微波等离子体生长法(MPCVD)为主,主要提供高功率密度电子器件散热基底、砂轮修整条及切削刀具用金刚石片,以及 CVD 金刚石单晶。

另一种有代表性的产业化生产技术是大功率(60 kW)微波技术,用该技术制备的金刚石薄膜片,直径150 mm,厚度 2 mm,其质量和高质量的天然金刚石几乎完全相同。

3.2 物理气相沉积法

3.2.1 溅射镀膜法

离子束溅射镀膜法,是指真空室抽至 4.0×10^{-3} Pa 时,通入适量的 H_2、Ar,离子束即可轰击石墨靶,一般金刚石薄膜的沉积速率可达 60 μm/h,沉积的金刚石薄膜的纯度较差。

3.2.2 离化沉积法

金刚石薄膜的离化沉积,是气源用碳氢化合物,利用顶部热钨丝发射电子,使碳氢化合物离化,并用 $0\sim6\times10^{-2}$ T的可调磁场以增强离化率,产生的离子经加速射向加偏压的衬底,金刚石薄膜被沉积在衬底上。

3.3 化学气相输运法

3.3.1 热输运法

热输运(HGCTR)法是用石墨做高温区的热源,在低温区放置基片,一般为金刚石晶体。氢原子在低温区,在外延生长金刚石的同时,对析出的石墨进行刻蚀。其生长速率约为 1 μm/h。从本质上讲,这种方法是运用碳源与金刚石晶体籽晶的温度差来实现的,这种温差的存在是热输运法的重要条件。

3.3.2 等离子体输运法

等离子体输运法，包括射频等离子体输运法和微波等离子体轮动输运法两种。

3.4 火焰燃烧法

对于火焰燃烧法，其火焰燃烧中的电子密度一般在 $10^6 \sim 10^8$ cm^{-3}量级，电子能量范围为0.05 ~ 1 eV，这些高能电子高度离化工作气体以提高金刚石薄膜的沉积速率（50 μm/h）。火焰燃烧法的最大优点是设备简单，在大气压力下即可沉积，而且沉积速率较高（30~100 μm/h）。直流电弧等离子喷射法为了高度离化工作气体，采用较高的直流源和较大的喷口以达到高速沉积（40 ~50 μm/h）高质量金刚石薄膜的目的。相对于其他CVD法，火焰燃烧法与直流电弧等离子喷射法可提高金刚石薄膜沉积速率的原因在于，它可使尽可能多的工作气体流经高能区域，使工作气体充分高效地离化成含碳活性基团，以提高金刚石薄膜的生长速率。但上述两种可高速沉积金刚石薄膜的方法都无法避免由于较高的火焰温度或弧丝温度而向金刚石薄膜中引入金属杂质的缺点，特别是内焰覆盖区域，非金刚石碳如不能及时去除，就会造成非金刚石碳含量较高，得不到金刚石薄膜。

4 CVD 金刚石薄膜的工程应用与功能应用

金刚石因在力学、电学、光学、化学、热学、生物学等方面表现出的优良特性,而受到广泛的关注。随着化学气相沉积(CVD)技术的迅速发展,CVD 金刚石在各方面的性能已与天然金刚石相差无几。其中,不同晶粒尺寸和结构特征的 CVD 金刚石薄膜,也因其不同的物理特性,在不同的领域获得了良好的应用。

4.1 工程应用

CVD 金刚石薄膜(或涂层)工业化应用是个内涵非常深的大话题,对于准备涉足或已经介入这个技术领域的人们又是个不可回避的话题,既然我们已经介入,那么就不得不对 CVD 膜的工业化应用问题进行思考。因此,我们将就 CVD 金刚石薄膜工业化应用现状与制约其发展的主要技术问题,以及我们对 CVD 金刚石薄膜工业化应用谈点看法。

4.1.1 加工碳纤维复合材料

碳纤维复合材料具有高强度、高模量、低密度、耐高温、耐腐蚀、耐摩擦、抗疲劳的优异性能,广泛应用于航空、航天、汽车等领域,若采用传统硬质合金钻头钻削碳纤维复合材料,硬质合金钻头磨损非常严重,刀具寿命低,并且制孔质量也较差。

金刚石因具有极高的硬度、高导热性、低摩擦系数和低热膨胀系数等优异性能已成为理想的刀具材料之一,CVD 金刚石薄膜涂层刀具就是在刀具基体上直接沉积金刚石薄膜,因其制备不受基体形状的限制,可适合于制备复杂形状的刀具。

采用偏压增强 HFCVD 设备制备涂层钻头，金刚石薄膜沉积的具体参数见表 4-1。

表 4-1 金刚石薄膜沉积参数

参数	压强/Pa	丙酮浓度	热丝间距/mm	热丝温度/℃	基体温度/℃	偏压电流/A
数值	2000~3000	1%~3%	35	1500~2000	800~900	1~3

钻孔数达到 60 个时，金刚石薄膜涂层钻头横刃的磨损量约 20 μm，未涂层硬质合金钻头的磨损量近 55 μm，如图 4-1 所示。

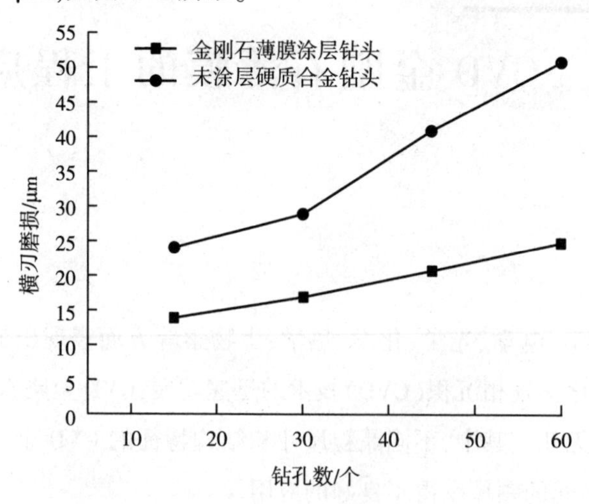

图 4-1 钻孔数与横刃磨损情况

两种钻头主切削刃的磨损趋势与横刃类似，但磨损数值小于横刃，如图 4-2 所示。

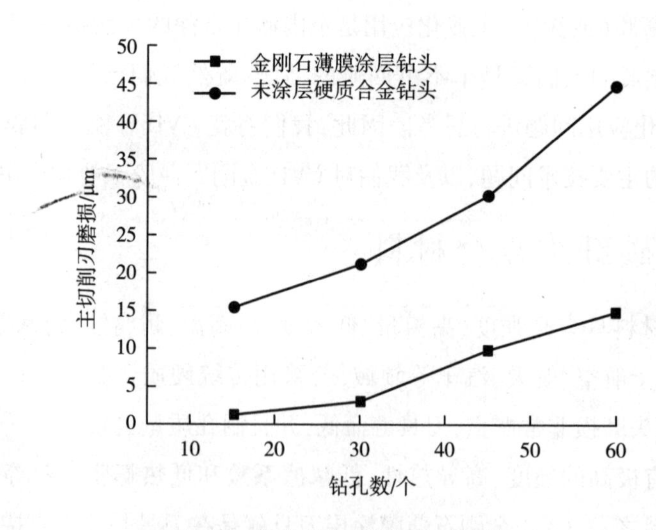

图 4-2 钻孔数与主切削刃磨损情况

对比考察金刚石薄膜涂层钻头和未涂层硬质合金钻头横刃以及主切削刃的磨损情况和所加工孔的质量可知,金刚石薄膜涂层钻头的磨损速率低于未涂层硬质合金钻头,刀具寿命明显提高,所加工的孔表面质量优于 WC-Co 硬质合金钻头。说明金刚石薄膜涂层刀具具备优异的切削性能,在碳纤维复合材料这类难加工材料的机械加工中有着巨大的潜力。

4.1.2 在拉拔模具中的应用

在拉拔加工行业,传统的硬质合金拉拔模具在拉制绞制各类电缆线芯、金属制品以及建筑管材等产品时,模具内孔表面磨损严重,使用寿命低,拉制质量差,拉拔精度难以保证,严重制约了拉拔行业的经济效益及产品质量的提高。此外,大量硬质合金拉拔模具的消耗,会直接导致国家战略物资钨、钴资源的消耗。

在硬质合金拉拔模具内孔表面沉积 CVD 金刚石薄膜不仅能够大幅度延长模具的使用寿命,显著提高相关行业的生产效率及产品质量和档次,并且对有效节约铜等原材料,减少国家战略物资钨、钴的消耗,促进经济可持续发展均有重大经济意义和社会意义。

微米金刚石薄膜(MCD)具有硬度高、耐磨性好等接近天然金刚石的性质,然而,微米金刚石薄膜的表面相对粗糙,且不易被抛光,在拉拔过程中容易导致较高的摩擦系数,并会影响工件材料的表面光滑性,这极大地限制了微米金刚石薄膜在拉拔模具表面的应用。

与微米金刚石薄膜相比,纳米金刚石薄膜(NCD)具有极其光滑的表面以及极低的摩擦系数,并且表面容易被抛光,非常适合作为摩擦涂层材料应用于拉拔模具的工作表面。然而,纳米金刚石薄膜的残余应力较高,与硬质合金基体之间的附着强度低,并且生长速率较低,这也给纳米金刚石薄膜的应用带来了一些困难。

针对上述问题,开发出了一种具有绞线形热丝排布和鼠笼式热丝排布的热丝 CVD 金刚石薄膜沉积装置,如图 4-3 所示。在各种孔径的硬质合金拉拔模具的内孔表面沉积附着强度高、表面光滑性好、具有多层膜结构的微/纳米超光滑金刚石复合薄膜。沉积参数见表 4-2。

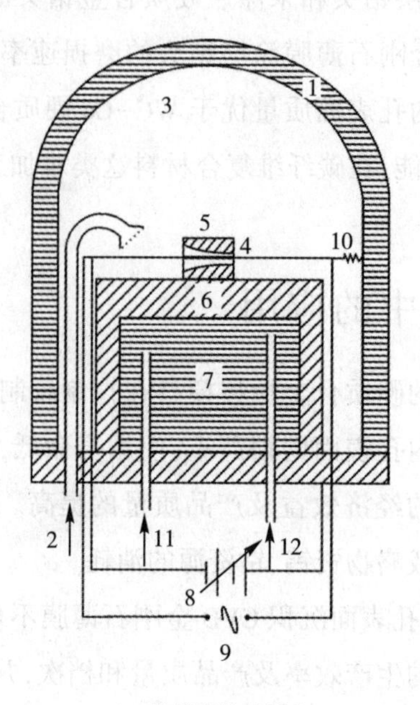

(a)绞线形热丝排布

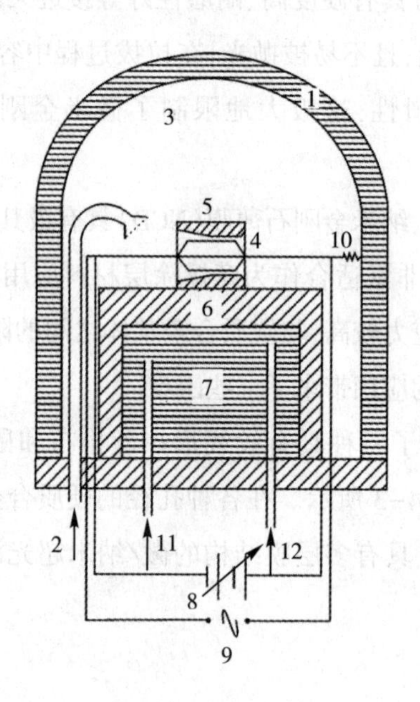

(b)鼠笼式热丝排布

1—不锈钢钟罩;2—反应气体入口;3—反应腔;4—绞线热丝(a)/鼠笼式热丝(b);5—模具;6—样口台;
7—样品台冷却装置;8—直流偏压电源;9—热丝电源;10—高温弹簧;11—冷却水入口;12—冷却水出口。

图 4-3　热丝 CVD 金刚石薄膜沉积装置

表 4-2　沉积参数

条件	成核阶段	沉积 MCD		沉积 NCD	
		阶段Ⅰ	阶段Ⅱ	阶段Ⅰ	阶段Ⅱ
丙酮/氢气/氮气流量/(mL/min)	85/200	80/200	85/200	80/200/60	85/200/60
压力/Pa	1666.5	3999.7	1999.8	3999.7	1999.8
偏流/A	2.5	2.5	-0.1	2.5	-0.1
沉积时间/min	15	15	30	30	45

观测表明,超光滑金刚石复合薄膜(USCD)具有多层膜结构。MCD 薄膜的厚度大约 6~8 μm,其截面由相对粗大的金刚石晶粒呈柱状排列而成,有效地增大了薄膜与基体之间的接触面积,导致金刚石晶粒与碳化钨晶粒之间产生了较强的机械锁合效应,从而增强了 MCD 薄膜的附着强度,这对提高拉拔模具的使用寿命有着决定性的作用。

NCD 薄膜的截面则呈现细沙状,由于金刚石晶粒尺寸较小,无法观察到晶界区域。由于内孔表面各部位与热丝的距离不同,因此其表面沉积的 USCD 薄膜的厚度也有差别,厚度范围约为 12~15 μm。

采用拉曼谱仪和 X 射线衍射仪考察了 USCD 薄膜的质量,结果如图 4-4 所示。

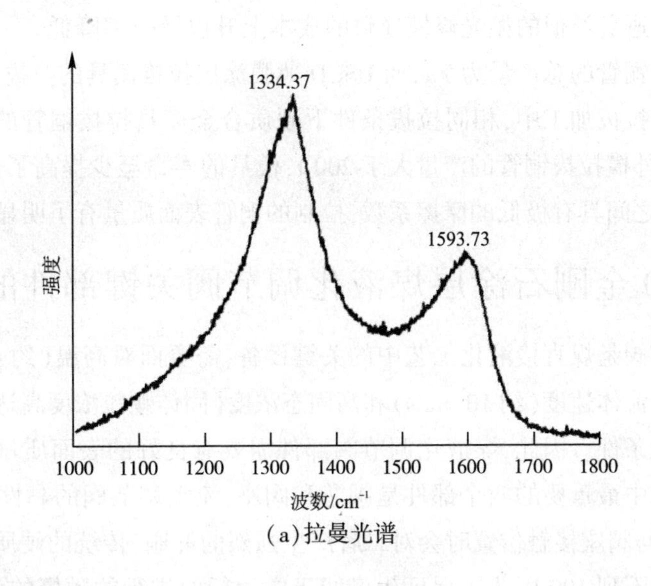

(a)拉曼光谱

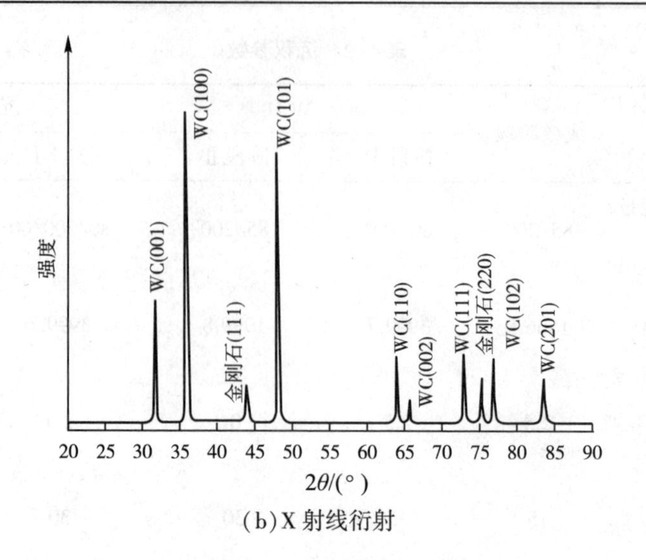

(b) X 射线衍射

图 4-4 USCD 薄膜的性能表征

USCD 薄膜的拉曼谱呈现出典型的纳米金刚石薄膜特性，与天然金刚石的特征峰(1332 cm^{-1})存在一定的偏移，这是由于 USCD 薄膜内存在残余压应力。USCD 薄膜的 XRD 分析结果则表明 USCD 薄膜中的金刚石晶粒具有(111)晶面和(220)晶面，其中金刚石(111)峰的半宽度为 0.80，这表明 USCD 薄膜的金刚石晶粒尺寸为纳米尺度，并且薄膜表面存在大量的晶界区域。

在空拔加工中，硬质合金模具拉拔铜管的产量为 20 t，而 USCD 薄膜涂层拉拔模具的拉拔产量为 700 t，使用寿命提高了 30 多倍。

在固定芯头拉拔加工中，由于硬质合金拉拔模具较易磨损，致使现场拉拔中每拉拔 2~3 t后都要对模具抛光修整，否则将无法保证拉拔后管材的尺寸。USCD 薄膜涂层拉拔模具则能够有效避免类似的抛光修模导致的成本上升以及效率降低。一般来说，单只硬质合金模具拉拔铜管的总产量为 7 t，而 USCD 薄膜涂层拉拔模具的拉拔产量可达 50 t。

在游动芯头拉拔加工中，相同拉拔条件下硬质合金模具拉拔铜管的产量为 20 t，而 USCD 薄膜涂层外模拉拔铜管的产量大于 200 t，模具的寿命至少提高了 10 倍，同时由于 USCD 薄膜与铜之间具有极低的摩擦系数，拉制的铜管表面质量有了明显的提高。

4.1.3 CVD 金刚石涂层煤液化调节阀关键部件的制备

煤液化调节阀是煤直接液化工艺中的关键设备，需要面对高温(约 450 ℃)、高压差(约 20 MPa)、高流体速度(约 10^7 m/s)和高固态浓度(固体颗粒浓度高达 50%以上)流体冲蚀的恶劣工况条件。因此，煤液化调节阀部件需要有良好的表面质量和抗磨损性能。在煤液化调节阀中最重要的两个部件是阀芯和阀座，流经调节阀的黏性多相流体(煤浆流)在穿过阀芯与阀座接触位置时会对二者产生强烈的冲刷，传统的硬质合金阀芯、阀座的平均使用寿命不到 400 h，为了保证生产线正常运行而进行的频繁的设备性能检测和部件更换会严重影响整条生产线的生产效率和经济效益。因此,开发具有良好抗磨损性能的煤液化调节阀部件,攻克相关的技术瓶颈具有重大意义。

金刚石涂层沉积过程在自制的真空热丝 CVD 沉积设备中进行,反应气体为丙酮和氢气,为了在阀座内孔弧面和阀芯圆柱外表面获得均匀的高质量涂层,针对两种不同形状的基体采取了不同的热丝排布方式,阀座和阀芯 CVD 金刚石涂层沉积采用的热丝均为 ϕ0.5 mm 的钽丝,阀座采用直拉热丝法,用一根钽丝穿过阀座孔正中央,两端用耐高温弹簧拉直,固定在基座上;阀芯采用阶梯状热丝排布,采用四根钽丝作为热丝,两根平行排布于阀芯两侧,另外两根平行排布于阀芯上方两侧,距离阀芯顶端约 9~10 mm。沉积设备和阀座的热丝排布方式及阀芯的热丝排布方式,如图 4-5 所示。沉积过程中采用偏压增强以提高形核密度。

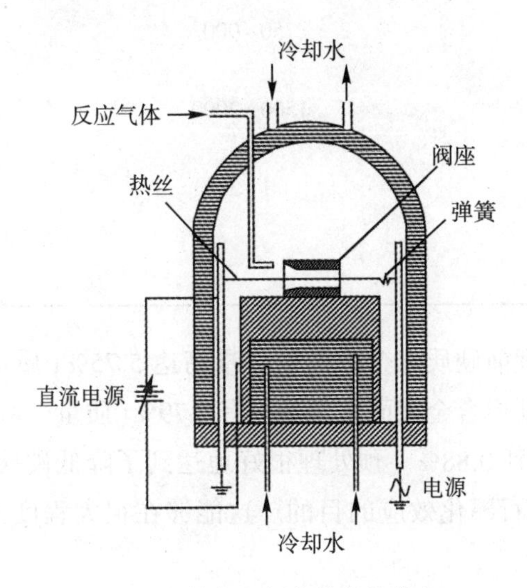

(a)沉积设备和阀座的热丝排布

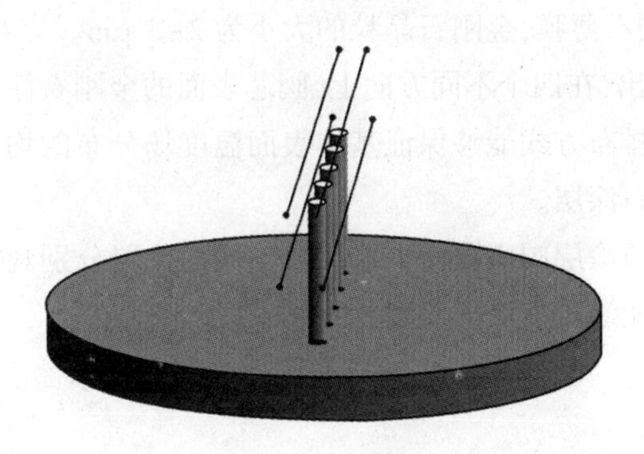

(b)阀芯的热丝排布

图 4-5　沉积设备和煤液化设备——阀座和阀芯的热丝排布

为提高原子氢浓度采取的措施:降低碳源浓度,加大送气量,使得有足够的气体到达衬底表面;降低沉积气压,加大活性粒子的平均自由程,使更多的活性粒子到达衬底表面;加入偏流,增强电离效应。阀座和阀芯的沉积参数见表4-3。

表4-3 阀座和阀芯的沉积参数

沉积参数	阀座	阀芯
质量分数	2%~4%	2%~3%
反应压力/kPa	3~8	2~5
沉积温度/℃	750~900	750~900
热丝温度/℃	1500~2000	1500~2200
偏压电流/A	1~2	2~3
反应时间/h	5	3

对阀座而言,预处理前硬质合金表面钴含量高达5.75%(质量分数),而预处理后的光谱图中钴峰值消失,硬质合金表面钴含量仅有0.79%(质量分数);而对阀芯而言,钴的质量分数从6.28%减小到0.88%。预处理很好地达到了降低硬质合金表面钴含量,减轻金刚石涂层沉积过程中石墨化效应的目的。这能够在很大程度上提高金刚石薄膜与基体材料之间的附着强度。

抛光前后的金刚石涂层阀座分别用线切割机沿中间轴线切开,然后采用SEM对金刚石涂层阀芯的表面形貌和断面形貌进行观测,阀座内孔表面和阀芯外表面都沉积获得了一层连续、均匀的金刚石薄膜,金刚石晶粒的大小为2~3 μm。

从图4-6可以看出,在四个不同方向上,阀芯表面的金刚石涂层厚度比较均匀,这说明平行阶梯式的热丝排布方式能够保证基体表面温度场分布的均匀性,从而利于形成厚度均匀的高质量金刚石涂层。

在抛光后的金刚石涂层阀座截面上取三个不同的位置分别观察其厚度,获得的截面形貌图和抛光后的阀座涂层表面形貌图,如图4-7所示。

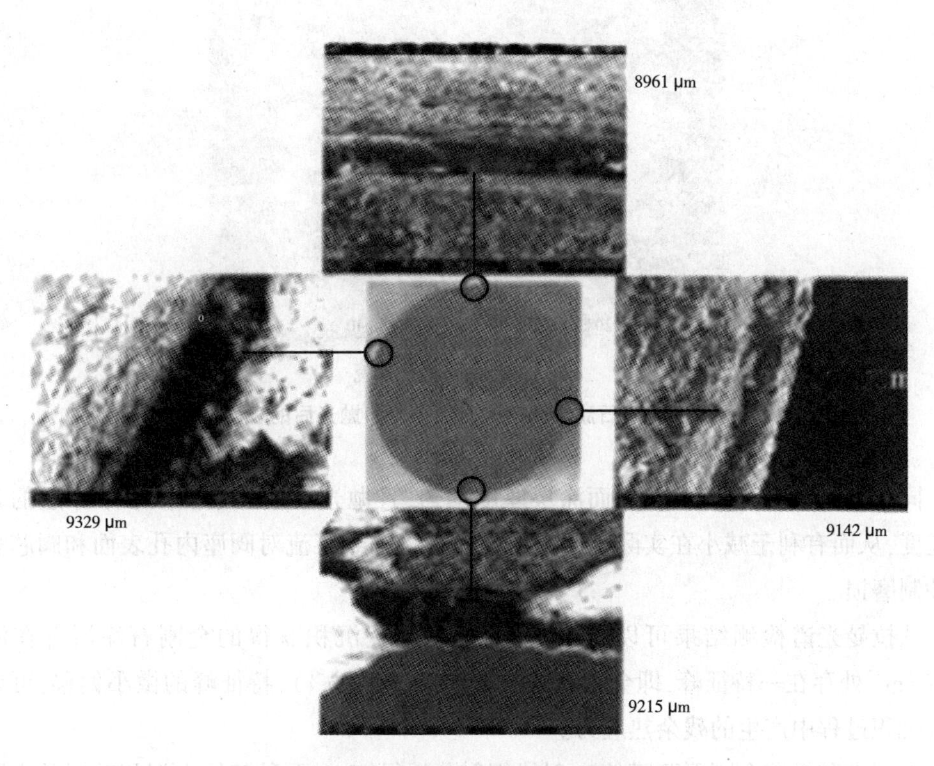

图 4-6 金刚石涂层阀芯的截面形貌

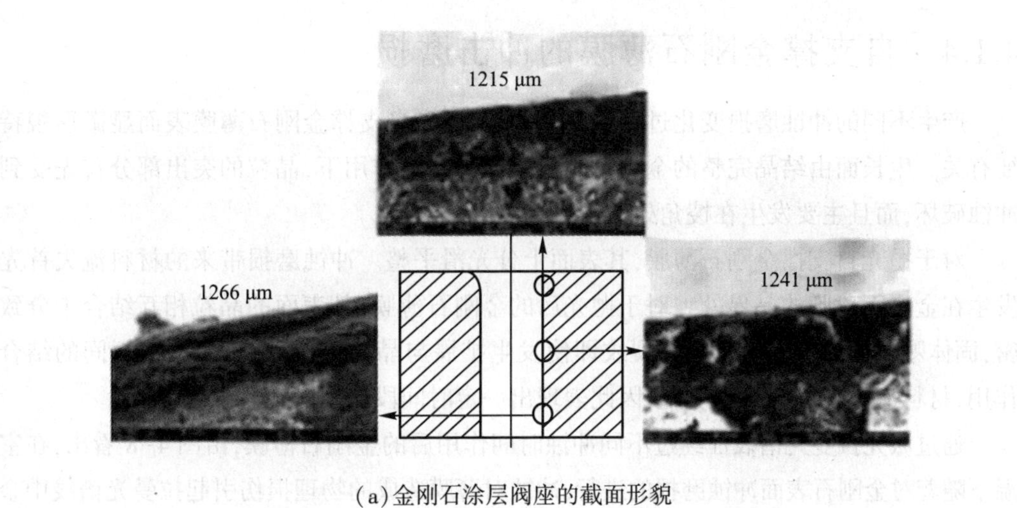

(a)金刚石涂层阀座的截面形貌

(b)抛光后的表面形貌

图 4-7　金刚石涂层阀座的截面形貌和抛光后的表面形貌

同样可以看出,阀座内孔表面涂层厚度均匀,且抛光处理大幅度减小了涂层的表面粗糙度,从而有利于减小在实际应用中与壁面平行的煤浆流对阀座内孔表面和阀芯表面的冲制磨损。

从拉曼光谱检测结果可以看出,在两种基体上沉积获得的金刚石涂层都在波长 1337 cm^{-1}处存在一特征峰,即金刚石的特征峰(1332 cm^{-1}),特征峰的微小偏移,可以归因于沉积过程中产生的残余热应力。

由阀座和阀芯金刚石薄膜的 X 射线衍射分析得知,在两种基体上沉积获得的金刚石薄膜的晶粒取向多为(111)取向(44.5°附近峰值)。另外,还有较多的晶粒取向为(220)取向(75.25°)。

4.1.4　自支撑金刚石薄膜的冲击磨损

产生不同的冲蚀磨损变化过程,与未抛光和抛光自支撑金刚石薄膜表面显微形貌特征有关。生长面由结晶完整的金刚石晶粒构成。冲蚀作用下,晶粒的突出部分首先受到冲蚀破坏,而且主要发生在棱角处。

对于抛光自支撑金刚石薄膜,其表面十分光滑平整。冲蚀磨损带来的材料流失首先发生在金刚石薄膜的晶界处。对于抛光后的金刚石薄膜,其表面的晶粒相互结合十分致密,固体颗粒的冲击作用产生的裂纹即使发生扩展与晶界连通,由于各晶面之间的结合作用,材料流失也不会立刻发生,因此表现出一定时间段的孕育期。

通过激光拉曼光谱表征经过不同冲蚀时间作用后的金刚石薄膜,由图 4-8 看出,在室温下随着对金刚石表面冲蚀磨损的进行,冲蚀对薄膜造成的物理损伤引起拉曼光谱线中金刚石相特征峰发生变化,即随着冲蚀时间的延长,其强度明显降低,而特征峰的位置以及半高宽的改变与冲蚀时间的变化没有明显对应关系。

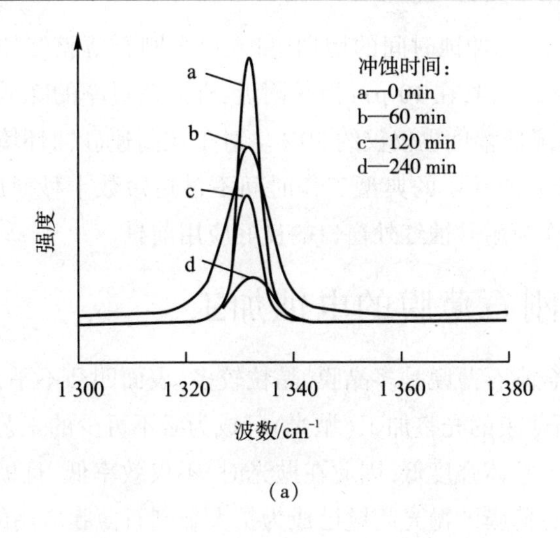

(a)

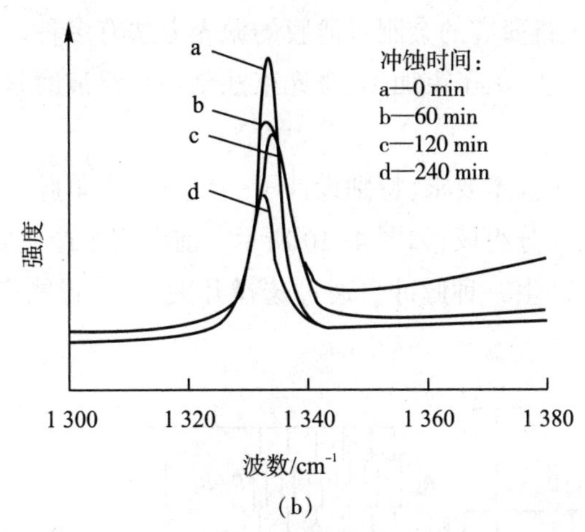

(b)

图 4-8　自支撑金刚石薄膜冲蚀面 Raman 谱线

对抛光金刚石薄膜冲蚀前以及经不同时间冲蚀后的红外透过率谱线，如图 4-9 所示。

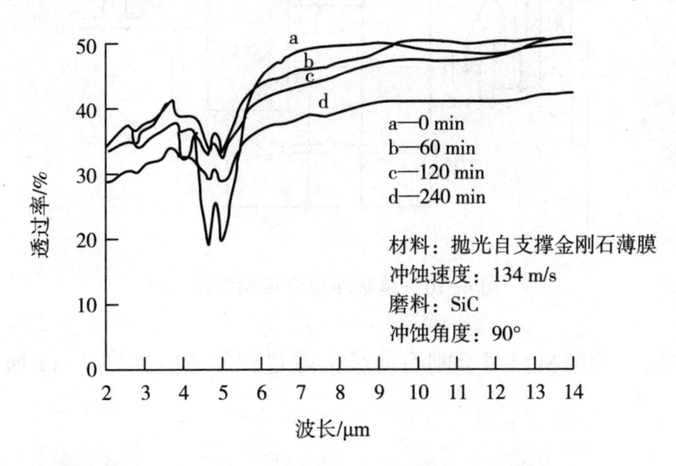

图 4-9　自支撑金刚石薄膜红外透过率随冲蚀时间的变化

从图 4-9 可以看出，随冲蚀时间的增加，自支撑金刚石薄膜红外透过率是逐渐降低的。经过 30 min 的冲蚀磨损，在 10 μm 波长附近，红外透过率的降低不到 3%，即使经过长达 4 h 的冲蚀磨损，降低幅度也仅仅约 20%。对于在高速砂蚀环境中应用的绝大多数红外窗口来说，暴露于砂蚀环境的典型工作时间不过短短数十秒而已。因此，充分显示了金刚石自支撑薄膜作为耐砂蚀红外窗口的良好应用前景。

4.1.5 CVD 金刚石薄膜的电蚀加工

由于气相沉积的金刚石薄膜是多晶膜，晶粒较多，表面凹凸不平，在许多情况下不能直接使用，因而金刚石薄膜的光整加工（抛光）已成为必不可少的工艺步骤。金刚石薄膜硬度非常高，且厚度薄，整体强度低，因此在抛光时，不仅效率低，且极易发生膜的破裂及损伤。因而解决金刚石薄膜的抛光问题已成为扩大金刚石薄膜应用的关键之一。

目前，正在应用和进行研究的金刚石薄膜的抛光方法有多种。例如，机械抛光法、化学抛光法、机械化学抛光法、离子束加工、激光束蚀刻和悬浮液磨料水射流加工等。下面主要介绍电蚀抛光法。

为了满足电蚀加工的技术要求，特别设计了一个可产生单脉冲的电路。它由触发电路和单脉冲控制电路两部分组成，如图 4-10 所示。前者用来产生触发电平，后者用来保证每按一次触发开关只产生一种脉冲。通过选择开关，该装置能产生 5~200 μs 脉宽的单脉冲。

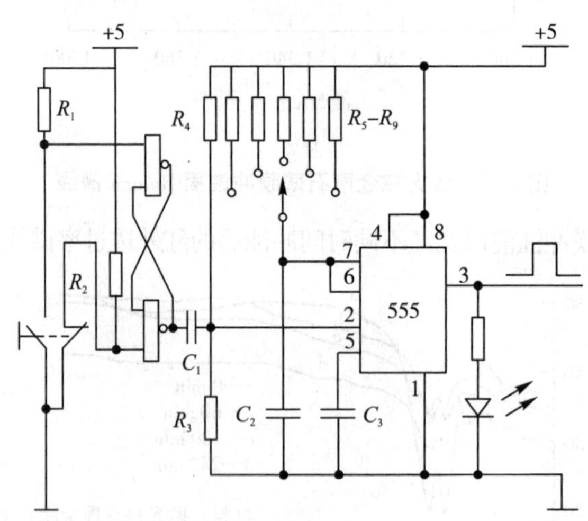

图 4-10　单脉冲放电控制电路

在单脉冲作用下涂覆材料对金刚石薄膜去除过程的影响如图 4-11 所示。

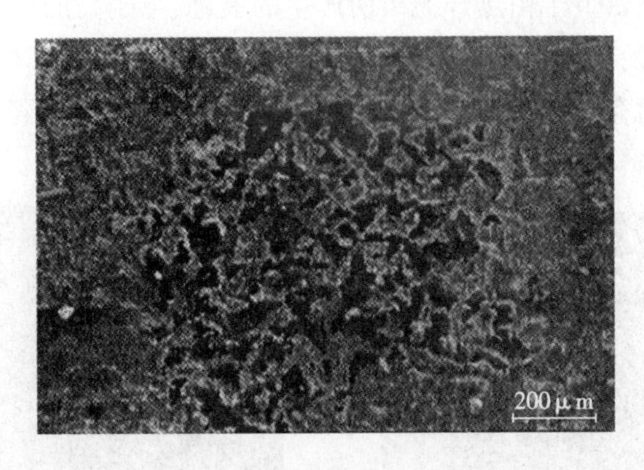

(a)钛-钨

(b)纯钛

图 4-11　放电点的表面形貌

由图 4-11 看出,放电后金刚石薄膜的表面特征与普通钢的表面特征有很大差别,并且随着涂覆材料的不同有显著的变化。

图 4-12(a)(b)(c)分别是三种涂覆材料放电后的 1600 倍扫描电镜显微照片。比较图 4-12(a)、图 4-12(b)、图 4-12(c)可以观察到:用 Ti-Mo 做涂覆材料放电后只有较少的金属剥落;而用 Ti-W 做涂覆材料放电后有较多的金属剥落。当用纯 Ti 做涂覆材料时,与前两者不同的是几乎看不到大块的金属剥落,取而代之的是分布均匀棉絮状的金属熔融层。通过比较可以发现,Ti-Mo 有较强的抗电蚀能力;Ti-W 作为涂覆材料与 Ti-Mo 有相似的特征,放电表面同样可以观察到微裂纹;纯 Ti 作为涂覆材料放电后显示了良好的效果。如图 4-12(d)所示,进一步的分析发现放电已经使金刚石薄膜晶面产生了层片状的结构,这是金刚石表面石墨化的典型特征。

当放电发生时,将产生高达 5000 ℃的局部高温,放电点附近的表面金属被熔化。镀层下的部分金刚石将迅速石墨化并随同被熔化金属在放电爆炸力的作用下一同抛出。

观察发现,金刚石表面留下了由爆炸抛出所产生的痕迹,金刚石的棱角已经塌陷和变形。

因为放电区高温的影响,金刚石薄膜表面的部分碳将发生氧化和蒸发。可以观察到,在金刚石薄膜表面存在着大量的微球状物质,这说明膜表面已经发生了强烈的蒸发,而这种蒸发主要是由碳原子在高温下的氧化作用所致。

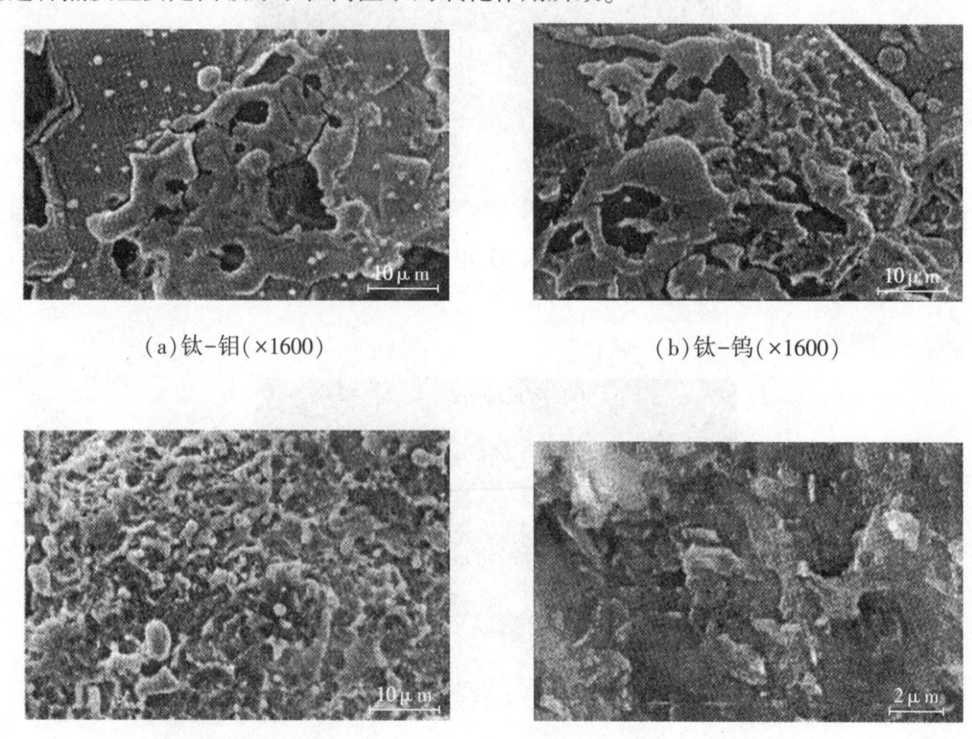

(a)钛-钼(×1600)　(b)钛-钨(×1600)

(c)纯钛(×1600)　(d)纯钛(×10000)

图 4-12　放电点的 SEM 显微照片

试验中脉冲宽度 30 μm,脉冲面间隔 220 μm,空载电压 120 V,平均加工电流 5 A。抛光前后试样表面分别如图 4-13 和图 4-14 所示。

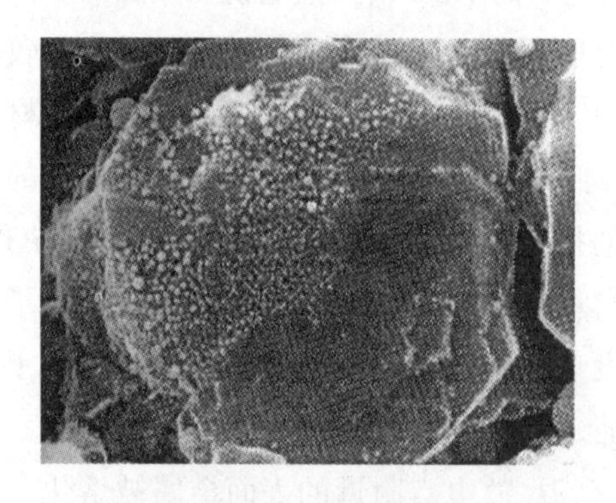

图 4-13　抛光前的金刚石表面(×30)

图 4-14　抛光后的金刚石表面(×30)

试验结果表明,使用该法可在数分钟内将粗糙度 Ra 约为 15 μm 的金刚石薄膜表面抛至 2 μm 左右。与其他方法相比,该法具有成本低、效率高、工艺简便等优点,该方法尤其适合 CVD 金刚石薄膜的粗抛光。

4.1.6 金刚石涂层工具

近年来,CVD 金刚石新型工具的应用开发体现在许多工业领域,金刚石薄膜在刀具、砂轮修整器、拉丝模和耐磨部件等代表性工具产品已经得到较好的应用和推广,显示了 CVD 金刚石工具的广阔应用前景和市场潜力。

金刚石薄膜可以制作超高精度的镜面光洁度加工刀具,在代替天然金刚石刀具方面也展示了市场前景。在对超硬材料和硬脆材料(WC、陶瓷、玻璃等)以车代磨加工方式有效地提高了加工效率。

近年来,CVD 金刚石薄膜成为金刚石材料发展的主流,CVD 金刚石薄膜已将金刚石材料全方位特性应用发挥到极致,如机械加工业、汽车、信息、能源领域,以及国防、军事武器和尖端技术的关键材料。

金刚石薄膜可以加工尺寸精确的条形片,具有稳定的修整特性;在使用过程中金刚石不脱落,明显降低成本;在替代毫米级金刚石单晶列阵式修整器或修整轮中,能够简化工艺和提高生产效率。

对金刚石薄膜的可控性生长还着眼于高质量金刚石薄膜的大面积化和高速生长方面,以希望能提高高质量金刚石薄膜的沉积效率,满足各领域的需求。其中,对于沉积高质量金刚石薄膜的首选方法——微波等离子体化学气相沉积法,高功率微波环境下的金刚石沉积,也是进行金刚石薄膜沉积研究的重点方向。

不同的理论目标和应用条件会对金刚石薄膜的附着性能、表面光洁度、表面硬度或表面可抛光性等特性及其摩擦学性能提出不同要求。因此,如何结合已有的金刚石薄膜掺杂方法及沉积工艺,开发出具有不同特性的高质量金刚石薄膜,以满足不同耐磨器件的工作需要,是促进金刚石薄膜推广应用需要重点解决的课题之一。其中非常关键的一点是,金刚石薄膜表面可抛光性的提高往往意味着其表面耐磨损性能的降低,综合性能的提升也常常意味着沉积成本的大幅增加,如何正确处理这一矛盾综合体,也成为产业化应用中亟待解决的一大难题。采用分步沉积的方法获得的复合金刚石薄膜可以综合不同金刚石薄膜各自的性能特点,成为解决该问题的有效方法之一。

在部分应用中,要求内孔金刚石薄膜具有较高的表面光洁度,这一点可以通过后续抛光加工以及制备具有纳米晶粒的细晶粒金刚石(FGD)薄膜的方法得以实现。但是对于微米金刚石(MCD)薄膜而言,由于其近似于天然金刚石的优异硬度特性以及表面能大、化学稳定性好等性能,使得后续抛光工序所耗费时间和精力远远超过了预期,这成为制约金刚石薄膜制品效率化、批量化生产的一大瓶颈;而纯 MCD 或 FGD 薄膜中金刚石纯度较低、石墨及非晶碳成分较多,残余应力较大,薄膜和基体之间附着强度无法达到各类内孔极端工况下的需求,并且可沉积薄膜厚度也受到极大限制。

金刚石薄膜具有高硬度、高导热、低摩擦系数、极佳的化学惰性和从远红外区到深紫外区完全透明的优点,使得其在焊接刀具、大功率激光器领域有着广泛的应用前景。

一直以来,金刚石涂层膜基界面结合强度不足,严重影响金刚石涂层工具的规模化生产及应用。传统实验研究发现,沉积工艺参数、预处理方法等因素都会对金刚石涂层膜基界面结合强度产生重要影响,但对于金刚石涂层界面结合强度影响的作用机制尚不清楚。

传统实验研究方法都是从宏观角度出发,采用实验方法来尝试提高金刚石涂层膜基界面的结合强度,存在实验周期长、条件难精确控制等限制。近年来,研究者开始尝试采用分子动力学的方法来研究众多影响因素的作用机制,试图在宏观和微观之间架起一座桥梁,为研究金刚石涂层膜基界面结合强度影响因素及其作用机制提供了新的思路。

CVD 金刚石涂层硬质合金工具在国外已实现了一定规模的产业化,国内也开展了一系列的产业化应用研究,但要真正实现金刚石涂层硬质合金工具的广泛应用,还需要跨越金刚石涂层膜基界面结合强度较弱及不稳定的障碍。

4.1.7 超精密工具

超精密加工领域是用高效率的切削加工替代磨削和其他研磨加工的一种高精加工技术,每年我国在航天航空和光学等精密加工领域所消耗的超精密刀具总值达数百万美元,而且随着科学技术的发展遍布在国民经济许多领域,多种产品的高光洁度装饰加工要求与日俱增,这是一个巨大的具有活力的市场。从生产技术方面,CVD 金刚石薄膜完全可以作为超精密加工刀具的刃口材料,CVD 金刚石薄膜超精密刀具的技术研究将有效推动国内超精密加工领域的技术进步,具有重大的社会效益和经济效益。

4.1.7.1 CVD 金刚石超精密刀具制作的关键技术

研究认为,CVD 金刚石超精密刀具制作的关键技术主要由以下几方面构成:

(1)CVD 金刚石薄膜材料的选择和切割加工　在选择其做刀具刃口材料时必须注意以下问题:

1)结晶粒度尽可能细的膜材料。

2)内部晶粒结构致密,不能存在显微裂纹。

3)膜片的厚度尽量均匀平整(0.5~0.8 mm 为好)。

4)膜片的磨耗比尽可能高,且一致性要好。

利用激光技术切割 CVD 金刚石,不但具有很高的切割效率和加工精度,而且可实现多功能复杂形状的快速切割,极大提高了材料的有效利用率,并大大降低了生产成本。

(2)CVD 金刚石薄膜片的研磨及抛光技术　CVD 金刚石薄膜片的研磨与抛光是生产超精密刀具的关键技术之一。既要保证研磨的高效率,又要充分保证刀具刃口粗糙度的精度要求,比如达到 Ra0.1~0.2 μm 范围之内。

CVD金刚石用于切削有两种形式:聚晶质CVD金刚石薄膜和单晶质CVD金刚石厚膜或片,可切割成不同形状。单晶质CVD金刚石切割工具,主要用于加工强度高而质量轻的结构材料,如金属基体复合材料(MMCS)等,存在的问题是不能制成形状复杂的切削工具。聚晶质CVD金刚石薄膜常用超硬覆层材料附着于切削工具刀头或刃部(如钻头、铰刀、扩孔器等)用来加工有色金属、塑料、复合材料(碳素纤维或纤维玻璃增强)等,与碳化钨合金刀具相比,切削速度更快、使用寿命更长、加工的光洁度更高。CVD金刚石刀具用于加工的材料及其对象见表4-4。

表4-4 CVD金刚石刀具用于加工的材料及其对象

被加工材料		加工对象
非铁金属	铝、铝合金	汽车、摩托车:活塞、汽缸、轮毂、传动箱、泵体、各种壳体零件 飞机、机电设备:各种箱体、壳体、压缩机零件等精密机械;各种照相机、复印机、计量仪器零件等
	铜、铜合金	电子仪器:各种仪表、电机整流子、印制电路板等通用机械;各种轴承、轴瓦、阀体、壳体等
	硬质合金	各种阀座、汽缸等烧结品及半烧结品
	其他	镁、锌等各种有色金属
非金属	木材	各种硬木、人造板、人造耐磨纤维及制品
	增强塑料	玻璃纤维、碳纤维增强塑料等
	橡胶	纸用轧辊、橡胶环等
	石墨	碳棒
	陶瓷	密封环、柱塞等烧结品及半烧结品

4.1.7.2 超精密切削的方法

单点金刚石车削是超精密切削的主要方法,主要用于:加工各种光学系统中的反射镜(球面和非球面);加工有机玻璃和塑料;加工大型投影电视屏幕、树脂眼镜片;加工光学零件挤压成型所用腔模具。

单点金刚石车削的关键技术:一是超细刃口和半径,二是超精密超稳机床。

国外单点金刚石刀具刃口可达纳米级,国内单点金刚石刀具刃口半径常用为0.2~0.5 μm。

可在 CWC 上以物理气相沉积镀上一层极薄(<3 μm)的类金刚石碳膜,或以化学气相沉积加上一层稍厚(可至 50 μm)的纯金刚石薄膜,甚至也可把更厚(可至 1 mm)的金刚石板直接焊在 CWC 基材上,如图4-15 所示。

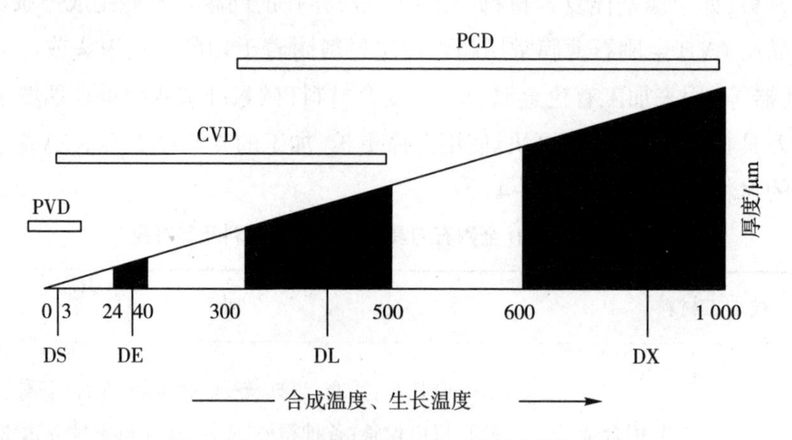

图 4-15 金刚石薄膜厚度与生长温度的关系

CVD 金刚石的镀膜厚度必须超过 25 μm 才能有效切削耐磨的材质,如高硅合金(390)或全金属基复合材料(MMC)。CVD 金刚石的镀膜厚度若大于 30 μm 时可有效地与 PCD 抗衡,甚至远超过 PCD。由于 CVD 金刚石为纯金刚石,可耐高温至 1200 ℃,因此在高速切削时其寿命可能超过 PCD,如图 4-16 所示。CVD 金刚石不仅在寿命上可与 PCD 相提并论,而且因其较耐高温,切削速率可再提升,成为切削刀具的极品,如图 4-17 所示。

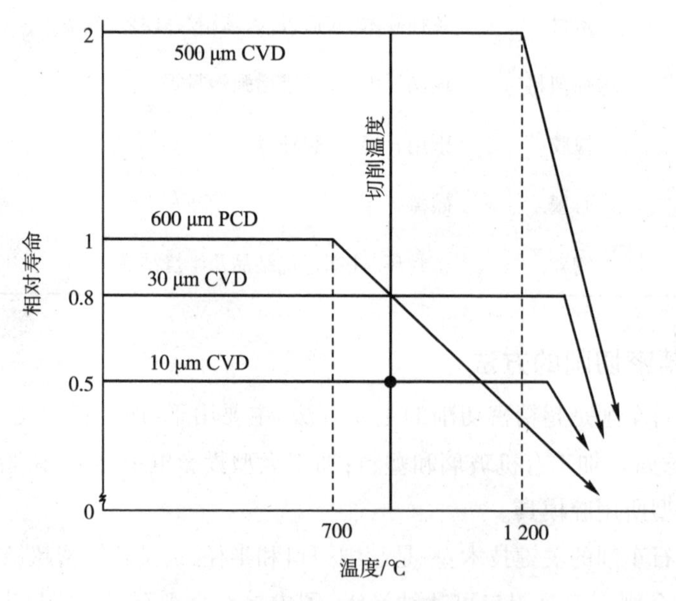

图 4-16 不同金刚石切削寿命比较

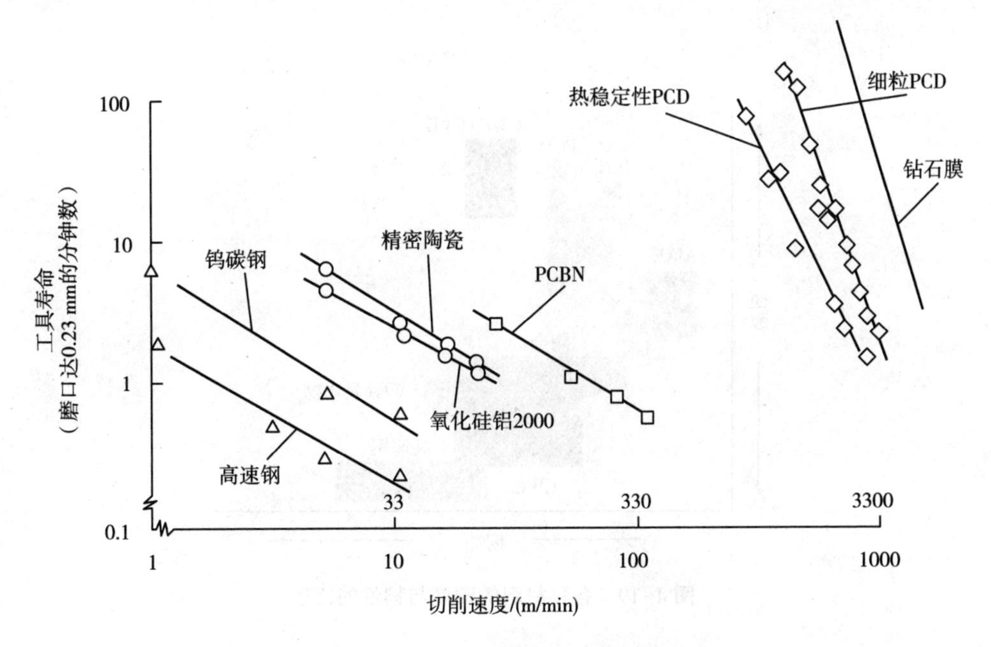

图 4-17 工具寿命与切削速率的反比关系

CVD 金刚石为覆盖在韧性的 CWC 基材上的薄膜,可能会比 PCD 更耐冲击,如图 4-18 所示。此外,CVD 金刚石不含钴,在切削时不会黏附工件表面,如果刀锋尖利时,工件表面(如铝硅合金)会闪闪发亮,是镜面加工的理想刀具。各种材料的硬度与韧性的比较,如图 4-19 所示。

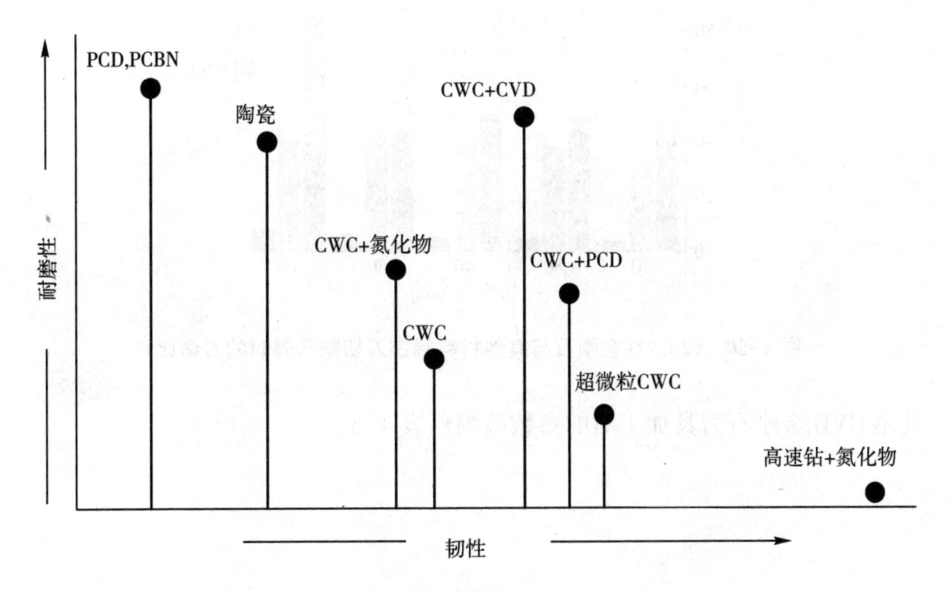

图 4-18 各种镀膜材料耐磨性与车刀整体韧性的比较

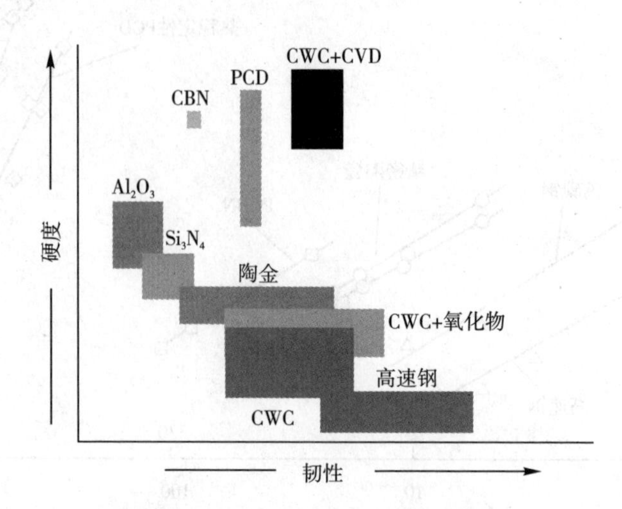

图 4-19　各种材料的硬度与韧性的比较

由于石墨在高速切削时不软化，反而容易因撞击而碎落，因此切削温度不会因切速加快而不断提升。所以，在切削石墨时，刀具寿命反而因切速的上扬或切深的加大而延长，如图 4-20 所示。

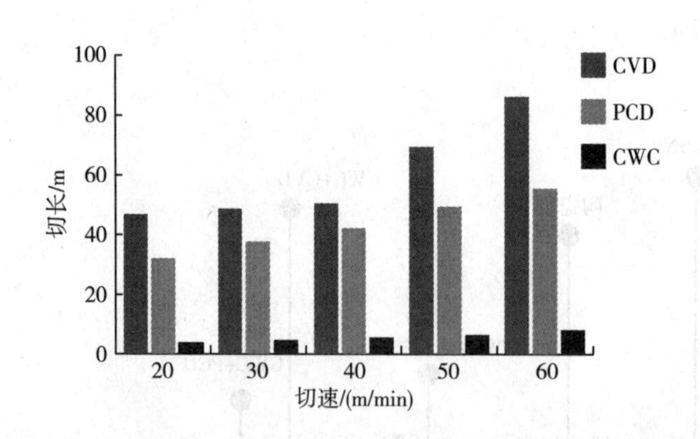

图 4-20　镀 CVD 金刚石与其他材料端铣刀切削石墨时的寿命比较

使用 CVD 金刚石刀具加工时的参数范围见表 4-5。

表 4-5 CVD 金刚石刀具的加工参数

工件材料		面粗	车、刨、钻		铣	
			切速/(m/s)	切深/(mm/r)	切速/(m/s)	切深/(mm/r)
非铁合金	低硅(<12%)铝合金	粗	10~20	0.25~0.50	10~20	0.10~0.30
		细	15~20	0.10~0.25	10~20	0.10~0.20
	高硅(>12%)铝合金铝基 MMC	全程	5~10	0.10~0.30	10~20	0.05~0.15
	铜合金·铅·锌	粗	1~10	0.25~0.50	3~10	—
		细	10~15	0.10~0.25	3~10	0.05~0.15
非金属	塑胶·石墨·碳棒	粗	10~20	0.25~0.50	10~20	0.10~0.20
		细	15~20	0.10~0.25	10~20	0.10~0.20
	强化复合材料	粗	2~5	0.20~0.50	10~20	0.01~0.03
		细	5~10	0.10~0.25	10~20	0.01~0.03
	陶瓷/WC 粗坯	全程	1~3	0.05~0.25	3~5	0.05~0.15

为确保镀膜的品质及附着的强度,CWC 的粒度不能太细(>1 μm),而且含钴量也不能太高(质量分数<4%)。

PCD 金刚石材料是目前金刚石刀具的市场主流,它也是 CVD 金刚石在高精度加工领域主要的竞争对手。但根据机械行业发展的趋势,随着金刚石薄膜和刀具技术成熟,轻的铝合金、复合材料及非金属材料替代钢铁,同时由于机床的进步、加工工艺细化以及加工工艺精度和光洁度的提高,CVD 金刚石工具优越性将不断显现,可以预料,刀具产品的应用范围和市场将会大幅度增加。

4.1.8 其他工程应用

CVD 金刚石薄膜具有许多无可比拟的优越性,金刚石薄膜质量轻、强度高、耐磨损、抗腐蚀、导热性好、绝缘性好。与硅相比,金刚石薄膜的机械度和硬度高出近 10 倍,弯折强度高出 20 倍以上,耐磨性高出 1000 倍以上,因此理应作为微机电系统中结构件的首选材料,如可作为微齿轮、悬臂梁、微铰链、微弹簧、微连杆、滑块材料等。

CVD 拉丝膜在行业中应用以及在替代天然金刚石和聚晶金刚石拉丝膜方面得到认可。它的拉丝光洁度优于聚晶膜;与单晶相比具有各向同性,孔形圆度不易改变的优点,价格则低于天然金刚石同类产品。

CVD 金刚石薄膜在耐磨性、摩擦系数、光洁度以及其化学稳定性等方面作为轴承支撑器部件材料的重要性能指标,均比 PCD 材料有很大优势,是一种更好的耐磨部件材料。我国已逐步发展成为世界轴承大国,这种产品将具有很大的市场潜力。

金刚石薄膜显露的晶面与各晶面的生长速度有关。通常制备的化学气相沉积

(CVD)膜取向比较杂乱,含有较高缺陷浓度的多晶膜,严重制约了金刚石薄膜的应用。

高取向金刚石薄膜与杂乱无织构的金刚石薄膜相比,具有更加优异的性能,从硬度上来讲,(111)取向的金刚石薄膜优于(100)取向的,适用于机械领域;(100)取向的金刚石薄膜表面光滑,缺陷较少、内应力较低、热导率较高、载腔流子收集距离较大,适用于热学、光学、电子学等领域。

但是,高取向金刚石薄膜的制备还存在一定的难度。现如今制备的高取向金刚石薄膜,尽管薄膜表面由同一取向的晶面组成,但是晶面排列比较杂乱,无法得到广泛应用。国内外研究者通过在常规气源中加入含氧气体(如 CO_2,O_2)来提高金刚石薄膜的质量,含氧气体在等离子体作用下产生对非金刚石相有强烈的刻蚀作用的羟基自由基,达到提高金刚石薄膜质量的效果。

这种新材料正在由航天等尖端领域逐步走进市民生活,比如眼镜、手机视窗、机盒、化妆盒、汽车倒后镜等都开始使用这类金刚石薄膜材料。镀上这种金刚石薄膜的产品可以增强硬度、抗划伤、防雾、防紫外线等,如运用到汽车倒后镜中,还可以自动清洁倒后镜。

4.2 功能应用

何谓功能材料?功能材料是指那些用于工业和技术中的有关物理和化学功能,如光、磁、电、声、热等特性的各种材料,包括电功能材料、磁功能材料、光功能材料、超导材料、生物医学材料、功能膜等。

4.2.1 光学应用

金刚石宽光透过特性是其他光学材料无法比拟的。高质量 CVD 金刚石薄膜,除了2.5~6 μm窄的双声子振动的吸收带以外,从紫外至远红外的毫米波均是“透明”的。Element Six 公司“DI AFILM”和 Fraunhofer 研究所制备的光学级金刚石除了在 0.2 μm 以上的窄小的紫外波段外,与单晶 IIa 金刚石几乎完全相同,而且在红外波段中有更好的透过率,接近金刚石的理论数值。

实践表明:金刚石是一种理想的多光谱光学应用的光学材料。而且,由于纯金刚石的超高的禁带宽度,即使在激光以及强辐射光照情况下,也不会产生热电荷和非线性现象。由于它优异的综合性能,对于超高功率密度和极端条件下使用的光学元件来说,金刚石显示出“王者的风范”,被材料学家誉为极限光学材料。

军事光学仍然是金刚石厚膜目前主要应用领域。各种 CVD 金刚石部件的产品也得到越来越广泛应用。它是制作高性能多波段超音速导弹头罩(4-6M ACH)的最佳材料。另外,也可用于侦察卫星红外窗口,航空器前置红外窗口,军用制导装置。英国国防评估和研究局[The British Defence Evaluationand Agency(DERA)]在 2000 年 7 月公布了

DEBID 研发的导弹头罩。据称这是全球首次展出的样品。金刚石被称为终极头罩材料，该技术的进步有可能开辟全新一代导弹制导技术。

目前，比较常用的红外窗口材料有 ZnS 和 ZnSe。这两种材料虽然有很好的红外线透过能力，但容易受损伤。在军事用途上，对于红外窗口的要求非常严格，只因这些设备经常工作在非常恶劣的条件下。例如，用于导弹的红外窗口在导弹发射后，不但运行于高速状态，同时还要经受风沙雨雪的考验。金刚石薄膜是一优质的表面材料，金刚石具有红外增透特性，同时金刚石薄膜又可作为红外窗口的一种良好的减反射膜材料。此外，金刚石的高导热、耐磨等物理特性也可很好地保护红外窗口免受外界冲击。因此，在红外窗口表面镀金刚石薄膜，完全解决了军工航天领域对红外窗口应用的各种问题。

不同公司以 CVD 生长或合成的透明金刚石窗，如图 4-21 至图 4-24 所示。

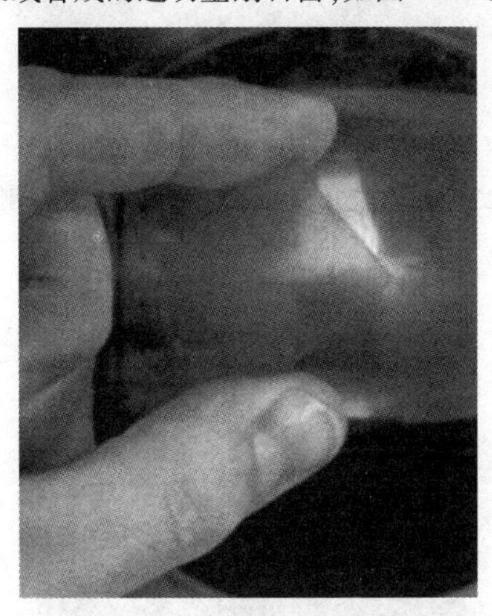

图 4-21 美国 Norton 公司以 CVD 生长的透明金刚石窗

图 4-22 美国 GE 公司以 CVD 合成的透明金刚石窗

图 4-23　日本住友公司以 CVD 生长的透明金刚石窗

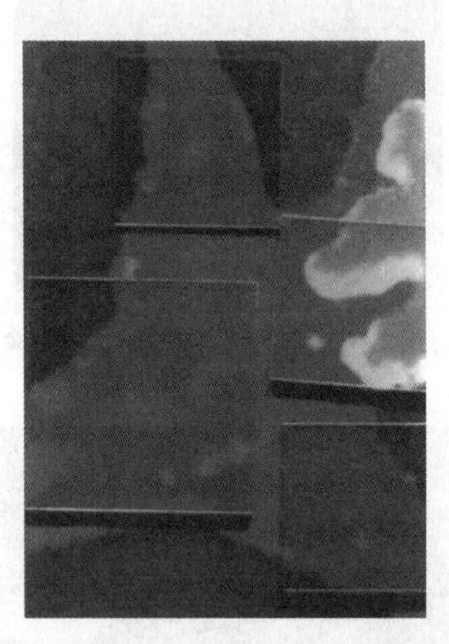

图 4-24　南非 De Beers 公司以 CVD 合成的透明金刚石窗

南非 De Beers 公司合成的大片透明的金刚石窗，如图 4-25 所示。这种金刚石窗直径可达 16 cm，厚度超过 2 mm。由于光学级金刚石薄膜所含缺陷量少，其吸收的光线不及 1%，吸收系数更可在 0.1 cm^{-1}以下，甚至可低至 0.027 cm^{-1}。

光的透入与逸出与界面的平度或粗度极有关系，所以金刚石窗的表面抛光技术至为重要。目前的技术已可使表面粗糙度（*Ra* 值）降到 5 nm 以下。这种平滑度可符合大部分光学应用的需求。

小型的 X-光视窗,可用作扫描电子显微镜内的 ED-AX 侦测器,或用作生产次微米基体电路(IC)的 X-光透射膜。这种金刚石视窗也制成探测管,用于量测熔融高分子聚合物发出的红外线光谱。钻石窗也极适用于制成观察人体内部现象的医学观测镜。金刚石窗甚至用于太空探测,例如先驱者太空船上装有 2 mm 直径的钻石窗。金星的大气层温度近 500 ℃,而且含有大量腐蚀性极强的酸气。只有钻石能在这种环境下长期保持透明,使测量到的入射光的数据保持精确。

图 4-25 南非 De Beers 公司合成的大片透明的金刚石窗

4.2.2 高温、高频半导体材料应用

近年来,采用等离子体化学气相沉积法合成出单晶质金刚石即半导体级 CVD 金刚石,具有异常高的绝缘性和极优的载流子迁移率等综合性能,所以在高电压和高频率的应用方面特别引人注意。在现代航天航空和汽车工业以及输电和配电系统均有潜在市场需求。减小动力电子设备中散热和冷却元件的重量和体积并使它在高温下工作,关键是耐高温的问题。宽能带隙半导体,如 CVD 金刚石具有能够在比目前使用的硅功率器件达到的工作温度高得多的条件下工作。用 CVD 金刚石这种宽能带隙材料制造的固体电路器件具有不同于硅器件的优越特性,有可能改善现有电气设计与电路布局,从而影响宇航工业未来动力电子设备的结构。

若干比硅晶性能更卓越的半导体材料及其性能见表 4-6,由表中数据可知,钻石半导体的整体性能远远超过硅晶。

表 4-6　各种半导体材料性能的比较

性质	钻石	β-SiC	砷化镓	硅
晶格常数/Å	3.567	4.358	5.65	5.430
热膨胀系数($\times10^{-6}$)	1.10	4.70	5.90	2.56
密度/(g/cm^3)	3.515	3.216	5.270	2.328
燃点/℃	4000	2540	1238	1420
能隙/eV	5.45	3.00	1.43	1.10
饱和电子速率/($\times10^7$ cm/s)	2.7	2.5	1.0	1.0
电子	2200	400	8500	1500
电洞	1800	50	400	600
临界电场/($\times10^5$ V/cm)	100	40	60	3
介电常数	5.5	9.7	12.5	11.8
电阻率/(Ω·cm)	10^{23}	150	10^8	10^3
热导率/[W/(cm·K)]	20	5	0.46	1.50
吸收壁/μm	1.2	0.4	—	1.4
折射率	2.42	2.65	3.40	3.50
硬度/(kg/mm^2)	10000	3500	600	1000
Johnson 优质/($\times10^{23}$ W/Ω^2)	73856	10240	62.5	9.0
Keyes 优质/[$\times10^3$ W/(cm·s·℃)]	444	90.3	6.3	13.8

金刚石的能隙比硅晶大很多,因此可成为更高能量及更高频率的半导体材料,如图4-26所示。

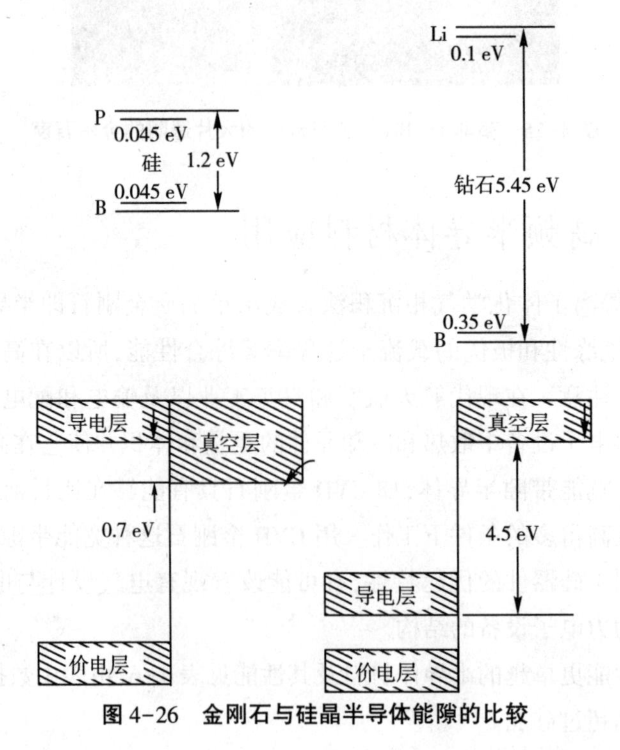

图 4-26　金刚石与硅晶半导体能隙的比较

饱和电子移动速率与线性电场的关系如图 4-27 所示。在高电场(>50000 V/cm)下,金刚石内电子移动速率可比包括硅晶在内的其他半导体快两倍以上。

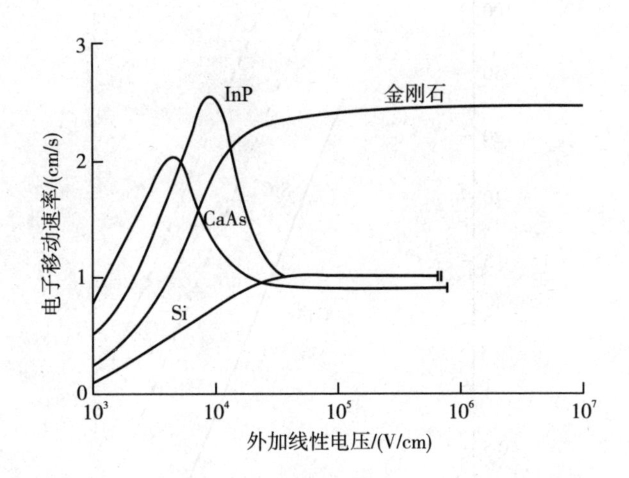

图 4-27　半导体的电子移动速率与外加线性电压的关系

运转电晶体时最大的允许电压与切断频率的反比关系如图 4-28 所示。由图可知,金刚石电晶体所能使用的最高频率比其他半导体高数十倍。金刚石电晶体的输出功率与射频频率的反比关系如图 4-29 所示。钻石电晶体的频率远高于其他半导体。

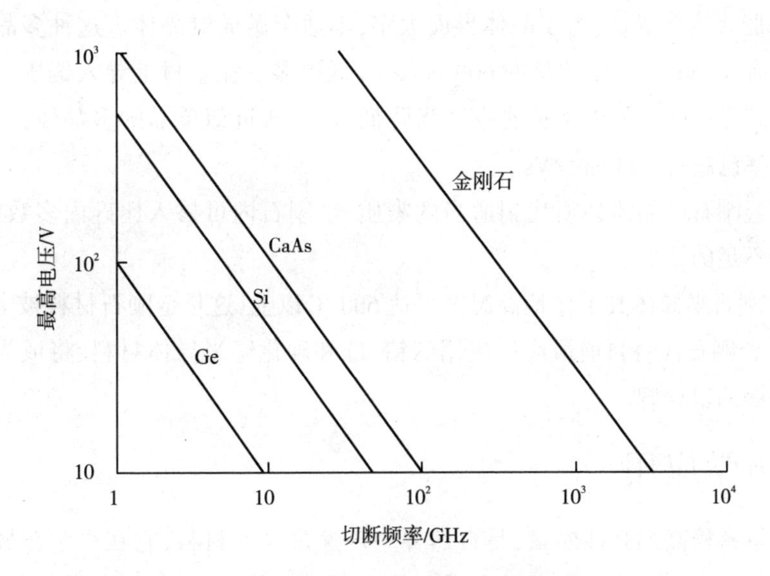

图 4-28　半导体材料的最高电压与切断频率的关系

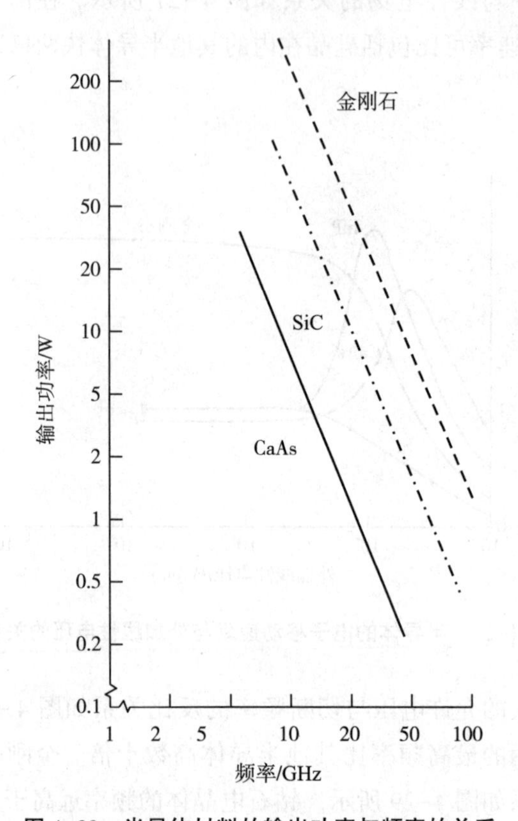

图 4-29　半导体材料的输出功率与频率的关系

CVD 薄膜多为多晶体,由于晶体界面太多,不适合做成电晶体。这种多晶薄膜的电洞迁移率只有30 cm^2/Vs,比硅晶的 600 cm^2/Vs 低得多。在基材上导入偏压后生成的多晶金刚石有高优指向。如果生长速率适当降低,可长成近似单晶的多晶体,这种单晶的电洞迁移速率已超过 200 cm^2/Vs。

要制成金刚石电晶体必须找到适当的染质,金刚石内可掺入比硅内多数倍的硼,可补上述电洞不足的缺失。

CVD 金刚石半导体其工作最高温度可达 600 ℃以上,这是金刚石材料被定格的终极应用。CVD 金刚石代替目前最广泛应用的锗、硅和砷化镓半导体材料,将成为半导体材料和技术发展的里程碑。

4.2.3　声学应用

金刚石具有极高的弹性模量,是自然界中声速最高的材料,它在声学领域的应用格外引人注目。虽然金刚石本身不具备压电效应,但它可以和其他压电材料复合,制造高频复合压电器件。例如,ZnO/金刚石,AlN/金刚石,$LnBO_3$/金刚石,SiO_2/金刚石,SiO_2/ZnO/金刚石等多层压电复合材料,均可获得10000 m/s左右的速率。

金刚石的极高声速、刚性、强度、热导率和耐磨性决定了它是一种高品质电声器件材料。2001 年德国 Accuton 公司推出世界上第一个数微米厚度、直径 3/4 英寸(18.9 mm)的球面纯金刚石高音优质扬声器产品。它创造了许多令人吃惊的性能指标记录:重量仅有 0.09 g;占高频响应达到 100 kHz(是一般扬声器的 10 倍);额定功率达到 200 W 等。

近几年,大规模信息传输和移动通信产业飞速发展的需求,促进了对世界范围标准化通信系统进行规划和巨大改革。主要有 2.0 GHz 以上移动和汽车通信系统和 3.0 GHz 以上军事导航系统在航海、航空和地面通信,包括不久即将规划新的近地轨道高保密和大信息量的数字通信卫星通信系统,SAW 滤波器将用作射频带通滤波器,ISM 波段最高频率将达到 5.0 GHz 以上。因此,人们正在有计划地规划和有效地利用珍贵有限的自然资源。这些通信系统使用的频率将在 1~6 GHz,特别是极高频的 3~6 GHz 波段是重点开发的区域。性能稳定的极高频声表面波器件的研究开发将是极高频电波资源开发的关键。而金刚石薄膜将为极高频声表面波器件提供理想的基片材料。2000 年推出了性能优越的具有占高频率、高功率、小尺寸、低温度系数和低插入损耗的极高频金刚石声表面波器件,主要性能:最高频率 3.8 GHz,插入损耗已降低至 7 dB,在温度范围 40~800 ℃系数约为 1.5×10^{-8}。不仅在频率,而且在插入损耗、温度的稳定性和相位的偏移等主要指标均超过压电水晶产品。

除了制成扬声器振动膜外,金刚石的优越振动性质也可用于制成表面声波的过滤器。普通的 SAW 滤波器以石英或 $LiNbO_3$ 为材料,其使用频率低于 1 GHz(1 μm 的 IDT 线距)。金刚石滤波器的可用频率甚高(2.5 GHz),可制成高附加值的通信元件,例如用于行动电话或光学通信系统。

美国 Diamonex 公司生产镀类金刚石扬声器振膜的外观如图 4-30 所示。SAW 滤波器的构造,如图 4-31 所示。使用此滤波器的效果如图 4-32 所示。

图 4-30　美国 Diamonex 公司生产镀类金刚石扬声器振膜的外观

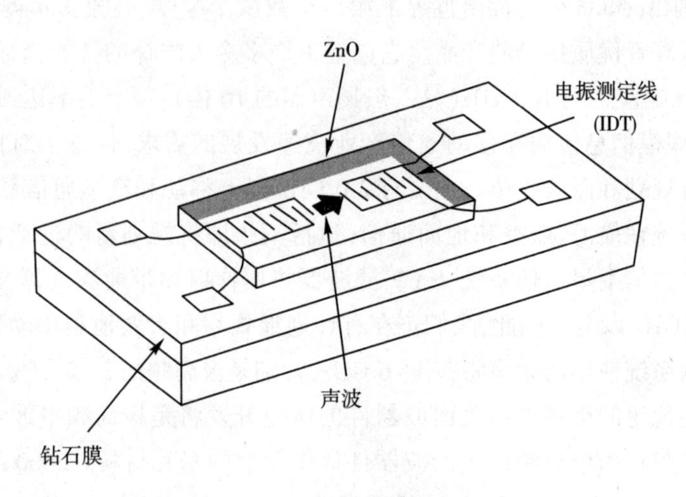

图 4-31　SAW 滤波器的构造示意

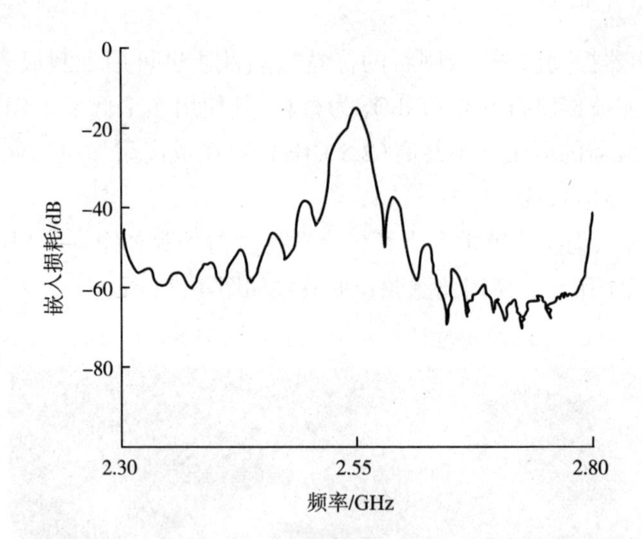

图 4-32　以金刚石薄膜制成 SAW 滤波器的滤波效果

以同样的线宽,金刚石滤波器可达到目前陶瓷滤波基器数倍的频率,如图 4-33 所示,不仅如此,金刚石滤波器输入与输出的能量可以大幅度提高,而其耐用的程度更达传统陶瓷的百倍,如图 4-34 所示。

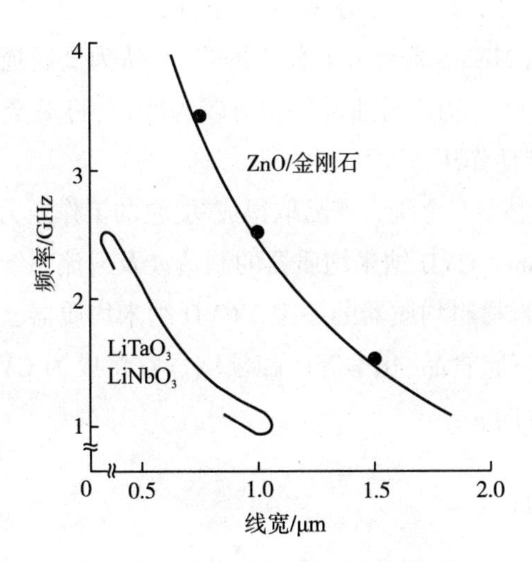

图 4-33 滤波器线宽与频率的关系

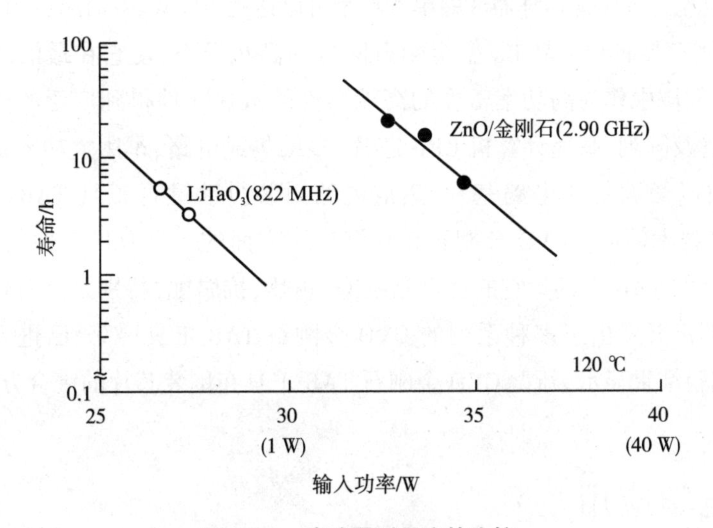

图 4-34 滤波器耐用度的比较

同时金刚石薄膜具有高电阻、高击穿场强、低介电常数、极低热膨胀系数、宽光谱透过范围、宽禁带、极高的载流子迁移率等优异的光、机、电性能，可广泛用作特定功能微电系统的主体部件，如微传感器、微制动器、微光器件，而且金刚石薄膜的耐高温性、耐蚀性使得金刚石微机电系统（MEMS）器件可在恶劣环境下正常工作，这是其他电子材料不可替代的。但是，已经研制成功的金刚石薄膜 MEMS 器件尚不多见，仅有少数几例特种传感器,究其原因,金刚石薄膜难以加工是主要原因之一。可是,对 CVD 金刚石薄膜微机加工技术的研究,针对不同对象的要求和现实条件选择合适的加工工艺,已经基本满足金刚石微结构加工及其 MEMS 器件开发使用的要求,认为金属掩膜的氧化反应离子刻蚀技术最具广泛应用性,而且 RIE 刻蚀设备相对较为普及,将对金刚石薄膜在 MEMS 体系中的应用起到有力的推动作用。

CVD 纳米均质器代替单晶金刚石产品取得成功,它的工作压力最高可达 200~300 MPa,破碎粒径达到 40~60 nm。CVD 纳米均质器的制造涉及射流系统和路径的设计及金刚石的精细加工,是制造纳米材料均质器的关键。CVD 纳米均质器已广泛应用于纳米粉体的制备,可应用于生物、医药、食品、化学等广阔领域。它将成为 CVD 金刚石薄膜新的有前景和潜在市场的应用方向。

4.2.4 热沉应用

CVD 金刚石的极高导热率,特别是可以得到具有片状大尺寸的材料,它将成为迄今为止最理想的热沉材料。CVD 金刚石的最重要应用是高功率密度电子器件的散热。Harris 公司采用 DI AFILM 公司的 TM-金刚石厚膜材料开发了多种散热管金刚石薄膜产品。主要有激光二极管、激光二极管阵列、大功率三极管等器件的散热器。该公司开发的采用 CVD 金刚石热沉的激光二机极管列阵器件的单条功率可以达到 100 W,寿命超过 10 000 h。

CVD 金刚石具有和单晶 IIa 型金刚石同样的高热导率,使它在最活跃的电子、光电子、光通信等领域中作为高功率密度的高端器件的散热元件得到广泛的应用,主要应用在激光二极管及阵列、高速计算机 CPU 芯片、多维集成电路、军用大功率雷达、微波行波管导热支撑杆、微波集成电路基片、集成电路封装自动键合工具 TAB(tape automated bonding)等高技术领域。CVD 金刚石在热沉应用方面的一个有代表性的应用是大规模集成电路组装的 TAB 工具。它的特点是耐磨、耐热、抗腐蚀,特别是具有优异的导热性。日本住友电器已开发出了多种系列的 CVD 金刚石 TAB 工具,部分已进入商业化生产。最近,初步试验结果显示,新型 CVD 金刚石 TAB 工具在倒装芯片的键合方面具有较好的应用前景。

4.2.5 电学应用

如所周知,金刚石材料任何一个性能指标均超过硅电子材料。其中禁带宽度、介电常数和产生电子对的能量数据是已知材料中最高的和最好的。而且,目前 CVD 金刚石实现了商业化。除此之外,金刚石还具有电负性和优异的抗强幅射特性和化学特性,使得 CVD 金刚石作为电子学材料在探测器的应用方面比硅或砷化镓具有更高的价值和更宽广的前景。

用 CVD 金刚石这种宽能带隙材料制造的固体电路器件,具有不同于硅器件的优越特性,有可能改善现有电气设计与电路布局,从而影响宇航工业未来动力电子设备的结构。

近期,金刚石薄膜,在场发射、微机电系统(MEMS)等电子学的应用和研究也受到很大重视。金刚石表面具有负的电子亲和势(负电性),具有很低的电子发射阈值,是理想的制造高性能平板显示器材料。金刚石场发射显示器与目前主流显示器 CRT(显像管)、LCD(液晶)相比,具有不需要高电压对电子加速,也不需要背景照明的优点,是一种小体积、节能的显示器。近年来,国际上金刚石场发射应用研究,特别是金刚石平面显示器的规模在不断扩大。目前,在金刚石场发射显示器(FED)的结构、性能以及关键技术,如高发射率纳米金刚石微尖晶制作、选择生长、掺杂以及性能测量等方面进行了广泛和深入的研究,并取得了许多有价值的结果。作为金刚石场发射阴极,采用超级纳米金刚石(UNCD)涂层的硅微尖比微米级金刚石具有更多的优点。例如,表面光洁度高、均匀性好、具有导电性等,这些优点使得制造 FED 的成本大大降低。

MEMS 是一种将微机械元件与半导体微电路集成在硅芯片上的战略性制造技术。MEMS 在最近十多年发展过程中显示出强大生命力,并进入快速发展阶段。在航空、航天、汽车、生物医学、环境监控以及人们几乎接触的所有领域中都具有十分广阔的应用前景。微机械元件对材料性能有很高要求。

国际上纳米金刚石薄膜在微机电系统的开发已在美国、欧洲、日本等国家和地区实验室逐渐展开并取得一定进展。Sandia 国家实验室制作的梳状驱动器是世界上第一个金刚石 MEMS 器件,在电信号的驱动下,能以 5500 Hz 的频率谐振。美国 Argonne 国家实验室和德国 ULM 大学制备出 CVD 金刚石悬臂应变测量规。ULM 大学还制作了微金刚石喷墨元件。CVD 金刚石 MEMS 器件的应用开发,已取得初步成效。

目前,金刚石场发射显示器以及微机系统均处于基础研究阶段,许多技术难题有待解决。但毫无疑问,一旦技术成熟,发展速度将会很快。它们将代表最崭新的技术,并将促使许多领域的技术发展。尽管近期不会像硅那样有上百亿美元的市场,但有广阔的市场前景。

由于 CVD 金刚石对微波能的吸收率低,但热导率高,而且介电常数小,因而在微波应用中是至关重要的。值得提及的是,金刚石微波透射窗是目前德国和日本正在进行的核聚变试验的关键部件;也是正在法国建造的国际热核试验反应堆的重要部件。由于 CVD 金刚石对微波能的吸收率低,但热导率高,而且介电常数小,因而在微波应用中是至关重要的材料。因为与电子线路中应用的具有竞争力的材料(如硅和砷化镓)相比,单晶 CVD 金刚石的内在固有性质显然更为优越,DMD 和世界设计与制造多种微波器件及电子系统的一流企业 Filtronic 联合,在原料、半导体器件以及电路设计互补的科技力量研究新型的金刚石器件,以期改进微波功率电子设备,有可能引起微波功率电子设备的大变革。

4.2.6 热导应用

利用金刚石的高导热、抗辐射特性，在航天器的一些部件上沉积金刚石薄膜，可以大大提高部件的散热能力，使部件具有抗热冲击、抗幅射的性能，同时，由于大大减少了航天器的重量，从而也大幅度降低了发射费用。例如，目前占卫星平均重量65%的制冷系统，将因使用金刚石薄膜芯片而减少90%的重量，从而使卫星发射费用降低到以前的十分之一。

电子设备趋于微型化的同时其功率却在不断增长，由此所产生的散热问题成为微电子封装技术的关键问题。目前，CVD金刚石薄膜在国外已经有一热管方面的应用的例子，主要解决高功率大热流密度元件导致的系统散热问题，包括高功率激光二极管阵列、二维多芯片组装(MCM)以及固态微波功率器件的散热应用。金刚石的即时散热特性已使它逐渐成为高功率电子产品(如LED或镭射)理想的散热片。

电子产品的性能越高，热管理就越困难，因为随着半导体元器件功率密度不断提高，热通量会越来越大，有些每平方厘米甚至高达数十千瓦，是太阳能表面的5倍。半导体方案的发展方向已不仅仅是提升性能而已，发热量和散热表现也成为半导体设计中相当重要的因素。发热量主要和芯片制造工艺和温度控制算法有关，而散热表现则可以在材料和产品结构上下功夫。

CVD金刚石作为全新高级热管理解决方案，它尤其适用于射频功率放大器。CVD金刚石散热器经证实能够降低整体封装热阻，其性能远超目前其他常用材料的芯片黏贴方法，金刚石散热器可为半导体封装提供可靠的热管理解决方案。

将金刚石用作固态激光器材料为设计小而紧凑的固态激光器带来了新的机遇，这些激光器将具有更强的功率承载能力，并在当前无法获得的波长下进行，因而会开辟新的应用领域。

由于热量问题，目前的几代连续波固态拉曼激光器被局限于区区几瓦功率。金刚石具有很强的导热性和较低的热膨胀系数，因而拥有更大的功率承载能力。在高功率拉曼激光器中这一问题尤为突出，因为能够成为很好的拉曼转换器的晶体通常导热性很差，于是金刚石便有了它的用武之地。金刚石的热导率比常用的拉曼旋光晶体高出两到三个数量级，它应是一种出色的拉曼介质。

金刚石的拉曼增益系数，比金属钨酸盐、硝酸钡以及硅等其他可替代的拉曼材料要高。在所有的材料中，金刚石具有最大的拉曼频移以及最宽的透光范围，大约从紫外的225 nm到远红外的100 nm。而且在如此宽的范围内，在许多光谱区域是目前的激光技术无法很好做到的，如医学使用的黄光，这也是目前金刚石拉曼激光器研究的主要推动力之一。

4.2.7　生物医学和量子应用

ADT 公司成功研制的 UNCD Horigong，是迄今世界上最光滑的 UNCD 薄膜，标志着 CVD 金刚石技术水平一个划时代的跃进，使金刚石薄膜的表面光洁度达到了电子级硅晶片的水平，开创了金刚石薄膜在电子器件和生物医学器件上多样化应用的新时代。

金刚石粒子探测器是作为一种独特的监视器系统开发的，应用方面有：精确的粒子束强度测量，可测量从个别离子到超过 10^9 离子的宽阔范围；进行离子束定位和截面测量；使用极短时间间隔分辨率的探测器进行粒子溢出结构分析等。它们将广泛应用于核工业、航天、医疗、信息领域。CVD 金刚石不但证实有抗辐射、高灵敏度、优异的信噪比、稳定性以及较快的响应时间等优点，而且 CVD 金刚石放射量测定器测量的灵敏度大约是天然金刚石 4 倍或相当于 Si 两极管的 3.5 倍。这一结果也大大激励了 CVD 金刚石探测器在放射性治疗领域中的推广。

金刚石的人体相容性，也会使它成为医学材料(如心脏阀片或人工关节镀膜)之最。

如果量子级超高纯度单晶质 CVD 金刚石，在量子计算机的应用获得成功，将极大地提高计算机的运算速度，快速搜索查找浩如烟海的数据库并建立复杂的计算模型，就有可能迅速破译极其复杂的密码。目前各国军事机构均不遗余力支持量子计算机的研制，可以说，这种超纯度各向同性量子单晶质 CVD 金刚石的研制成功，标志着 CVD 技术合成金刚石发展的一个里程碑。

4.3　未来发展

20 世纪 80 年代初期 CVD 金刚石薄膜生长技术取得突破性进展，经过多年的研究发展，目前已有 4 种形态的 CVD 金刚石，它们是：①纯多晶金刚石厚膜；②涂层金刚石；③大单晶金刚石；④纳米金刚石薄膜。相信随着 CVD 金刚石及其下游产品技术研究的进一步拓展、生产成本的逐渐降低，其全方位的性能和应用将得以实现。

材料学家断言，CVD 金刚石将成为金刚石材料未来发展的主流，它的发展，不仅可以带来巨大的经济效益和社会效益，更重要的，CVD 金刚石可将金刚石材料全方位特性与应用发挥到极至，成为国民经济支柱产业，如加工业、汽车、信息、能源领域以及国防、军事武器和尖端技术的关键材料，有效地改变整体国民经济的产业结构。

CVD 金刚石的产业化为我国金刚石工业增添了新鲜血液，并弥补了我国金刚石工业中 PCD 和天然金刚石材料和产品的不足，对金刚石材料工业的发展和工业结构产生深远的影响，使我国金刚石工业技术、产品结构变得合理和先进。

虽然 CVD 金刚石及其产品已进入了市场，但规模比预期的要低，主要原因是：①CVD 金刚石成本仍然很高，特别是高端产品，还是主要用于军事和国防，降低成本应是今后研究的重要方向之一;②由于 CVD 金刚石产品属于新技术产品,还有待于相关企业的认识;③新产品涉及多领域的技术,存在有待解决的技术难点。

未来高功能金刚石薄膜的市场会更大,因此,工业金刚石的成长更会加速。金刚石的商品在未来普及化后,极有可能把人类物质文明提升到空前的水准。由于其他材料的性质不可能超越金刚石,人类将进入永恒的“金刚石时代”。

5 纳米金刚石薄膜

5.1 纳米金刚石薄膜的制备

金刚石薄膜一般都是多晶结构。由于表面能大,产生较高的表面粗糙度,这是由于金刚石薄膜中的晶粒尺寸比较大,一般晶粒平均尺寸在 1 μm 到几十微米之间,这将严重影响金刚石薄膜在光学和电子学方面的应用。为了克服这个缺点,必须减小金刚石薄膜晶粒尺寸,虽然机械抛光可以减小表面粗糙度,但金刚石薄膜非常硬很难抛光。因此,制备纳米级尺寸金刚石薄膜将成为非常有效的途径。

实现纳米金刚石薄膜沉积的条件:首先,要有非常高的成核密度,如果金刚石薄膜的晶粒尺寸小于100 nm,则其晶粒密度大约为 $10^{10}/cm^2$,这样金刚石薄膜的形核密度至少不小于 $10^{10}/cm^2$。实际上,要真正实现纳米金刚石薄膜的沉积,金刚石的形核密度应该在 $10^{10}/cm^2$ 以上。其次,要有非常高的二次成核率来抑制金刚石晶粒的长大以获得纳米级的金刚石薄膜。图5-1 表示了 NCD 和 UNCD 的区别。如果在金刚石生长的过程中没有二次成核,则随着晶核的长大,经过一定时间后成为微米金刚石薄膜(MCD);在成核密度很高的情况下也会成为晶粒尺寸小于 100 nm 的纳米金刚石薄膜(NCD);当薄膜的生长过程中具有相当数量的二次形核速率时,薄膜的生长过程伴随着小晶体的生长和在生长的晶面上二次形核形成新的晶体,则会成为晶粒尺寸为3~5 nm 的超纳米金刚石薄膜(UNCD)。但大多数文献对 NCD 和 UNCD 不作区别。由于在 MCD 生长过程中,过量的 H 优先刻蚀 sp^2 相,从而稳定金刚石相而抑制了二次成核,因此可以通过减少氨的比例使得在生长的晶面上允许一些 sp^2 碳的存在以产生新的成核位。国内外学者往往通过采用对衬底进行不同预处理、加负偏压,以及调整沉积工艺参数(气体成分、温度、压力)等手段,或者多种方法联合使用来提高形核密度或提高二次形核率,以达到制备纳米金刚石薄膜的目的。

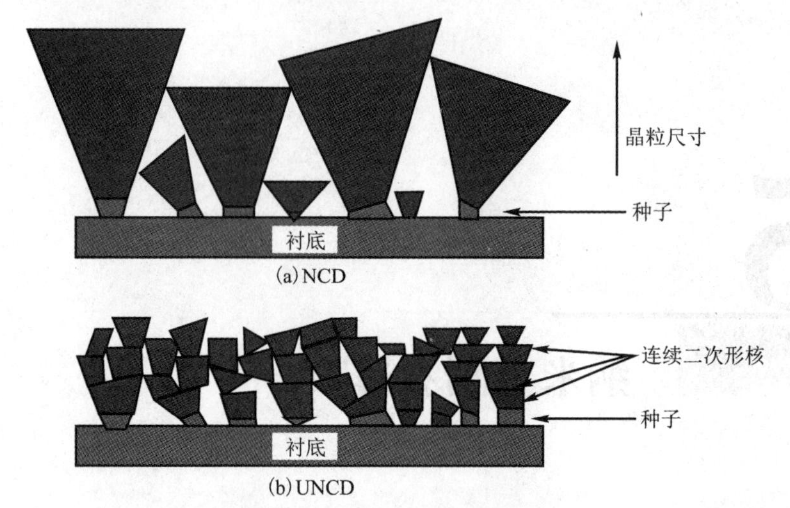

图 5-1　纳米金刚石薄膜(NCD)和超纳米金刚石薄膜(UNCD)的区别示意图

5.1.1　纳米金刚石薄膜常用的制备装置

制备纳米金刚石薄膜所用的装置和制备常规金刚石薄膜所用的设备差不多,但使用最多的是热丝化学气相沉积法(HFCVD)和微波等离子体化学气相沉积法(MPCVD),其结构示意图分别见图 5-2 和图 5-3。HFCVD 靠灯丝的高温来分解气体。含碳的混合气流经热丝时被活化,在热丝附近区域形成一个等离子区。衬底面上收到热辐射和气体的对流换热,使衬底具有一定的温度。热丝与衬底的面间距不同,衬底面上的温度也有所变化。如果在热丝与衬底之间施加直流偏压,能增加形核密度。其优点是可以在复杂形状及大面积的衬底生长,并且设备简单,成本低,适合工业化生产。缺点是制备的金刚石薄膜的品质较差,且灯丝容易脆断,寿命短。

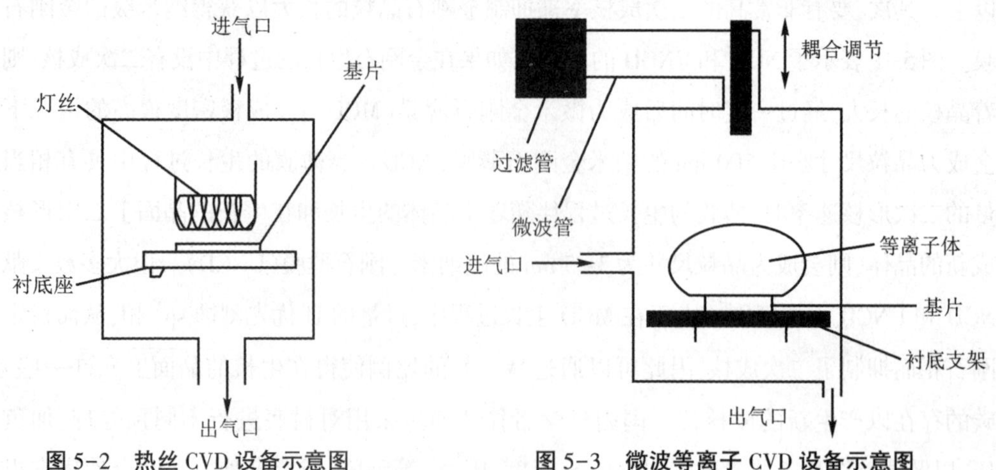

图 5-2　热丝 CVD 设备示意图　　**图 5-3　微波等离子 CVD 设备示意图**

MPCVD 用微波等离子体分解气体,产生活性离子的效率较高,电子密度大,有利于金刚石形核。沉积时,衬底温度较低。微波等离子体是在没有电极的情况下产生的,因此避免了由于电极放电而带来的对金刚石薄膜的污染。优点是制备薄膜的金刚石相纯度较高且重复性好。但存在沉积面积小,设备昂贵的问题。改进方法:一是与热等离子法相结合;一是把磁场引入微波等离子体中,一方面提高对气体的活化,另一方面还可通过发生电子回旋共振(ECR),有效地控制在整个衬底表面附件区域得到一个高密度均匀的等离子体区,实现金刚石的大面积均匀沉积。

5.1.2　纳米金刚石薄膜制备技术

5.1.2.1　表面预处理

制备纳米金刚石薄膜和制备微米金刚石薄膜一样,首先要对衬底进行预处理以提高形核密度。提高形核密度的方法如前所述有机械研磨、超声处理、离子注入等多种方式,不同预处理方式对薄膜的结构和性能影响很大。实验中可采用多种方法联合使用以提高形核密度。例如,清华大学 Yen-Chih Lee 等用 MPCVD 制备金刚石薄膜,反应条件:功率 1500 W,气压 20 kPa,反应气体 1% CH_4/Ar,温度≈400 ℃,时间 3 h 或 6 h。比较三种预处理方式对金刚石薄膜结构和性能的影响,分别为用金刚石粉悬浮液超声(U)、用金刚石粉和 Ti 粉混合悬浮液超声(U-m)、预先 CH_4/Ar 等离子体碳化然后再用金刚石粉悬浮液超声清洗(PC-U)。所制备薄膜的形貌如图 5-4 所示,原子力显微镜所测表面粗糙度分别为 57.75 nm、9.12 nm、6.61 nm。可见,这三种预处理方法都可以得到纳米金刚石薄膜,而 U-m 处理可以得到最大的成核密度。

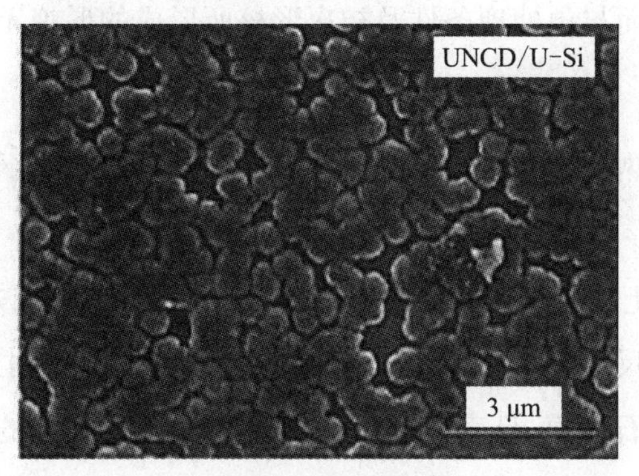

(a)用金刚石粉悬浮液超声(u)

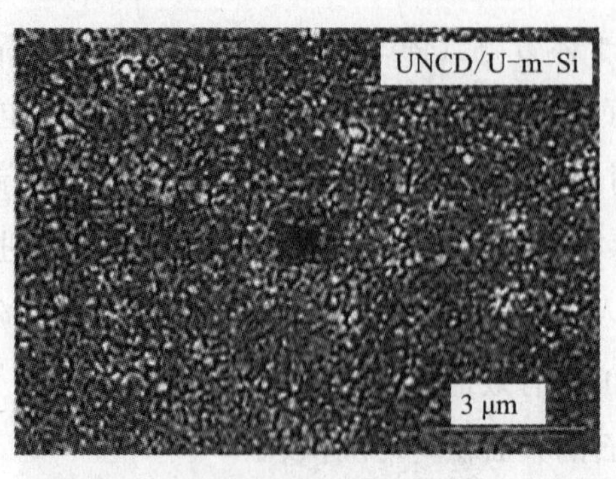

(b) 用金刚石粉和Ti粉混合悬浮液超声(U-m)

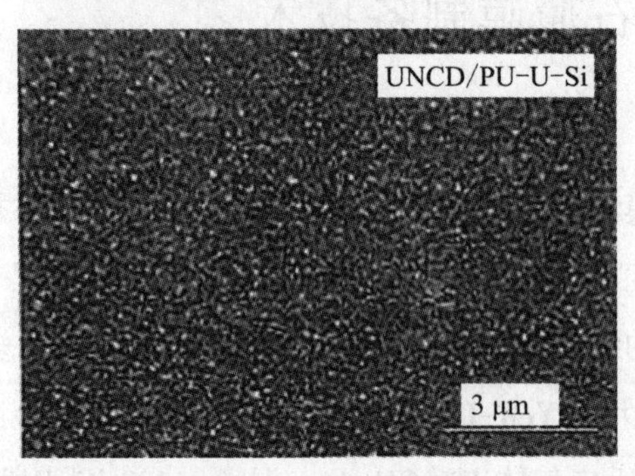

(c) 预先CH_4/Ar等离子体碳化然后用金刚石粉悬浮液超声清洗(PC-U)

图 5-4　不同预处理条件对所制备纳米金刚石薄膜形貌的影响

W.Kulisch 等研究了用金刚石粉悬浮液超声处理不同时间对纳米金刚石薄膜形核和长大的影响,发现超声处理时间的增加可以提高形核密度,从而将生产连续薄膜所需的厚度,从 1 μm 减少到 100 nm。然而,一旦连续膜形成后,在连续膜上再成核所形成的形貌只与生长条件有关,而与预处理条件及初次形核所形成的形貌无关。

5.1.2.2　加偏压

在等离子 CVD 或热丝 CVD 系统衬底上加偏压是制备纳米金刚石薄膜常见的方法之一。加偏压可以提高形核密度已达共识。例如,Tien-Syh Yang 等研究了 MPCVD 1% CH_4/H_2系统中在衬底上加负偏压对金刚石薄膜形成的影响,结果如图 5-5 所示,未加偏压时,所制备的是晶粒尺寸为 1~3 μm 的微米金刚石薄膜;当在衬底上加-250 V 的偏压时,得到的是纳米金刚石薄膜,且表面粗糙度显著降低。衬底上的负压加速了等离子体中离解的正离子向衬底的流动,也提高了其能量。高能离子对已结晶的金刚石晶体的轰击使晶格扭曲,使 C 很难沿最初的晶向生长,CH_x 的轰击为产生更多的成核活性位提供了能量,这些都提高了金刚石二次形核率。该过程中,金刚石晶粒的生长与二次形核过程间的平衡决定了金刚石薄膜的晶粒度。

(a)不加偏压

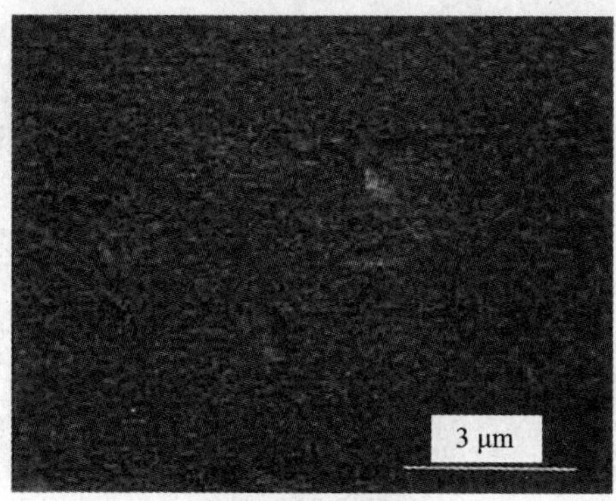

(b)加-250 V偏压

图 5-5　金刚石薄膜的 SEM 图像

5.1.2.3　降低反应气压

降低反应气压是制备纳米金刚石薄膜常用的措施之一。例如,HFCVD 用 1% CH_4/H_2在镜面抛光的 Si(100) 衬底上制备金刚石薄膜,当反应气压从 5 kPa 降为 0.125 kPa时,晶粒尺寸减小了一个数量级。图5-6是 0.5 kPa 和 2.8 kPa 制备的金刚石薄膜与衬底的截面形貌及金刚石薄膜的形貌示意图。可以看出,0.5 kPa 时金刚石薄膜由颗粒状晶粒组成,晶粒尺寸为 50~80 nm,呈现纳米金刚石薄膜的特征;而 2.8 kPa时金刚石薄膜由柱状晶粒组成,晶粒尺寸约为 200 nm,呈现微米金刚石薄膜的特征。当气压降低,一方面会导致衬底温度上升,H_2 的离解率增大;另一方面,使反应室中各种粒子的自由程增加。这两方面的因素会使到达衬底的粒子数量、速度增加,能量增大。粒子数量增加促进了金刚石的形核;而粒子速度及能量的增加,提高了其在金刚石表面的迁移率,促进了这些粒子的聚集导致了高的二次形核率,实现了从微米金刚石薄膜向纳米金刚石薄膜的转变。

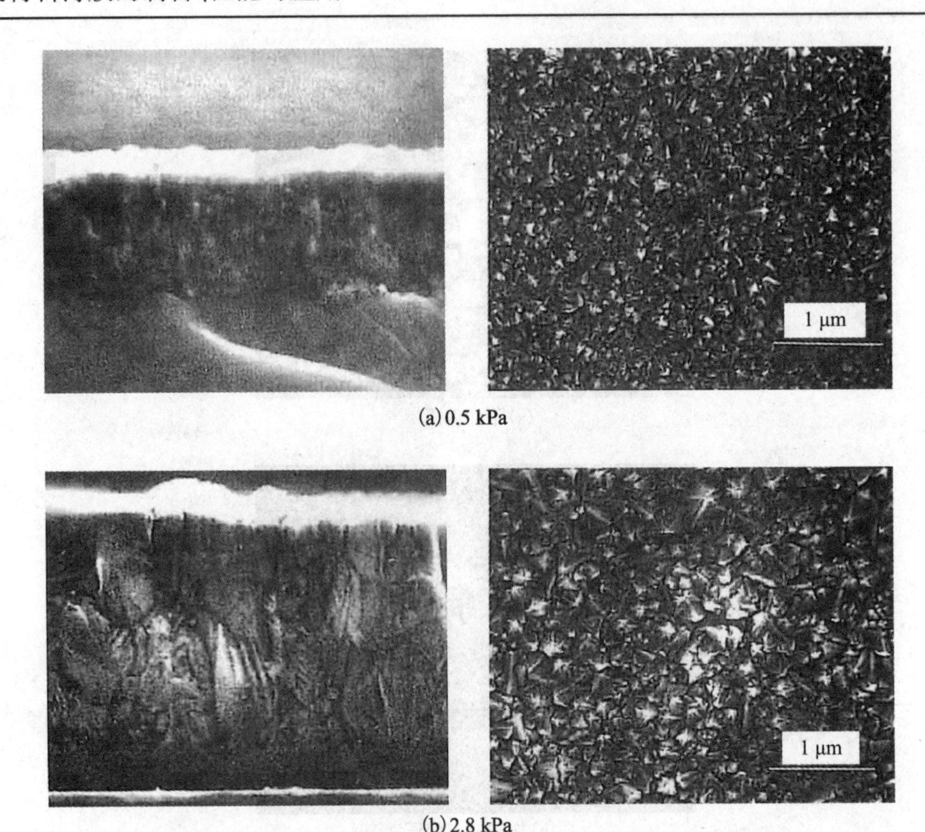

(a) 0.5 kPa

(b) 2.8 kPa

图 5-6　不同压力下制备金刚石薄膜的截面及表面 SEM 图像

5.1.2.4　适当的沉积温度

沉积温度对纳米金刚石薄膜的生长影响也非常大。温度升高会使氢从沉积物放出，也使碳原子活性增强，并且也提高对其他类型碳的刻蚀率，这有助于纳米金刚石的生长。实验也发现在一定温度范围内，金刚石薄膜的生长速度与温度之间符合 Arrhenius 关系。然而实验报道纳米金刚石薄膜中晶体的比例与温度关系不大，这似乎说明 NCD 形成过程中的二次形核率受温度影响不大，或者说不是热激活的过程。当温度升高超过某特定值（600 ℃）时，金刚石晶粒内的碳原子运动到晶粒表面，使表面粗糙度增大，沉积过程转为 MCD 的生长过程，再接着升高温度，会使金刚石相向石墨相转化。

5.1.2.5　改变反应气体组分

在所有的影响因素中，反应物的组分提供了生长和二次形核所需的含碳基团，因而反应物的组分是主要的影响因素之一。由于在 MCD 生长过程中，过量的 H 优先刻蚀 sp^2 相，从而稳定了金刚石相，抑制了二次成核，因此可以通过减少氢的比例使得在生长的晶面上允许一些 sp^2 碳的存在以产生新的成核位。这可以通过“增加 CH_4 或其他碳源气体的比例”和“用 Ar 或其他惰性气体取代 H_2”两种途径来实现。

(1)增加CH_4或其他碳源气体的比例　在制备 MCD 时,最常用的反应气体是CH_4和H_2,其中CH_4的含量不超过1%。随着气体中甲烷比例的增加(1%～10%),所制备薄膜的晶粒尺寸逐渐减小,从几百纳米到几十纳米。这些纳米结构的金刚石薄膜通常呈“菜花状”或“类球状”,表面比 MCD 要光滑,但是晶界增加,且晶界处含有相当数量sp^2键合的碳杂质。反应气体中甲烷比例的增加,导致其中化学组分(H、CH_3、CH_2、CH、C_2H_2、C_2等)及其比例的变化,从而影响薄膜的形核和生长过程。例如,Hiramalsu等研究了CH_4/ H_2体系中甲烷浓度为2%、10%和30%对金刚石薄膜结构的影响。薄膜沉积的其他条件:体流量 200 sccm(标况 mL/min),总压力 733 kPa,微波功率800 W,结果如图5-7所示。当甲烷浓度为2%时,为典型的微米金刚石薄膜,当浓度为10%和3%时,薄膜的纳米尺寸的晶粒组成,且晶粒没有择优面。反应气体中C_2在等离子体中的浓度及其发射谱强度也随之增强,如图5-8所示。由此认为C_2基团可能是提高二次形核的原因。

(a) 2%

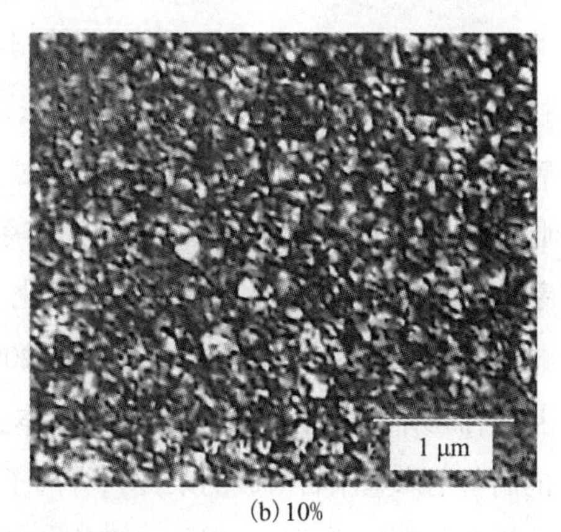

(b) 10%

(c) 30%

图5-7　甲烷浓度对比金刚石薄膜形貌的影响

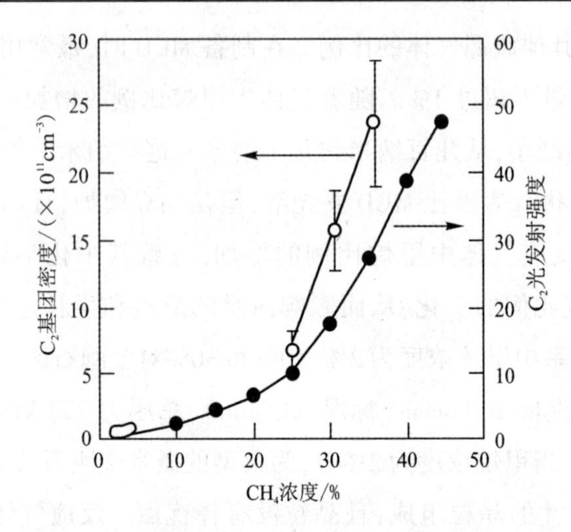

图 5-8　甲烷浓度与 C_2 基团密度和 C_2 光发射强度的关系

（2）用 Ar 或其他惰性气体取代 H_2　1994 年，Gruen 等采用了一种全新的方法，即在 Ar 等离子体中引入少量的 C_{60}，成功地在硅衬底上沉积了纳米金刚石薄膜。后来他们又用 CH_4 代替 C_{60} 并获得了成功。不久这种方法又被应用到其他衬底，诸如 SiC、Si_3、N_4、Ti、Mo、W 和 WC 上。通过这种方法得到的薄膜经过各种测试手段的鉴定，证实是比较纯粹的金刚石薄膜。通过光发射谱研究 $CH_4/H_2/Ar$ 体系中的各种基团，发现当 Ar 替代 H_2 加入到 CH_4/H_2 系统中时，CH_3 和 C_2 的比例会发生变化。当反应物中氢气含量为 70%～99%时，等离子体中主要形成 CH_3 活性基团，氢气含量为 20%～70%时，C_2 逐渐超过 CH_3 成为主要的有效活性基团，而所制备的薄膜转变为纳米晶体，生长率降低；当 Ar 的含量达到 90%～99%时（常见的制备纳米金刚石薄膜的条件），等离子体中则主要形成 C_2，这时沉积获得的是较纯的纳米金刚石薄膜。从而认为碳的二聚物 C_2 在纳米金刚石薄膜的二次成核中起到关键作用，纳米金刚石二次形核位是金刚石面上未吸附 H 的碳原子。分析发现，要能在实验中获得 $10^{10}cm^{-2}/s$ 的形核率，只须 0.05%的表面碳二聚物未被氢化即可，这说明只要 C_2 的浓度足够高，完全可以获得足够高的二次形核率以维持纳米金刚石薄膜的生长。

Ar 加入到 CH_4/H_2 时，一方面它起稀释 H 的作用，更重要的是它的化学作用，CH_4 由于与介稳的 Ar 碰撞导致相当数量的 CH_x（$x=0\sim3$）基团，这些基团通过重新结合最终产生 C_2H_2，随后通过和 Ar 的碰撞作用产生 C_2：

$$C_2H_2+Ar\rightarrow C_2+H_2+Ar \tag{5-1}$$

无论是通过提高 CH_4/H_2 系统中 CH_4 的含量，还是用 Ar 代替 H_2 来实现微米金刚石薄膜向纳米金刚石薄膜的转变，都会发现体系中 C_2 的浓度比大幅提高，甚至超过 CH_3 基团，因此人们普遍认为在制备纳米金刚石薄膜时，C_2 是主要的生长基团。为了深入研究 C_2 对纳米金刚石薄膜形核和长大的影响，Lifshitz 等比较了主要生长基团分别是 C_2（$CH_4/H_2/$

90%Ar)和 CH_3(20%CH_4/80%H_2)时在不同衬底上的形核和长大情况。发现前者不能在非金刚石上形核,形核必须在更多碳氢基团(如 CH_3)中开始,而 C_2生长可得到纯的金刚石相。也就是说 C_2有利于纳米金刚石的生长,但会抑制初期成核。高 Ar 浓度下,在 Si 和二氧化硅衬底上从 C_2H_2得到的成核密度比 CH_4的低一个数量级,因此 C_2H_2需要一个较长的孕育时间来形成连续的膜。C_2有利于纯相金刚石相的生长,也可以从图 5-9 中表现出来:在反应气体 Ar 和 1% CH_4中加入 5%H_2后,由于提高了等离子体中氢的含量、增加了 CH_3等碳氢基团的比例,而使得衬底 Si 和金刚石薄膜之间有明显的非晶碳层存在。

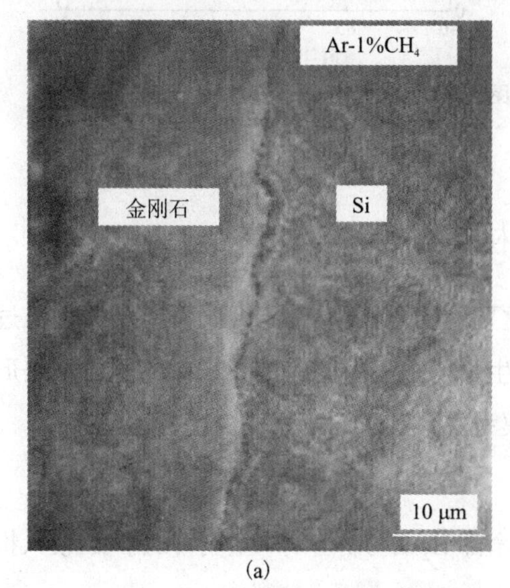

(a)

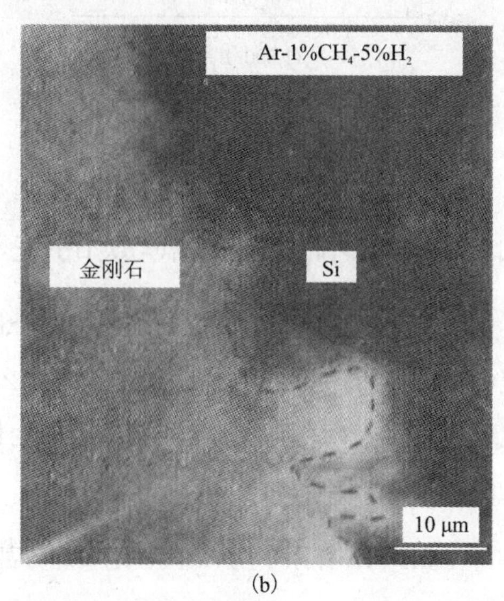

(b)

图 5-9 Si/金刚石薄膜界面的高分辨透射电镜图像

事实上,其他有机化合物作为碳源也可以制备纳米金刚石薄膜。如 H. W. Xin 等采用丙酮和氢气混合物沉积获得晶粒大小为几十纳米的金刚石薄膜;J.J. Wu 等采用 CCl_4, T. Wang 等采用 CH_3COCH_3为碳源也沉积获得纳米金刚石薄膜;而 C_2F_2更是常用的碳源。另外,N_2或 He 加入到 CH_4/H_2系统中也能起到与 Ar 同样的作用。为研究不同组分对纳米金刚石薄膜生长过程的影响,比较了在 5%H_2/94%Ar 体系中加入 1%C_2H_2和 1%CH_4时金刚石薄膜生长速率与温度 $1/T_S$ 的关系,结果如图 5-10 所示。按照 Arrhenius 公式,通过计算最小二乘法拟合曲线的斜率得到的表观激活能大约都是 8 kcal/mol。用 C_2H_2代替 CH_4提高 C_2浓度可以提高生长速度,但反应激活能几乎不变,说明生长机理相同。J. R. Rabeau等比较了 Ar 和 He 加入对 H_2/CH_4系统中制备纳米金刚石薄膜的影响,过程中保持 CH_4比例为 1%,结果表明不同 Ar 和 He 浓度下纳米金刚石薄膜的生长速度基本相同,如图 5-11 所示。这些结果说明虽然反应分组不同,但薄膜的生长应该有相同或者类似的生长机理。

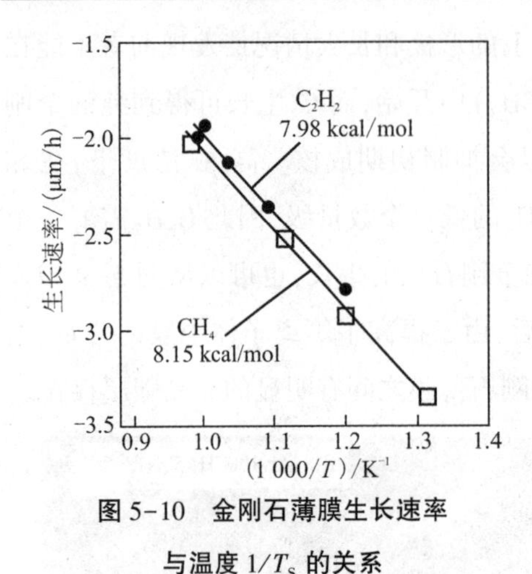

图 5-10　金刚石薄膜生长速率与温度 $1/T_S$ 的关系

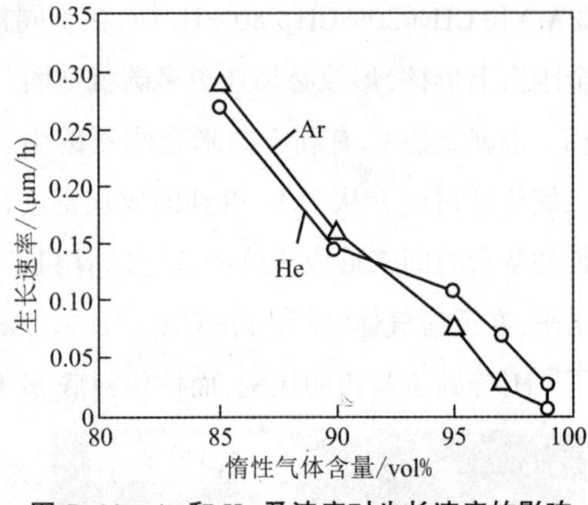

图 5-11　Ar 和 He 及浓度对生长速度的影响

5.1.3　纳米金刚石薄膜的生长机制

纳米金刚石薄膜生长机制研究中两个最重要的问题：①在纳米金刚石薄膜的生长过程中，最主要的生长基团是什么？②为什么在生长的过程中能够连续二次成核而不是形成更大的微晶？关于纳米金刚石薄膜的生长模型主要有以下三种。

5.1.3.1　C_2 插入模型

在 CH_4/H_2 体系中用 Ar 代替绝大部分甚至全部 H_2 成功制备纳米金刚石的事实，使人推测在这种缺乏氢气的条件下由于低的 H 含量不能从金刚石表面有效地萃取表面的 H，因此应该具有和传统的通过 CH_3 成长方法不同的形核与生长机制。另外，制备纳米金刚石薄膜时，无论是通过提高 CH_4 含量还是用惰性气体取代 H_2，都会使 C_2 在气体中所占比例大幅提高。因此，人们普遍认为在制备纳米金刚石薄膜时，C_2 是主要的生长基因，由此提出了 C_2 插入模型。

按照 C_2 插入模型，纳米金刚石薄膜的生长过程如图 5-12 所示，同时用理论计算表明 C_2 作为金刚石(110)面的生长基团是有利的。氢终止的金刚石表面被一层 C—H 键覆盖，在 C—H 键中插入 C_2 形成类似于乙炔的结构，并将相邻的 C 原子连接在一起(步骤 1 和 2)。C_2 接入(110)面的激发势垒很低(<5 kcal/mol)，并且反应是放热反应(150～180 kcal/mol)，即 C_2 插入到表面 C—H 键可使体系能量大幅度降低，已经吸附在表面的相邻 C_2 之间的连接，可以通过吸附氢原子或直接反应使 C═C 变成 C—C，转变为金刚石结构(步骤 3)。表面 C—C 单键的形成也是放热反应(40～50 kcal/mol)。所有这些都提供了 C_2 作为生长基团的条件。然而如果没有 H 参与，形成单键的过程是很困难的。例如一个 C_2H_4 分子与 C_2H_4 分子之间反应所吸收的能量为 220.6 kcal/mol，而与 $C_{18}H_{26}$ 和 $C_{46}H_{50}$ 表面的反应所吸收的能量分别为127.5 kcal/mol和 12 kcal/mol。在整个过程中控制速度的步骤是相邻 C_2 之间形成

单键的过程。如果用 H^+激活(步骤 5),可能会更有利于 C_2的插入,因为类乙炔分子对 H_1类离子是很好的亲核物质。C_2插入模型假定了一个氢终止的金刚石面,但是在富 C_2等离子体中由于 H 的流量很低,金刚石面并不会全部被氢终止而发生局部的重构产生大量的表面缺陷,这些缺陷位具有较高的能量而成为二次形核中心。

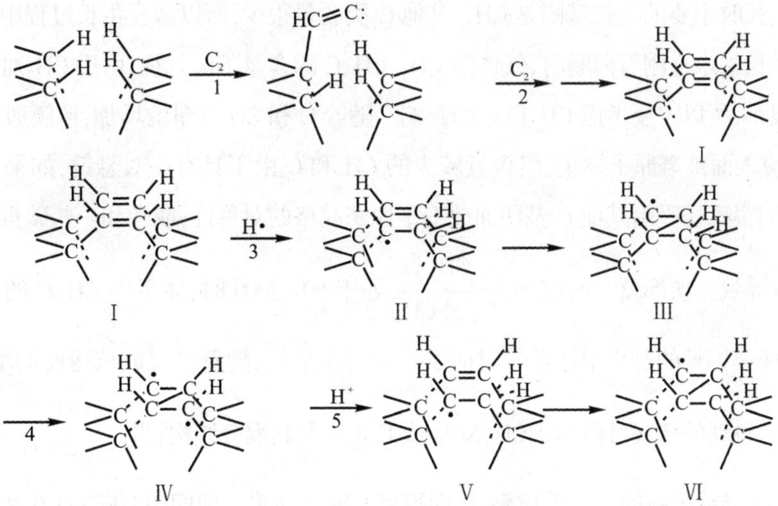

图 5.12　C_2 插入模型示意图

C_2插入模型可以解释在缺乏氢气的条件下纳米金刚石薄膜的极高的二次形核率以及由此引起的纳米金刚石薄膜的生长现象,并与用 C_2H_2代替 CH_4观察到的生长速度增加及加负偏压有利于纳米金刚石薄膜的生长的实验现象一致。

5.1.3.2　C_1 类基因团长大模型

在 CH_4/H_2系统中,随着 Ar 代替 H_2,金刚石薄膜的生长速度会降低,以及在 CH_4/H_2系统中,提高 CH_4比例也可以在富氢的条件下制备纳米金刚石薄膜的事实显示,除了 C_2,其他碳氢基团可以成为纳米金刚石薄膜成长和二次形核的主要基团。

W. May 等详细研究了在 HFCVD 系统中 $Ar/CH_4/H_2$各组分不同含量所制备薄膜的结构类型,通过详细计算衬底近表面气相的组成及其对薄膜生长的影响,认为所制备薄膜的性质取决于气相中的成分,尤其是取决于 H 和 C_1类基团(包括 CH_3、CH_2、CH、C)的比例及 C_1类各基团之间的比例,具体可用图 5-13 表示:当衬底近表面$\frac{[H]}{[CH_3]}<5$时,由于没有足够的 H 原子使金刚石生长,碳氢基团之间相互反应,所得产物为石墨;当$\frac{[H]}{[CH_3]}>5$时,可以沉积金刚石薄膜,但其结构类型取决于 CH_3与其他 C_1基团浓度的比例;当$\frac{[CH_3]}{[C]+[CH]}>2000$时,$CH_3$是主要的生长基团,所得产物为传统的微米金刚石薄膜;当$\frac{[CH_3]}{[C]+[CH]}<50$时,所得产物为超纳米金刚石薄

膜；当$\frac{[CH_3]}{[C]+[CH]}$处于50~2000时，得到的薄膜为微米金刚石和纳米金刚石混合的薄膜。他们认为纳米金刚石薄膜生长的机制类型相比于传统金刚石薄膜，仍然是氢的萃取在金刚石表面留下活性位，活性位吸附碳氢基团并与氢反应萃取多余的氢导致薄膜的生长，但其区别在于传统金刚石生长时主要的生长基团是CH_3，其他C_1类含量很少，所以薄膜生长过程中二次成核率很低。而生长纳米金刚石薄膜时，气体中CH_2、CH、C的含量不能忽视，由于CH_2对金刚石生长速度贡献很小，所以主要考虑CH和C的影响。随着C和CH含量的增加，薄膜通过CH_3、CH、C生长，反应表面被氢原子终止，但含氢较少的CH和C由于具有一对悬键，如果没有足够的H稳定，它们很容易吸附其他C基团而改变了原来晶格的对称性，或者和一些碳重构而产生局部的高能位导致二次形核。所以当$\frac{[CH_3]}{[C]+[CH]}$处于50~2000时，体系中CH、C的含量不能忽视，金刚石薄膜生长的过程中伴随着时而发生的二次形核，随着二次成核速度的增加，晶粒尺寸越来越小，得到的薄膜可以为MCD、NCD或UNCD及其混合结构；当$\frac{[CH_3]}{[C]+[CH]}<50$时，相当多的CH、C会导致很高的二次形核率，从而得到UNCD薄膜。他们用HFCVD在两种实验条件下（0.5 mL/min CH_4，50 mL/min H_2，2.60 kPa和0.5 mL/min CH_4，50 mL/min H_2，200 mL/min Ar，29.26 kPa，衬底附近温度都为1280 K）分别制备出微米金刚石薄膜和纳米金刚石薄膜，并测量反应气体中各组分的含量，典型组分含量如表5-1所示。从表中数据可以看出，纳米金刚石薄膜生长条件下C_2和C_2H的浓度远低于C_1，且C_1中CH_3/C的比例变大。这结果验证了他们提出的模型。

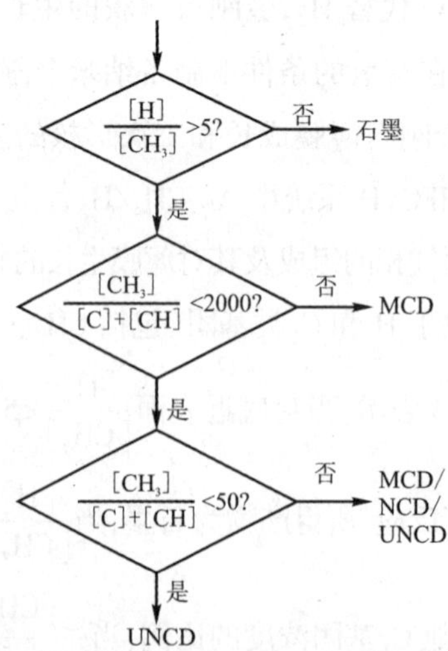

图5-13　衬底近表面气相中各组分浓度与薄膜结构的关系

按照以上模型，可以解释以下实验现象：①由于二次成核的随机性，纳米金刚石薄膜由近似球形的晶粒组成。②增加 H_2 含量,使 CH_3 含量增加,所以二次成核的概率降低,CH_3 生长控制晶粒尺寸的生长而成为微米金刚石薄膜。③晶界处没有或很少有 sp^2 相,因为 sp^2 相除了少数形成缺陷位导致二次成核外,大部分很快氧化生成 sp^3 相。晶粒边界的 sp^2 相主要由于相邻晶格方向的失配而产生。④在微波等离子体系中,可以在低至 400 ℃的温度下生长超纳米金刚石薄膜,生长速度虽有所降低,但并没有明显的结构改变。这可以解释为其他 C_1 类基团(如 C 原子)在金刚石薄膜表面生长比 CH_3 有更低的反应激活能。此模型只涉及气体组分,因此也适合其他制备方法。

表 5-1 HFCVD 衬底表面制备 MCD 和 NCD 时系统中典型基团的含量(温度 1280 K)

典型基因	0.5 mL/min CH,50 mL/min H_2, 2.66 kPa	0.5 mL/min CH_4,50 mL/min H_2, 200 mL/min Ar,29.26 kPa
H	4.46×10^{14}	5.13×10^{14}
CH_3	7.40×10^{13}	1.41×10^{13}
C_2H_2	2.03×10^{14}	6.76×10^{13}
CH_2	1.96×10^{11}	5.59×10^{10}
CH	3.27×10^{9}	1.15×10^{9}
C	4.75×10^{10}	2.39×10^{11}
C_2	2.21×10^{9}	1.41×10^{9}
C_2H	1.93×10^{7}	5.26×10^{8}
C_2H_4	7.63×10^{12}	1.15×10^{13}
H_2	1.50×10^{17}	1.91×10^{17}
Ar	—	5.64×10^{17}
H/CH_3	6.3	36.4
CH_3/C	1560	59
膜的类型	MCD	NCD

虽然以上模型可以解释许多实验现象,却忽略了 $C_xH_y(x \geqslant 2)$ 在金刚石薄膜生长中的作用,而这些基团的含量在纳米金刚石薄膜生长条件下甚至可以高于 CH_3,如表 5-1 中 C_2H_2 的含量比 CH_3 还高许多。在微波等离子体系统中,这些基团含量可能会更高。所以此模型还需更多的实验数据支持。

5.1.3.3 浅层植入模型

在 CH_4/H_2 系统中用直流辉光放电化学气相沉积纳米金刚石薄膜的过程时,二次质谱和高分辨能量损失谱显示:纳米金刚石薄膜与衬底之间存在一层高定向的石墨层,并且纳米金刚石薄膜的最外层是非晶的,氢主要与非晶层的碳键合而不是与纳米金刚石颗粒结合。由此,Y.Lifshitz 等提出了浅层植入模型来解释纳米金刚石薄膜的生长。其生长过程可分为如图 5-14 所示的 4 个步骤:

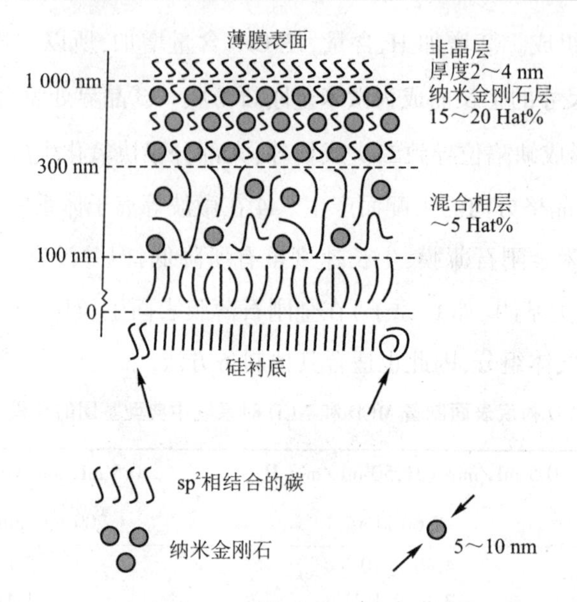

图 5-14　直流辉光放电 CVD 方法沉积纳米金刚石薄膜的示意图

(1)形成致密富氢的 sp^2的非晶定向层。碳氢基团通过在薄膜表面的吸附、热扩散、释放过量的氢和原子 H 的刻蚀而致密化,形成类似于含氢石墨的定向生长层。

(2)在石墨层上沉积 sp^3C 团簇形核。分子动力学计算表明,一旦石墨相中的氢和碳超过 20%且密度达到约 3 g/cm^3,就会沉积具有 100% sp^3键合的碳氢团簇,在此过程中氢起到稳定金刚石晶核的作用。实验中可以观察到在石墨基质中有 2~5 nm的金刚石颗粒。

(3)在金刚石和含氢碳的界面处生长纳米结构大约为 5 nm 的金刚石颗粒。在此过程中,由于高能粒子的作用,H 穿过碳氢层,优先去除 sp^2 碳原子,使 sp^3 配位的碳原子之间相互作用,导致金刚石相的生长。

(4)金刚石颗粒生长中断。一旦金刚石颗粒和表面的距离超过了高能粒子的射程,使得这些粒子没有足够的能量优先去除 sp^2 碳原子,就会导致金刚石晶粒的生长中断。重复步骤(2)~(4),新的金刚石颗粒重新成核和长大,生成由纳米金刚石颗粒组成的薄膜。

5.2　纳米金刚石薄膜质量表征

根据 Gruen 博士的建议,纳米金刚石薄膜应具备 4 个条件:

(1)膜的晶粒度在几纳米到几百纳米之间(3~15 nm,颗粒很细;17~25 nm,颗粒较细;75~375 nm,颗粒较粗)。这是纳米金刚石的一个最基本的条件。

(2)膜的厚度至少在 3 μm 以上。当膜的厚度超过 1 μm,只有生长过程仍然保持非常高的成核速率(10^{10} cm^{-2}/s),才能保证纳米金刚石均匀稳定地生长。

(3)非金刚石成分要小于5%,这是纯纳米金刚石薄膜与其他类型碳膜的重要区别。

(4)晶粒随机取向使晶粒之间以最大限度的 π 键键合,只有这样才能保证纳米金刚石薄膜的优异机械性能。

这4个条件中,最重要的是(1)、(3)条,即晶粒尺寸在几纳米到几百纳米,同时非金刚石成分含量少于5%。因为从应用的角度,很多时候没有必要强调厚度及晶粒取向,如用作大功率半导体激光器、微波器件上的散热片。因纳米金刚石薄膜的晶粒尺寸及金刚石相纯度是表征金刚石薄膜质量最重要的两个参数。另外,纳米金刚石薄膜的应用与其微观结构如表面形貌(晶粒尺寸分布、薄膜厚度、结构均匀性)、晶界特征、相纯度、缺陷(如堆垛、孪晶和位错等)密切相关。如何通过合适的检测手段表征以上参数是纳米金刚石薄膜研究中的关键问题。

5.2.1 扫描电镜和原子力显微镜

扫描电镜(SEM)可以显示亚微米级的形貌特征,空间分辨率一般可以达到10 nm左右且有较高的分辨率和景深,广泛用于金刚石薄膜表面形貌以及断面形貌的观察,可以确定金刚石薄膜的形核密度、晶粒尺寸、晶形,以及膜的取向度与织构、膜与衬底的过渡联结、膜厚等信息。而原子力显微镜(AFM)能够提供的空间分辨率,不仅能够给出薄膜的表面形貌,并且可以给出表面粗糙度,因此在纳米金刚石薄膜表征研究中的应用越来越广泛。

5.2.2 透射电镜

透射电镜(TEM)及其相关的技术是表征金刚石薄膜微观结构的重要方法之一。利用透射电镜不仅可以在图像模式(衍射像或高分辨像)下拍摄纳米金刚石薄膜的图像研究其表面形貌、晶界特征及缺陷等结构细节,还可以采用和TEM配套的选区电子衍射(SAED)很容易地确定是否是金刚石晶体结构。当晶粒十分微小时,晶态相的衍射将形成近似连续的明锐衍射环,而非晶态成分的散射环十分漫散,且晶态和非晶态衍射环出现的位置不同,因此用SAED可以区分不同晶态(金刚石和石墨)及其晶相,并有可能依据所测量的强度定量地计算非晶态成分相对含量。

例如,图5-15是利用HFCVD在WC-Co硬质合金为衬底上制备的纳米金刚石薄膜的高分辨TEM照片及同一纳米金刚石薄膜的SAED(图左上角)。衍射花样是一系列同半径的同心圆环,表明该薄膜是典型的多晶结构。图中没有发现任何非晶相所导致的弥散现象,显示了薄膜中金刚石结构占绝对优势。图中白色箭头所示的一个晶粒放大后(图右下角),可测得该纳米晶粒的晶面间距约为0.209 nm,对应于金刚石(111)面的面间距。

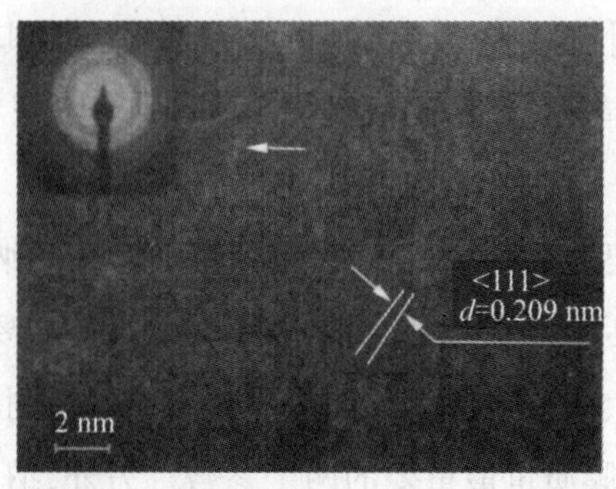

图 5-15　纳米金刚石薄膜的高分辨率 TEM 照片及 SAED

5.2.3　X 射线吸收光谱

近边 X 射线的吸收光谱能够区分包括金刚石在内的许多共价键低原子序数材料中 sp^2杂化和 sp^3杂化成分的差别。图 5-16 是纳米金刚石薄膜与相关薄膜的测量结果比较，图中 DLC 代表类金刚石薄膜，HOPG 代表石墨。纳米金刚石薄膜和常规 CVD 金刚石薄膜一样在 289 eV 和 303 eV 出现峰值与峰谷，分别对应 sp^3相 C_{1s}到 σ^*态的激发和金刚石的二次吸附带隙，都是纯金刚石的光谱特征。此外，它们还在 285.5 eV 处，有一个微小的峰值，对应 sp^2相 C_{1s}到 π^*的激发，是 sp^2相的特征，说明纳米金刚石薄膜比常规 CVD 金刚石薄膜的 sp^2相稍高，在高取向的热解石墨和类金刚石样品中，这个峰值尤为明显。更进一步的观察表明，纳米金刚石薄膜结构中的激发态存在 0.25 eV 的微小蓝移，如图 5-17 所示。这种微小的蓝移表明能隙的变宽是半导体纳米体系量子效应的一个显著特征。以上结果表明，用 X 射线吸收谱测量纳米金刚石薄膜能够显现其在量子效应下的光谱特性，因此可以准确地辨认纳米金刚石薄膜。

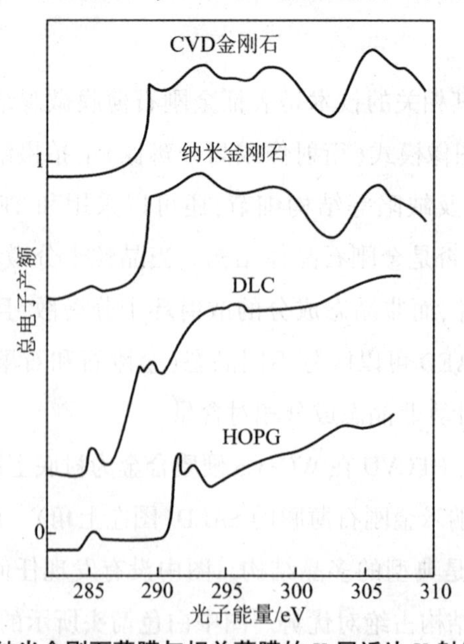

图 5-16　纳米金刚石薄膜与相关薄膜的 K 层近边 X 射线吸收光谱

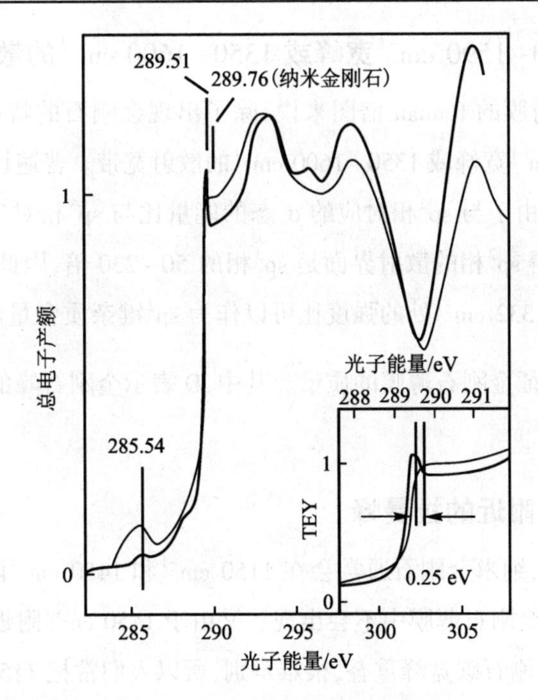

图 5-17 常规金刚石薄膜(粗线)和纳米金刚石薄膜(细线)的 K 层近边 X 射线吸收光谱

5.2.4 拉曼(Raman)散射谱

用 TEM 及 SAED 和近边 X 射线吸收光谱虽然较好地对纳米金刚石薄膜质量进行表征,但这些测试方法对样品要求较高,测试不方便。而拉曼光谱作为一种非破坏性的检测手段,无须特殊制样可方便地在不同波长的激光下观察,是表征不同结构碳的有效工具,也是表征纳米金刚石薄膜结构的最常用的手段。

Raman 谱是由于晶格振动导致极化率改变引起的光散射,不同的分子振动、不同的晶体结构具有不同的特征拉曼位移。不同结构碳的 Raman 图明显不同:单晶金刚石在 1332 cm^{-1}附近出现一个尖锐的峰;1580 cm^{-1} 附近的峰对应 C═C 键的伸缩振动峰(G 峰),因此石墨碳纳米管都会出现此峰;1350 cm^{-1} 附近的峰表示 sp^2C 中的无序结构(D 峰),所以大部分非晶碳的拉曼谱主要呈现 G 峰和 D 峰。而纳米金刚石薄膜的 Raman 谱图通常分为以下 4 个部分。

5.2.4.1 位于 1332 cm^{-1} 附近的金刚石结构的特征散射峰

该峰一般比较尖锐,其半峰宽与薄膜中的晶粒大小及金刚石成分的相对含量有关,而其精确位置则与金刚石薄膜中的应力状态有关:压应力使该峰向高波数端移动,张应力则使其向低波数端移动。这对研究 NCD 膜应力及相应的耐久性与晶粒尺寸之间的关系非常重要。因此金刚石特征峰的半高宽常被用于评价金刚石薄膜晶体结构的完整性。

5.2.4.2 位于 1500~1590 cm^{-1}宽峰或 1350~1600 cm^{-1}的散射宽带

对 CVD 金刚石薄膜的 Raman 谱图来说，除了出现金刚石的特征峰 1332 cm^{-1}外，通常存在 1500~1590 cm^{-1}宽峰或 1350~1600 cm^{-1}的散射宽带。普遍认为，这主要是由非金刚石碳的存在引起。由于与 sp^2相对应的 σ 态的能量比与 sp^3相对应的 σ 态的能量低而更容易被极化，这使得 sp^2相的散射界面是 sp^3相的 50~230 倍，因此少量的 sp^2相碳就可导致此宽峰，此峰与 1332 cm^{-1}处的强度比可以作为 sp^2键杂质含量的灵敏标记。实验上常引入 $f=\frac{D}{D+ND}$来表征金刚石薄膜的质量。其中，D 表示金刚石峰的强度，而 ND 表示非金刚石相的平均强度。

5.2.4.3 1150 cm^{-1}附近的拉曼峰

在可见光激发下，纳米金刚石通常会在 1150 cm^{-1}和 1450 cm^{-1}附近出现较明显的拉曼峰，而在常规 CVD 金刚石薄膜中不会出现。又由于 1450 cm^{-1}附近的拉曼峰，常与位于 1550 cm^{-1}附近的非金刚石碳宽峰重叠，很难辨别，所以人们常把 1150 cm^{-1}附近拉曼峰的出现作为纳米金刚石的重要标志，如图 5-18 所示。

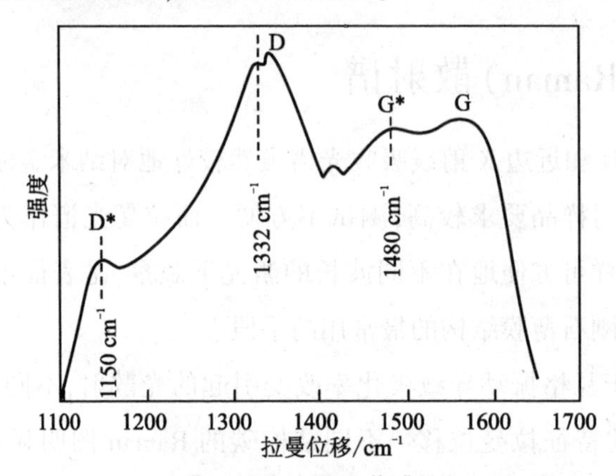

图 5-18 典型纳米金刚石薄膜的 Raman 谱

有人认为此峰对应于 sp^3C—C 键的无序结构，即 1150 cm^{-1}的振动模式在结晶很好的金刚石中是被禁止的。只有当缺陷被引入，有序晶畴尺寸减小，金刚石中 sp^3杂化的四面体碳结构变得混乱无序，且达到一定的临界值，该峰才会呈现活性。然而利用第一性原理计算，纳米结构的 sp^3碳团簇只有 1332 cm^{-1}一个特征峰，因此，1150 cm^{-1}的峰不能作为纳米金刚石的特征峰。Ferrari 等经过研究认为，1150 cm^{-1}的散射峰应该是由转聚乙炔的 C═C 键(链状的)伸缩振动以及弯曲振动中的摇动引起的。

综上所述，即使此峰不是由于金刚石本身的结构引起的，也可以作为纳米尺寸金刚石薄膜的一个标志。因为纳米级的金刚石颗粒晶界较多，无序结构或(和)链状结构的成分的碳原子所占比例增加而在 Raman 谱上出现相应的峰。

5.2.4.4 Raman 谱中从低波数端到高波数端呈上升趋势的荧光背底

荧光背底主要来源于非晶碳成分的光致发光。光致发光是指在一定波长光照射下被激发到高能级激发态的电子重新跃入低能级,被空穴捕获而发光的微观过程。非金刚石碳和金刚石中的杂质(如氮、硼等)都能形成金刚石的光致发光中心,因此也可以用来表征金刚石薄膜的质量。

值得指出的是,以上四部分的散射强度不仅与金刚石薄膜中各种成分的相对含量有关,还与所用激发光的能量有关。能量越低的激发光,对非晶碳结构的成分越敏感,从而使 Raman 谱中后两部分的散射强度增强。

5.3 纳米金刚石薄膜的性能及应用

在已知材料中,金刚石硬度最硬,热导率最高,杨氏模量最高,纵波传声速度最快,摩擦系数和热膨胀系数较小,化学性质极其稳定,抗辐射能力极好,可以在高辐射的恶劣环境中工作。其介电常数小,光学折射率也小,并且作为宽禁带半导体,透光范围宽。从表 5-2 中数据可以看出,CVD 金刚石薄膜和天然金刚石具有接近的性能。CVD 金刚石薄膜优异的物理、化学、电学及光学特性使其具有现实的及潜在的巨大经济、军事和技术价值。

表 5-2 优质 CVD 金刚石薄膜与天然金刚石的性能比较

项目		优质 CVD 金刚石薄膜	天然金刚石
点阵常数/nm		35.67	35.67
密度/(g/cm^3)		3.51	3.515
比热 c_p/(J/mol)(300 K)		6.195	6.195
弹性模量/GPa		900 ~ 1250	1220
硬度/GPa		50 ~100	57~100
摩擦系数		0.05~0.15	0.05~0.15
热膨胀系数/(×10^{-6} ℃)		2.0	1.1
热导率/[W/(cm · K)]		21	22
禁带宽度/eV		5.45	5.45
电阻率/(Ω · cm)		10^{12}~10^{16}	10^{16}
饱和电子速度/(×10^7 cm/s)		2.7	2.7
载流子迁移率/[cm^2/(V · s)]	电子	1350 ~ 1500	2200
	空穴	480	1600
介电常数/(F/m)		5.6	5.5
光学透过范围		从紫外直至红外	从紫外直至红外

5.3.1 力学性能及应用

纳米金刚石薄膜具有和常规金刚石薄膜甚至单晶金刚石接近的硬度、杨氏模量、剪切模量，但晶粒尺寸、表面粗糙度和摩擦系数却小得多。表 5-3 是纳米金刚石薄膜、常规金刚石薄膜与单晶金刚石性能的比较。

表 5-3 纳米金刚石薄膜、常规金刚石薄膜与单晶金刚石性能的比较

性能	纳米金刚石薄膜	常规金刚石薄膜	单晶金刚石
晶粒尺寸	3~20 nm	微米级	—
表面粗糙度	19 nm	粗糙	—
硬度/GPa	39~78	85~100	50~100
摩擦系数	0.05~0.1(未抛光)	0.1(已抛光)	0.05~0.1
锯片转速/(m/s)	10450	11000	—
杨氏模量/GPa	864	1040	>1000
剪切模量/GPa	384	354~535	—

利用其优良的力学性能，纳米金刚石薄膜可用于工具涂层及微机电系统。

在工具上沉积金刚石薄膜，可将工具的使用寿命数十倍地提高，这项应用是金刚石薄膜最先实现产业化的领域。目前，国内外都有此类生产线，一次沉积的钻头或者刀头达数百片，市场上主要有金刚石薄膜涂层硬质合金车刀、铣刀、麻花钻头、端铣刀等，且仍然在不断地开拓和发展之中。由于金刚石的表面能很高，常规金刚石涂层表面粗糙，且硬度很高，极难抛光，并且在复杂形状上沉积的微米金刚石薄膜根本无法抛光，使其应用受到很大限制。而纳米金刚石涂层表面平整光滑，摩擦系数小，并且由于比常规涂层含有较多的晶界和 sp^2结构，硬度有所下降，易研磨抛光。因此，沉积纳米金刚石薄膜可克服这一难题。

值得提出的是，一般刀具和磨具是高速钢或硬质合金。金刚石薄膜在铁基材料上的形核与单晶硅上的形核不尽相同。主要是铁对 sp^2碳有强烈的催化作用，并且碳在铁中容易扩散而形成脆性很高的碳化物，从而导致金刚石涂层在铁基材料上的附着力很低。因此需要在铁基材料上预先制备过渡层或表面改性。另外，金刚石薄膜在 WC-Co 硬质合金工具衬底上直接沉积也很困难，因为 Co 对碳有很高的固溶度，致使金刚石形核的孕育期过长，不易形核，并且 Co 也会促进 sp^2碳的形成。为去除 Co 的不利影响，常采用下列手段：①酸溶液侵蚀去 Co；②采用含 Co 极少甚至无 Co 的硬质合金工具作为衬底；③添加过渡层；④激光处理使其表面粗糙化和选择性蒸发 Co；⑤采用渗硼等预处理工艺形成过渡层等。

除了硬质合金工具，在硬质合金深孔模具、轴承、高性能密封件及精密仪器零件等表面用纳米金刚石改性膜，都能大幅度提高其使用寿命。

在微机电系统中通常以硅材料和硅半导体微加工工艺来制作微机电系统元件。但是，硅的摩擦系数较大，弹性模量和机械强度较低，因此不适合做高运动耐磨器件。纳米金刚石薄膜因其晶粒度低，表面光滑，摩擦系数低、弹性模量和机械强度高而成为制作微机电系统（MEMS）元器件的理想材料。

5.3.2 电学性能及应用

金刚石的禁带宽度为 5.5 eV。它的导带底高于真空能级，表现出负电子亲和势（NEA）特性，只要将电子激发到导带上，电子便能自发地从导带溢出到真空，成为自由电子，形成电子发射而使其可能成为优良的场发射阴极材料。另外，金刚石薄膜在水溶液和非水溶液中有极宽的电化学窗口，因此大多数有机污染物能直接在金刚石薄膜电极上得到氧化分解而使其可能成为电化学电极材料。然而，由于天然金刚石和结晶良好的微晶金刚石薄膜的电阻率分别为 10^{16} Ω · cm、10^{12} ~ 10^{16} Ω · cm，高电阻限制了其在以上电学方面的应用。要使金刚石薄膜具有良好的导电性，必须在金刚石薄膜沉积过程中掺杂或在膜中注入离子，由于组成金刚石的碳原子半径较小而很难对金刚石进行有效的掺杂；而纳米金刚石薄膜晶界处的键结构提供了导电通道，使其具备常规掺杂后的与金刚石薄膜相似的半导体特性。

例如：采用偏压辅助热丝 CVD 装置，改变工艺条件，在 Si 基片上分别制备了微米和纳米两种金刚石薄膜。热丝温度约为 2300 ℃，衬底温度为 800~900 ℃，反应气体是氢气和丙酮，灯丝和衬底间偏压为 90 V，生长时间 10 h，得到厚度约为 10 μm 的金刚石薄膜。将金刚石薄膜从 Si 片上剥离后，测量了室温至 573 K 温度范围内沿膜厚方向的绝缘电阻。并用 QBG-3 高频 Q 表量了其介电常数、损耗角正切值（tan δ）和频率的关系（图 5-19）。

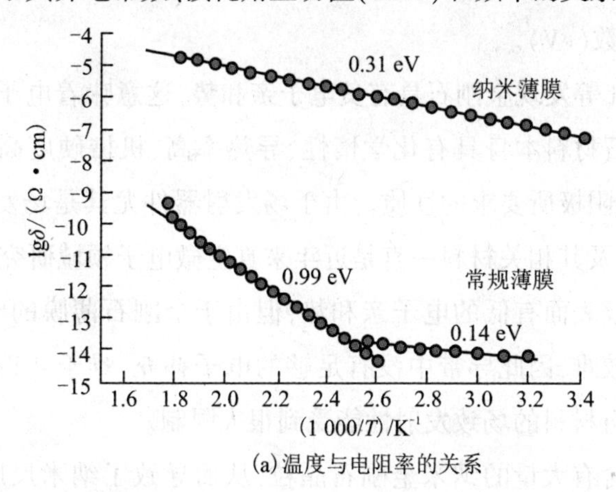

（a）温度与电阻率的关系

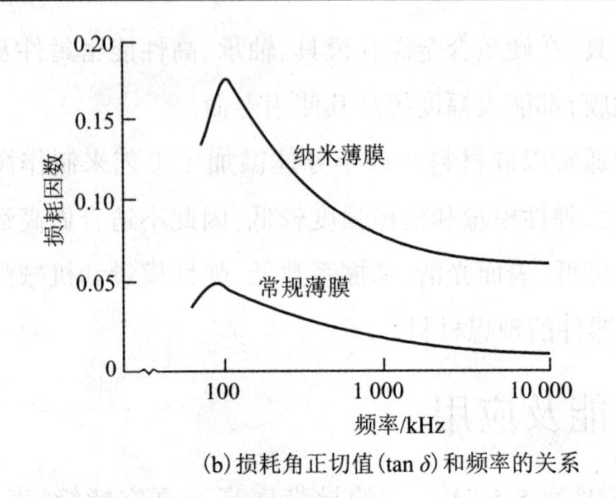

(b) 损耗角正切值 ($\tan\delta$) 和频率的关系

图 5.19 常规与纳米金刚石薄膜的电学性能比较

从图 5-19(a)可以看出两种薄膜的电阻随温度上升单调上升。在室温和高温处，纳米金刚石薄膜的电阻比微米金刚石薄膜的电阻分别低 10^7 和 10^5 左右。从图 5-19(b)，可以看出两种薄膜的损耗相差很多，常规金刚石薄膜为 0.014~0.049，纳米金刚石薄膜为 0.056~0.174，两者相差 3~4 倍。而两种薄膜的介电常数比较接近，纳米金刚石薄膜为 7.5~10，常规金刚石薄膜为 6.9~10。

纳米金刚石薄膜的电学性能结合其优良的力学性能、化学稳定性等其他优点，使其可作为场发射阴极材料和电化学电极材料。

5.3.2.1 场发射应用

场致电子发射是由于外加强电场使固体表面势垒的高度降低、宽度变窄，电子通过隧道效应穿透表面势垒进入真空的电子发射形式。具有发射电流密度高，能量分散小，不需要加热和发射时间没有迟滞等优点。场发射电流和电压之间的关系符合式(5-2)：

$$J = A(\beta E)^2 \exp[-B\varphi^{3/2}(\beta E)] \tag{5-2}$$

式中，J 是电流密度(A/m^2)；$A = 1.4\times10^2$；$B = 6.8\times10^9$；E 是电场强度($V/\mu m$)；β 是场增强因子；φ 是表面功函数(eV)。

1979 年 Himpsel 等发现金刚石具有负电子亲和势，这意味着电子极容易从导带发射到真空。同时金刚石材料本身具有化学惰性、导热率高、机械硬度高和热稳定性好等优点，这些都是场发射阴极所要求的性质。由于场发射器件尤其是场发射显示器具有巨大的应用潜力，金刚石及其相关材料一直是近年来真空微电子领域研究的热点之一。

尽管金刚石薄膜表面有低的电子亲和势，但由于金刚石薄膜的电阻率很高，电子在材料内部的传输比较难，因此导带中没有足够的电子补充，难于获得稳定连续的发射电流。这就使得金刚石材料的场致发射性能受到很大限制。

金刚石薄膜中含有大量的纳米金刚石晶粒，从而导致了纳米尺度的量子效应，增强了电子隧穿概率,增强了场发射;另外,纳米金刚石薄膜由于其晶界较多,且存在大量的缺陷,为电子提供了导电通道,使其具备与常规掺杂后的金刚石薄膜相似的半导体特性,从而比多晶金刚石薄膜更具有好的发射性能。图 5-20(a)、(b)是采用 CVD 方法制备的纳米多晶和微米多晶金刚石薄膜的形貌,其相应的场发射性能如图 5-20(c)中曲线 1 和曲线 2 所示,可以看出在同样的电场下,纳米多晶金刚石薄膜的场发射电流明显大于微米多晶金刚石薄膜的场发射电流。另外,纳米金刚石薄膜也可以沉积成阵列形式,或者将纳米金刚石薄膜沉积在硅阵列上,如图 5-21 所示。尖端结构可以提高场增强因子,更有利于发射,开启电场可低于 1 V/μm。

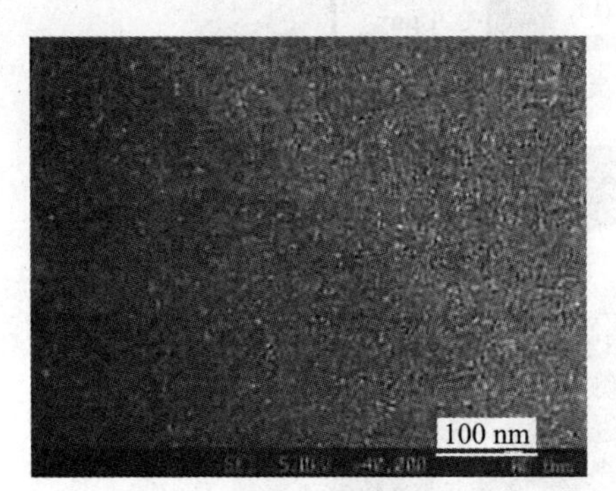

(a)纳米金刚石薄膜

(b)微米金刚石薄膜

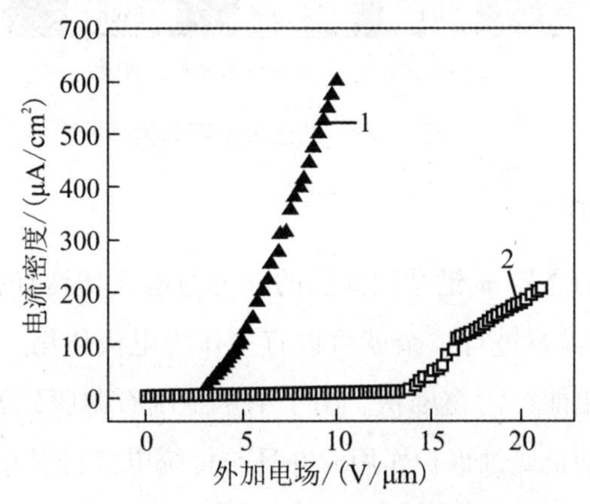

1—纳米金刚石薄膜；2—微米金刚石薄膜。
(c)金刚石薄膜的场发射电流-电压特性

图 5-20　纳米和微米金刚石薄膜的形貌和场发射特性

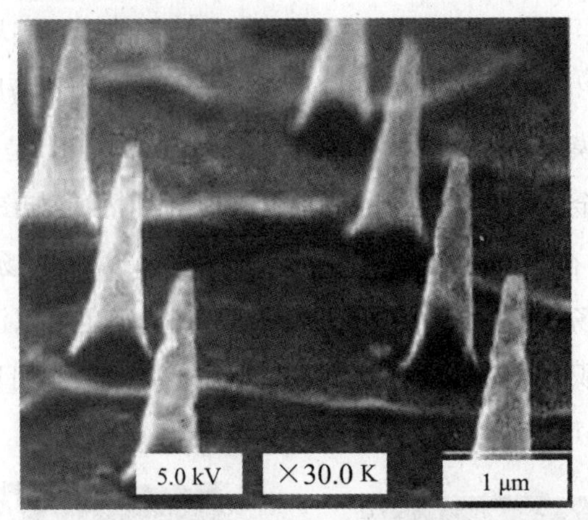

(a)直接沉积的纳米金刚石薄膜

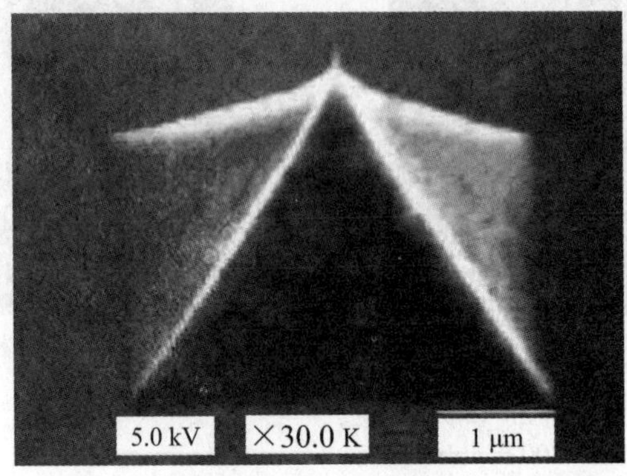

(b)沉积在硅尖上的纳米金刚石薄膜

图 5-21　纳米金刚石阵列

5.3.2.2　电化学应用

纳米金刚石薄膜的晶界 π 键结构提供的导电通道使其具有和微米金刚石薄膜硼掺杂后相似的导电性,不需要进行掺杂就可以直接作为电极使用。同时由于表面光滑,比微米金刚石薄膜电极更能抗污物堆积。由于纳米金刚石薄膜致密、均匀,对下面的电极基体材料能起到更好的抗腐蚀保护作用。并且与传统电极材料相比,纳米金刚石薄膜具有以下优点:①在水溶液和非水溶液中有极宽的电化学窗口。金刚石薄膜电极的电化学窗口为3~4 V,而相同条件下玻碳电极的化学窗口为2.13 V。通常,有机物的氧化电位范围为1.15~2.10 V,因此,大数有机污染物能直接在金刚石薄膜电极上得到氧化分解,金刚石薄膜电极具有处理有机物范围宽广的电化学特性。②高的化学和电化学稳定性,没有有机物和生物化合物的吸附。③接近零的背景电流和在生物制剂的检测中具有很高的灵敏度和良好的稳定性。以上优点使其作为电极材料于污水处理、电化学合成有机物和生物传感器。例如,S Basu 等在 W 尖上利用微波 CVD 沉积了硼掺杂的纳米金刚石薄膜,并以此作为电极,研究其电化学特性。纳米金刚石微尖电极的形貌及微观结构如图 5-22 所示,微尖半径为 20 μm,金刚石薄膜厚 15 μm,由 50~200 nm 的晶粒组成。图 5-23 是纳米金刚石微尖在0.1 mol/L KCl溶液中的循环伏安曲线扫描速度为 10 mV/s。从图 5-23 中可以看到,金刚石薄膜电极的电化学窗口约为 30 V。图 5-24 是纳米金刚石薄膜电极与 W 电极在 0.5 mol/L KCl 溶液中加入5 mol/L $Fe(CN)_6^{4-}$ 的循环伏安曲线。

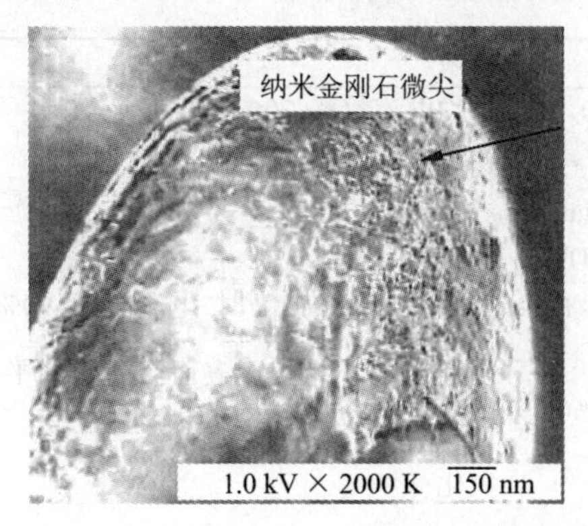

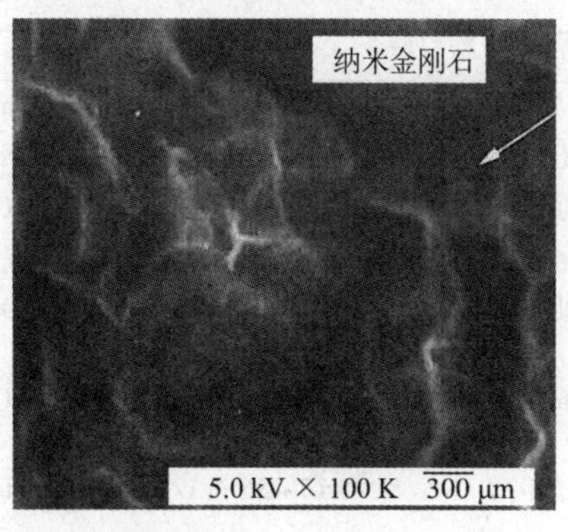

图 5-22　纳米金刚石微尖形貌及微观机构

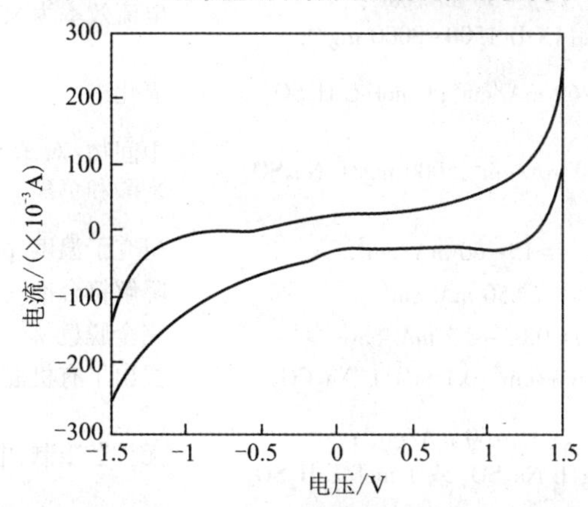

图 5-23　纳米金刚石微尖在 0.1 mol/L KC1 溶液中的循环伏安曲线(扫描速度为 10 mV/s)

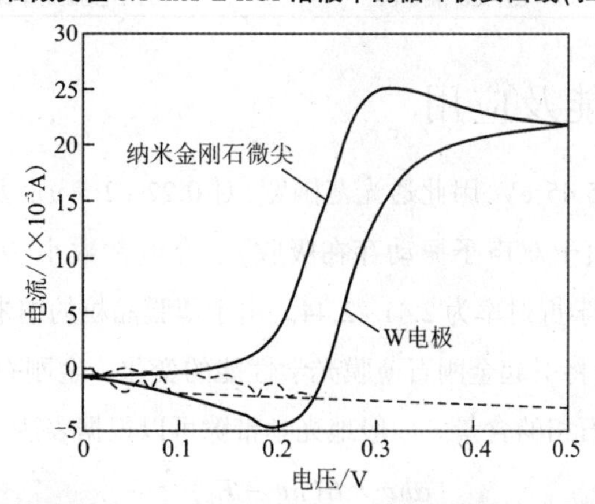

图 5.24　纳米金刚石薄膜电极与 W 电极在 0.5 mol/L KC1 溶液中加入 $Fe(CN)_6^{4-}$ 的循环伏安曲线

可以看到,金刚石薄膜电极在约 0.3 V 处有一个明显的氧化峰,表明 $Fe(CN)_6^{4-}$ 在该电位被氧化,而 W 电极则没有出现氧化峰。由此可见,纳米金刚石薄膜电极与 W 电极相比具有更高的灵敏度。M. Panizza 综述了金刚石薄膜电极的电化学应用,在金刚石薄膜电极上有机化合物氧化分解实验及结果的典型例子如表 5-4 所示。

表 5.4 在金刚石薄膜电极上典型有机化合物氧化分解

污染物	实验条件	结果
羧酸	i=30 mA/cm²;T=30 ℃;1 mol/L H_2SO_4	平均电流效率:70%~90%
聚-酰胺	i=1~30 mA/cm²;1 mol/L $HClO_4$	初始电流效率:100%
除草剂	i=30~150 mA/cm²;初始 TOC 100 mg/dm³	氧化
二氢甲基苯	i=36 mA/cm²;1 mol/L KCN+1 mol/L KOH	95%CN^+去除
工业污染水	i=30~50 mA/cm²;初始 COD=2500 mg/L	当 COD>500 mg/L 时,电流效率>90%
表面活性剂	i=4~20 mA/cm²;初始 TOC=15 mg/L	阴离子和阳离子型表面活性剂的平均电流效率分别为 6%和 12%
苯甲酸	i=7~36 mA/cm²;0.5 mol/L $HClO_4$	氧化
工业废水	i=7~36 mA/cm²; 初始 COD 1500~8000 mg/L	电流效率为 85%~100%
萘酚	i=15~60 mA/cm²;1 mol/L H_2SO_4	氧化
硝基酚	i=30~60 mA/cm²;5000 mg/L Na_2SO_4	中间物:对苯二酚,酚类,氮基苯酚,马来酸和草酸
聚氢化苯	i=15~60 mA/cm²	研究了温度、pH 值和载体的影响
三嗪	i=50 mA/cm²	降解符合准一级动力学
苋莱红染料	i=0.05~0.2 mA/cm²	完全脱色
酚类混合物	i=30 mA/cm²;0.1 mol/L Na_2CO_3	提出了有机混合物的降解模型
酚和氯酚	i=15~60 mA/cm²; 5000 mg/L Na_2SO_4 或 1 mol/L H_2SO_4	无扩散限制,电流效率为 100%
洗车废水	i=15~60 mA/cm²	初始电流效率约为 40%

5.3.3 光学性能及应用

金刚石禁带宽达 5.45 eV,因此透光范围宽,对 0.22~2.5 μm 及 6 μm 以上光辐射透明(在 4~6 μm 附近由于双声子振动存在吸收)。介电常数小,因而光学折射率小,在 0.656~0.486 μm 的光学折射率为 2.41~2.44。由于薄膜晶粒的纳米尺寸以及晶界密度和非金刚石成分的增加,将引起金刚石薄膜光学性能的变化。金刚石薄膜的光学带隙取决于金刚石相和非金刚石相的含量。一般地光学带隙可以根据表达式(5-3)进行估算:

$$\alpha h\nu = B(h\nu - E_g)^m \tag{5-3}$$

式中,B 是比例因数;m 是表征薄膜光跃迁的参数,对于间接跃迁 m=2,直接跃迁 m=

1/2。对于多晶金刚石薄膜,特别是纳米金刚石薄膜是由金刚石相(sp^3)和非金刚石相(sp^2)混合组成,因此薄膜的光跃迁参数很难确定。以 $h\nu$ 为横坐标,将 $m=2$ 和 $m=1/2$ 分别代入式(5-3)作图(图 5-25)。估算得到的光学带隙(E_g)分别为 1.8 eV($m=2$)和 4.3 eV($m=1/2$)。采用 $m=1/2$ 参数估算得到的光学能隙更接近于天然金刚石的禁带宽度(5.54 eV)。表明纳米金刚石薄膜中可能主要是直接跃迁机制。由于纳米金刚石薄膜中含有一定量的 sp^2 相,使得其光学能隙小于天然金刚石。

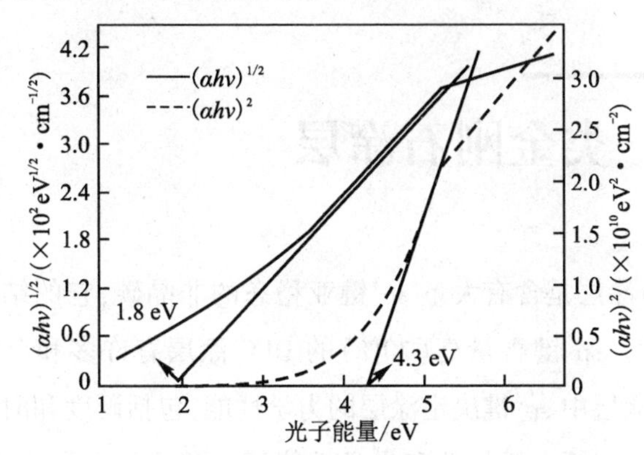

图 5-25 不同跃进机制下金刚石薄膜的光学能隙和吸收系统

纳米金刚石薄膜优异的光学性能,结合其优异的力学性能、导热性能及光滑的表面特性,使其可用于多种光学元件的保护涂层或替代材料。

硅是非常优良的长波红外用窗口材料,常用作光学系统的滤光片、红外窗口和衬底材料,但是它非常容易受激光破坏。尽管如锗、ZnS、Ge、MoF_2和光学玻璃等,也非常容易受到风、沙、雨、腐蚀气体等环境因素的损伤。用金刚石薄膜作为以上材料的保护膜,可以显著提高其使用寿命,除此之外,金刚石对于硅、锗来说是增透膜材料,因此可以有效地减小硅、锗在 8~14 μm 波长内的反射,这对于实际的窗口应用来说非常有利。在作为保护膜时,由于膜厚一般都很小,因此表面粗糙度是影响基体光学性能的决定性因素。微米金刚石薄膜由于表面很粗糙,会引起光的严重散射损失,使光学元件的光透性能下降。而纳米金刚石薄膜则是最佳选择。需要指出的是,只有在含 H 气氛中制备的纳米金刚石薄膜才具有良好的光透性,而在 $Ar-C_{60}$及 $Ar-CH_4$气氛中制备的纳米金刚石薄膜的光透性较差,不能作为光学保护膜使用。

除了作为光学元件的保护涂层,CVD 金刚石自支撑膜由于高透光性、优异的力学性能、极佳的导热性能和在微波波段极低的介电损耗等,成为高功率 CO_2 激先窗口和高功率微波管的窗口材料的最佳选择。

6 类金刚石涂层

类金刚石(DLC)涂层是含有大量 sp^3 键亚稳态的非晶碳,它的结构中 sp^2 和 sp^3 键比例在很大范围内变化。sp^3 键含量高(70%)的 DLC 涂层有许多和金刚石涂层相似的性能。一般地说,沉积涂层中 sp^3 键决定涂层的力学性能,包括硬度和耐磨性等;而 sp^2 键则控制涂层的物理性能,包括电学性能和光学性能等。更可贵的是,沉积层中 sp^2 键和 sp^3 键的比率可以通过调整工艺进行控制。DLC 涂层的制备工艺简单、沉积温度低、沉积面积大、涂层面平整光滑,工艺比较成熟,因而已经在许多领域中得到应用。

6.1 类金刚石涂层的相结构

类金刚石涂层不是由某个单质组成,而是一种含有 sp^3 键和 sp^2 键、几乎不含 sp^1 键的非晶碳涂层,在结构上属于长程无序而短程有序的结构。根据类金刚石涂层的制备方法和使用的碳原子的来源不同,所生成的碳涂层中碳原子的键合方式(C—C 或 C—H)以及它们的 sp^3 键和 sp^2 键的含量比例不同。类金刚石涂层分类:非晶碳(a-C)涂层,含有 sp^3 键和 sp^2 键;含氢的非晶碳(a-C:H) 涂层,除了含 sp^3 键和 sp^2 键外,还含有一定数量的氢;四面体非晶碳(ta-C)涂层,含有大于 80% 的 sp^3 键碳原子,也称非晶金刚石涂层。sp^3、sp^2 和 H 成分组成的三元相图如图 6-1 所示。

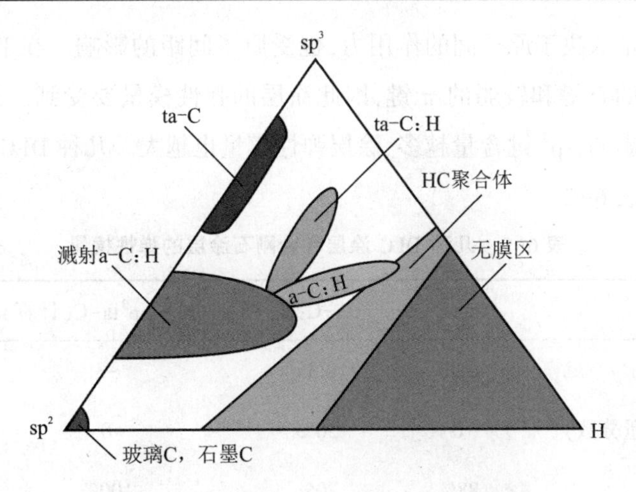

图 6-1 sp^3、sp^2和 H 成分组成的三元相图

6.2 DLC 膜的性能与表征

由于四面体非晶碳(ta-C)涂层具有仅次于金刚石涂层的硬度,因而可以作为优秀的耐磨防护涂层;和 CVD 金刚石涂层相比,DLC 是非晶态,没有晶界,这意味着涂层相当光滑致密,没有晶界缺陷,可以作为很好的耐蚀涂层;DLC 涂层可以在室温沉积,这对于温度敏感的衬底材料很有意义,然而 DLC 涂层的内应力大,与衬底结合强度低,涂层不能沉积太厚,特别是在铁基材料和硬质合金材料上。目前,正在逐渐解决克服这些问题。

6.2.1 DLC 膜的力学性能

制备工艺对沉积的类金刚石涂层的力学性能影响很大,不同沉积方法制备 DLC 涂层的力学性能指标见表 6-1。

表 6-1 不同沉积方法制备 DLC 涂层的力学性能指标

材料	沉积技术	密度/(g/cm^3)	sp^3 占比	硬度/GPa	弹性模量/GPa	对金属的摩擦系数
金刚石	自然	3.52	100%	100	1050	0.02~0.10
a-C	溅射	1.9~2.4	25%	11~24	140	0.20~1.20
a-C:H:M	反应溅射	1.9~2.4	—	10~20	100~200	0.02~0.47
a-C:H	射频等离子体	1.57~1.70	16%~40%	145	0.06~0.19	—
a-C,a-C:H	离子束	1.8~3.5	—	32~75	145	0.04~0.14
a-C	真空	2.8~3.0	85%~95%	40~80	500	0.04~0.14
a-C	PLD	2.4	70%~95%	30~60	200~500	0.03~0.15
纳米金刚石	PLD	2.9~3.5	75%	80~100	300~400	—

材料弹性模量取决于原子间的作用力,也受原子间距的影响。在 DLC 涂层中,原子间作用力有极强的 σ 键和较弱的 π 键,因此涂层的弹性模量要受到涂层中 sp^3 键和 sp^2 键的含量比例的影响,sp^3 键含量越多,涂层弹性模量也越大。几种 DLC 涂层和金刚石涂层的弹性模量见表 6-2。

表 6-2 几种 DLC 涂层和金刚石涂层的弹性模量

材料	ta-C	ta-C:H	100% sp^3ta-C(计算)	金刚石
密度/(g/cm^3)	3.26	2.35	—	3.515
H 含量(物质的量分数)	0	30%	0	—
sp^3 占比	88%	70%	100%	100%
弹性模量/GPa	757	300	822.9	1144.6
剪切模量/GPa	337	115	366	534.6
体模量/GPa	334	248	365	444.8
泊松比	0.12	0.3	0.124	0.07

由表 6-2 可见,88%sp^3键含量的 ta-C 涂层的弹性模量为 757 GPa,小于金刚石涂层的弹性模量1144.6 GPa;70%sp^3 键含量的 ta-C:H 涂层的弹性模量为 300 GPa,远远小于 88%sp^3 键含量的 ta-C 涂层和金刚石涂层,这表明氢严重降低了涂层中原子排列的网格配位,造成涂层的弹性模量急剧下降。

离子束及溅射沉积的 a-C:H 硬膜的性能见表 6-3,含氢非晶碳膜的性能见表 6-4。

表 6-3 离子束及溅射沉积的 a-C:H 硬膜的性能

沉积条件		a-C:H 硬膜的性能					
沉积方法	碳源	离子能量/eV	密度/(g/cm^3)	电阻率/($\Omega \cdot cm$)	光学性能	硬度/(kg/mm^2)	化学稳定性
碳离子的凝聚(离子束沉积)	射频等离子体中的碳	40~100	—	$\leqslant 10^{10}$	折射率 $n=2.0$	>玻璃	耐 HF 腐蚀(40 h)
	电弧中的碳	50~100	—	$>10^{12}$	$n=2$	—	—
	直流等离子体中的碳	50~100	—	介电常数约为 6(金刚石为 5.7)	$\lambda=5\ \mu m$ 时,$n=2.3$	1850 HK(金刚石为 7000)	—
	射频等离子体中的碳	射频功率 2.25 W,75 W	—	$10^{-2}\sim 10^{-3}$	光学能隙≤0.8 eV,透过率=0.1	—	—

续表 6.3

沉积条件		a-C:H 硬膜的性能					
沉积方法	碳源	离子能量/eV	密度/(g/cm^3)	电阻率/($\Omega \cdot cm$)	光学性能	硬度/(kg/mm^2)	化学稳定性
溅射沉积	氩离子束溅射碳靶	1~20	2.1~2.2	$>10^{11}$	反射率=0.2 吸收率=0.7 吸收系数 $\alpha=6.7\times10^4\ cm^{-1}$	2400(HV) 2405(HV) 740(HV)	—
	直流磁控溅射碳靶	溅射功率密度/(W/cm^2)		300 K 时($\times10^3$)	$n(\lambda=1\ \mu m)$ E_0/eV		
		0.25	2.1~2.2	2.5	2.4 0.74	—	—
		2.5	1.9	1.0	2.73 0.50		
		25	1.6	0.2	2.95 0.40		

表 6-4 含氢非晶碳膜的性能

沉积系统	密度/(g/cm^3)	光学性能	电阻率/($\Omega \cdot cm$)	氢含量	硬度/(kg/mm^2)
C_2H_2 的直流辉光放电	1.35	$E_0=1.2$ eV	$>10^8$	—	—
CH_4-Ar 离子束(摩尔比=0.28)	1.8	$E_0=0.34$ (双离子束 0.34)	8.7×10^6 (3.3×10^5)	H/C=1.0	—
CH_4,C_2H_2,C_3H_8,丙烯的射频辉光放电	—	$E_0=2.7$	$>10^{13}$	—	5~6(莫氏硬度)
C_2H_2 的直流辉光放电	1.2~1.3	$E_0=1.8$	$>10^8$	—	—
CH_4 的射频放电(50~500 W)	—	$E_0=2.7$	$<10^{13}$	—	—
C_2H_2-Ar[4%~30%(体积分数)]的辉光放电(1.33~13.3 Pa)	—	$E_0=0.75$	$10^2\sim10^5$	很低	2400~2800(HV)
CH_4 或 C_4H_{10}的射频辉光放电	2.0 ~2.67	—	10^{12}	H/C=0.29~0.42	—
$Ar-C_2H_2$ 等离子体中的直流磁控溅射	1.12~1.27	1.15~2.0	$>10^7$	H/C=0.25~0.84	—
C_6H_6 的射频辉光放电	1.5~1.8	$E_0=0.8\sim1.8$	10^{12}	H/C=0.5	1250~1650(HK)

续表 6.4

沉积系统	密度/(g/cm^3)	光学性能	电阻率/($\Omega \cdot cm$)	氢含量	硬度/(kg/mm^2)
C_6H_6 的射频辉光放电	1.55~1.8	$E_0=1.2$	$>10^{12}$	H/C=0.65	1250~1650(HK)
C_2H_2 的直流辉光放电	—	—	$>2\times10^5$	—	2800(HV)
C_2H_2 的射频辉光放电	1.7	$E_0=1.5\sim2.6$	10^{12}	—	—
碳氢化合物的射频辉光放电	1.9~2.0	—	10^9	—	3400(HV)
苯,四氢化苯直流离子分解离子能量 (A)250 eV (B)800 eV	>2.0(离子能量为 100~250 eV)	λ 为 546.1 nm 的折射率 (A)$n_\lambda=2.8$ (B)$n_\lambda=2.3$	$>10^{10}$	—	(A)5000(HV) (B)3000(HV)
C_2H_2 的直流辉光放电	—	$E_0=0.9\sim2.1$	$10^6\sim10^{16}$	—	1850(HK)
CH_4 的直流辉光放电	—	—	$10^9\sim10^{14}$	—	1700~2700(HV)
CH_4 带自偏压的射频放电 (A)<100 V (B)100~800 V	—	介电常数 ε (A)2~4 (B)6~10	(A)$10^9\sim10^{13}$	—	—
CH_4 - Ar(比例为 0.25)的单离子束或双离子束		$E_0=0.9\sim1.1$ $\varepsilon=3.0$	8.1×10^6	7%H(原子分数)	—
CH_4-H_2[2%CH_4(体积分数),823 K]的电子增强化学气相沉积	2.8	热导率≈1100 W/(m·K)	10^{13}	在 IR 谱的伸缩振动模式中含有小的 C—H 峰	10000(HV)

6.2.2 DLC 膜的摩擦学性能

DLC 膜的摩擦学性能卓越,销盘试验时几种材料的 DLC 膜的摩擦系数、盘的磨损深度和销的磨损深度,如图 6-2 至图 6-4 所示。

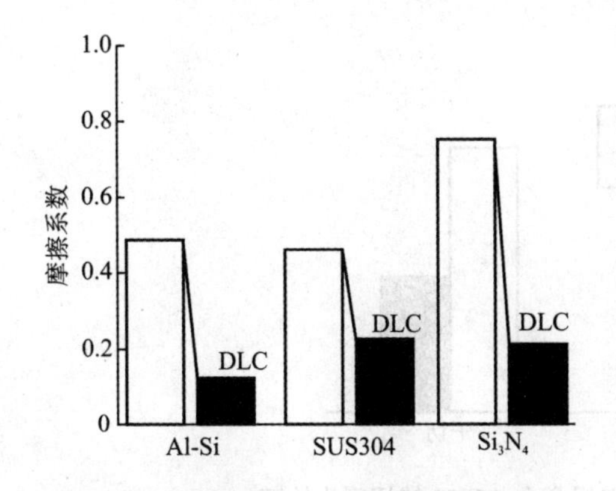

图 6-2 销盘试验时的 DLC 膜的摩擦系数

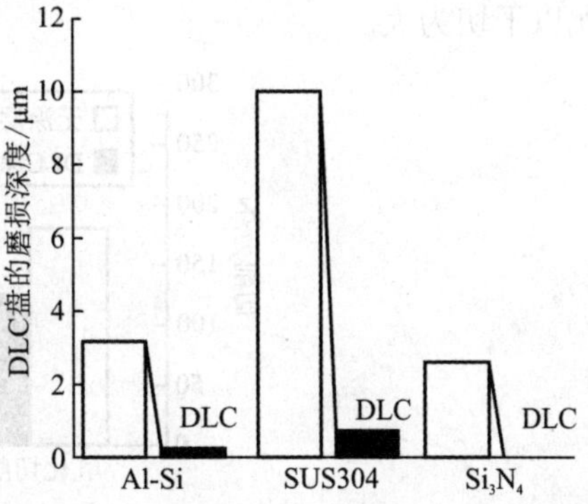

图 6-3 销盘试验时的 DLC 盘的磨损深度

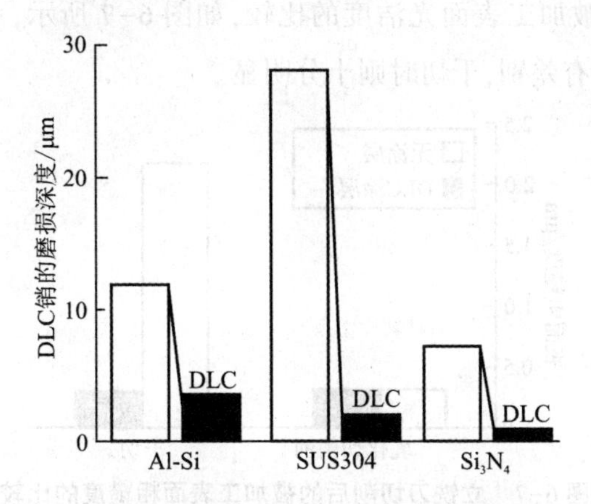

图 6-4 销盘试验时的 DLC 销的磨损深度

几种材料与铝合金的摩擦系数和粘咬量，如图 6-5 所示。金属、陶瓷材料在大气中的摩擦系数一般为 0.4~0.8，它们经过镀覆 DLC 以后，摩擦系数可以降低到 0.1~0.2。另外，镀覆 DLC 后，在被镀覆材料本身的磨损量大幅度减少的同时，滑动副的磨损量也会大幅度降低。还有，在与一般容易发生粘咬的铝合金等软质金属的摩擦中也几乎不发生粘咬。

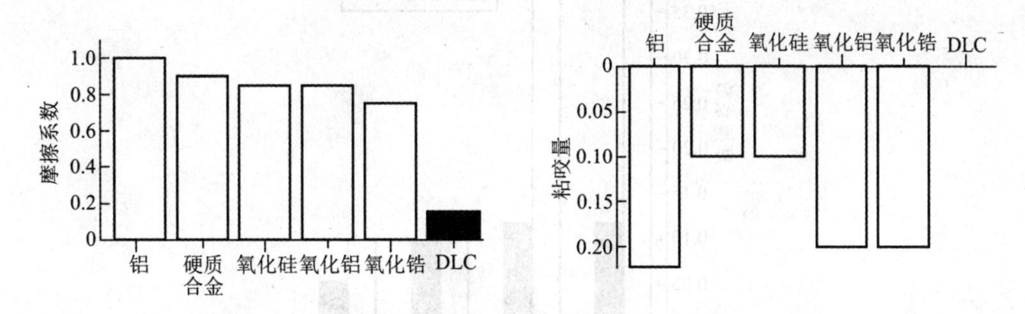

图 6-5 销盘试验时几种材料与铝合金的摩擦系数和粘咬量

硬质合金立铣刀加工铝合金 A5052 的切削力比较，如图 6-6 所示。可以看出，在使用乳化切削油和不用切削油的情况下，切削力均以 DLC 涂层立铣刀为小，且切削力的差异尤以干切为大。

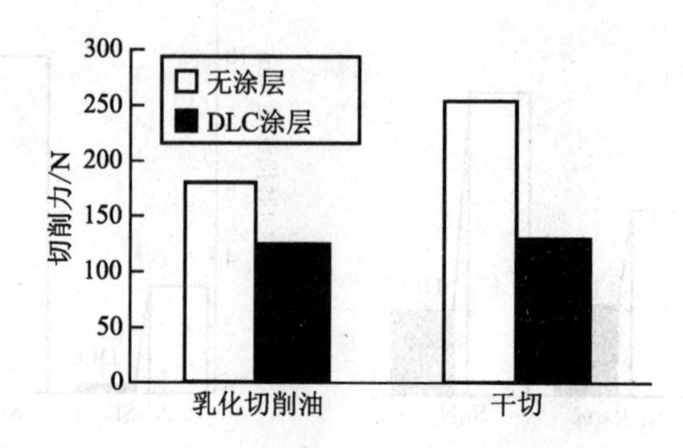

图 6-6　硬质合金立铣刀加工铝合金 A5052 的切削力比较

立铣刀切削后的被加工表面光洁度的比较,如图 6-7 所示,可以看出,使用切削油时,表面光洁度几乎没有差别,干切时则十分明显。

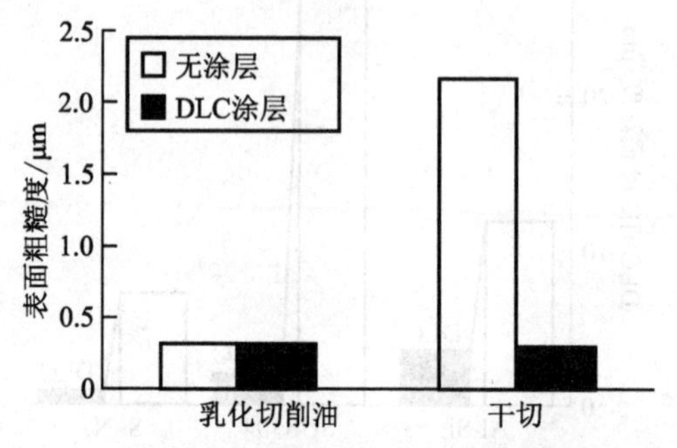

图 6-7　立铣刀切削后的被加工表面粗糙度的比较

Ti 弥散 DLC 在空气和发动机油条件下的摩擦系数如图 6-8 所示。Ti 弥散 DLC 在发动机油中的摩擦阻力使其摩擦系数约为钢铁材料的 50%。看来,DLC 除了其本身所具有的低摩擦系数外,还有发动机油的摩擦系数降低的效果,已经能够实现前所未有的低摩擦了。

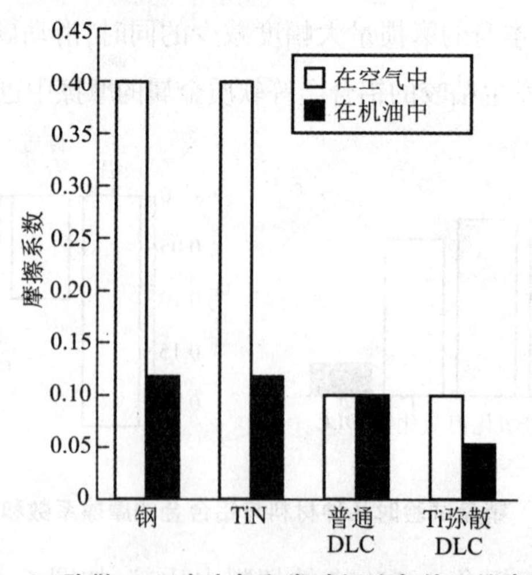

图 6-8　Ti 弥散 DLC 在空气和发动机油条件下的摩擦系数

经证实，金属添加 DLC 和发动机油中添加剂的亲和性有所改善，因此对滑动面进行了解析。解析结果如图 6-9 和图 6-10 所示。普通 DLC 和 Ti 弥散 DLC 的滑动面相比，Ti 弥散 DLC 的表面证实有 Zn-DTP 和发动机油中的有机添加成分，且发现其量有随 Ti 添加量的增加而增加的趋势。

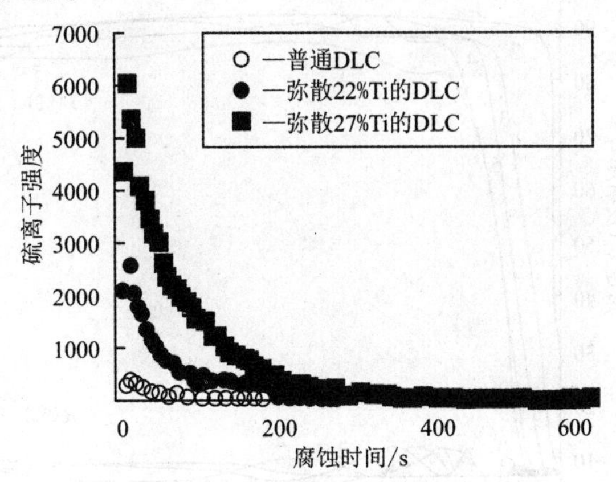

图 6-9　滑动面上检测出的硫离子强度

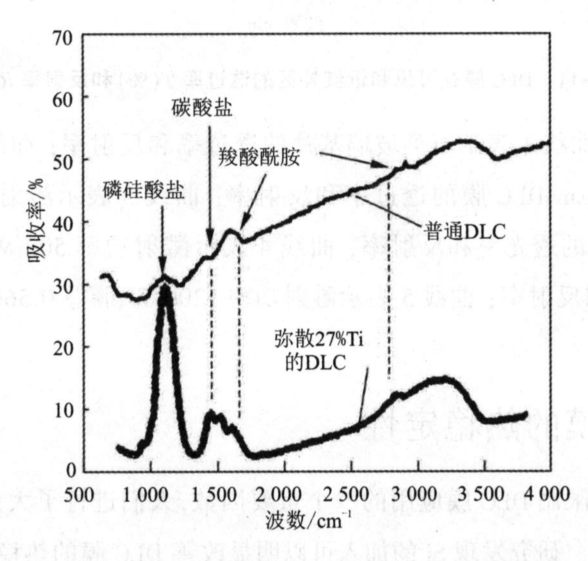

图 6.10　滑动面上吸收有机分子的红外光谱分析结果

6.2.3　DLC 膜的光学性能

DLC 膜在可见及近红外区具有很高的透过率，如图 6-11 所示。DLC 膜的光隙带宽度 E_0一般在 2.7 eV 以下。Si 的掺入对 E_0有很大影响，当 Si 物质的量分数低于 5%时，Si 物质的量分数的增大使 E_0降低；当 Si 物质的量分数超过 5%时，随着 Si 继续增大，E_0也开始增大。

DLC 膜的折射率一般在 1.5~2.3，磁控溅射制备 DLC 膜时，折射率随溅射功率的增加而缓慢增加，随溅射氩气压力升高而降低，随靶/基距的增加而降低；在 500 ℃以下退火时，折射率基本保持不变，在 500 ℃以上退火时，折射率随退火温度升高而上升。

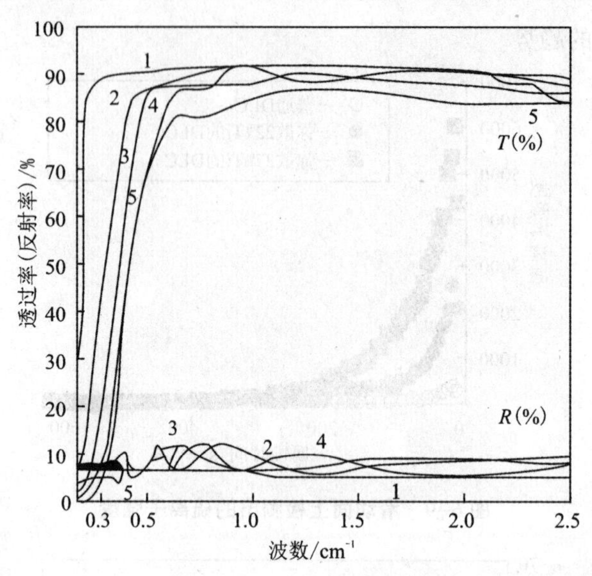

图 6-11 DLC 膜在可见和近红外区的透过率 *T*(%)和反射率 *R*(%)

图 6-11 中的曲线 1 表示石英玻璃基片的透过率和反射率；曲线 2 表示溅射功率 80 W、膜厚 0.927 μm DLC 膜的透过率和反射率；曲线 3 表示溅射功率 200 W、膜厚 0.3073 μm DLC 膜的透光率和反射率；曲线 4 表示溅射功率 500 W、膜厚 0.5632 μm DLC 膜的透过率和反射率；曲线 5 表示溅射功率 1200 W、膜厚 0.5600 μm DLC 膜的透过率和反射率。

6.2.4 DLC 膜的热稳定性

热稳定性差是限制 DLC 膜应用的一个重要因数，人们进行了大量的工作试图提高 DLC 膜的热稳定性。研究发现 Si 的加入可以明显改善 DLC 膜的热稳定性，纯 DLC 膜在 300 ℃以上退火时出现了 sp^3 键向 sp^2 键转变。含 Si 12.8%（摩尔分数）的 DLC 膜在 400 ℃退火时未发现 sp^3 键向 sp^2 键的转变，含 Si 20%（摩尔分数）的 DLC 膜在 740 ℃退火时才出现 sp^3 键向 sp^2 键的转变。

几种不同样品的 Raman 光谱，如图 6-12 所示。可见，类金刚石(1 线，2 线）具有下移的 G 峰是一展宽的“馒头”峰，而 1 峰不明显或只呈现一个微弱的肩峰，就是退火后的类金刚石(3 线）峰位于炭黑(4 线）的峰位，还是有着清晰可辨的区别。类金刚石应是一种包含 sp^2 和 sp^3 构型的结构。

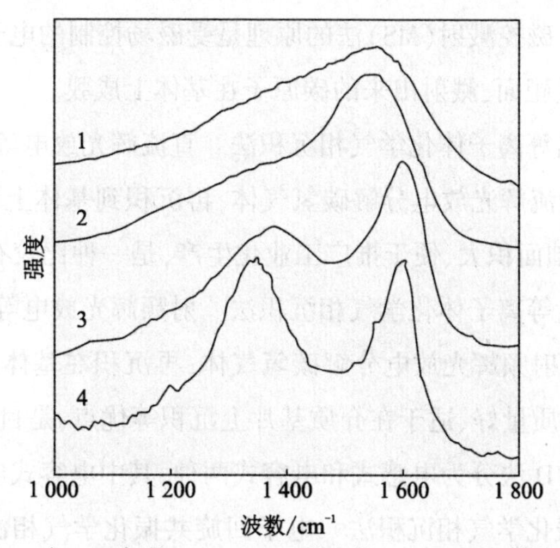

1—不含氢的非晶碳;2—含 40%氢的 a-C:H;3—退火的 a-C:H;4—粉状炭黑平均粒度 20 nm。

图 6-12　几种不同样品的 Raman 光谱

6.3　DLC 膜的制造方法和相关工艺

(1)离子束沉积法　离子束沉积(IBD) 法是最早用来尝试制备 DLC 和 DF 的方法。

(2)离子束辅助沉积法　离子束辅助沉积(IBED)法是把蒸发或溅射镀膜与离子注入技术组合,兼有两者的优点。按照沉积物的来源,IBED 分为两类,一类是物料由热蒸发提供;另一类是由离子束溅射提供。对于 DLC 膜沉积,一般采用第二类,又称双离子束沉积(DIBD)。其原理如图 6-13 所示。

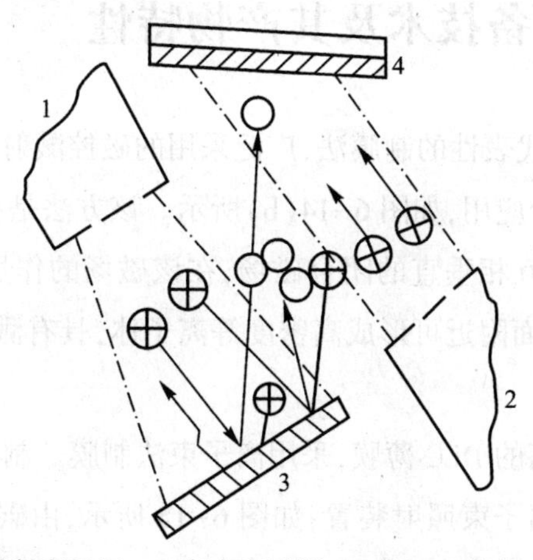

1—溅射离子源;2—轰击离子源;3—靶;4—基体。

图 6-13　IBED 原理

(3)射频溅射法　射频溅射法(RFS)的原理是射频振荡激发 Ar 离子轰击石墨靶面,溅射出的碳原子在基体上成膜。

(4)磁控溅射法　磁控溅射(MS)法的原理是受磁场控制的电子使 Ar 原子离化成 Ar 离子,Ar 离子轰击石墨靶面,溅射出来的碳原子在基体上成膜。

(5)直流辉光放电等离子体化学气相沉积法　直流辉光放电等离子体化学气相沉积(DC-PCVD)法是用直流辉光放电分解碳氢气体,再沉积到基体上形成 DLC 膜。此法设备简单、操作方便、基础面积大、便于推广工业化生产,是一种比较有前途的方法。

(6)射频辉光放电等离子体化学气相沉积法　射频辉光放电等离子体化学气相沉积(RF-PCVD)法是通过射频辉光放电分解碳氢气体,再沉积在基体上形成 DLC 膜。此法具有沉积温度低、膜层质量好、适于在介质基片上沉积等优点,是目前最常用的 DLC 膜沉积方法之一。RF-PCVD 法分为电感式和电容式两种,其中电容式应用较多。

(7)电子回旋共振化学气相沉积法　电子回旋共振化学气相沉积(ECR-CVD)法的原理是微波能量通过波导管导入沉积室内,磁场大小正好使电子圆周运动的频率与微波频率相同,引起电子回旋共振,此时反应气体的离化和分解效率均较高。

(8)激光等离子体沉积法　激光等离子体沉积(LPD)法是在高真空环境下,激光投射在旋转的石墨靶上形成激光等离子放电,产生的多电荷载能碳离子沉积到基体表面形成 DLC 膜。

(9)激光弧沉积法　激光弧沉积(LAD)法是利用激光在石墨靶上获得稳定的引燃弧条件,利用脉冲形成网络脉冲式供电产生脉冲电弧,脉冲电弧蒸发出的碳离子沉积在其基体表面形成 DLC 膜。

6.4　DLC 薄膜制备技术及其产物特性

作为 PVD 法中具有代表性的制膜法,广泛采用的磁控溅射法,如图 6-14(a)所示;非平衡磁控溅射法也有不少应用,如图 6-14(b)所示。该方法是在用作薄膜原料的靶材背面配置磁铁,形成与电场互相垂直的闭合磁场,在该磁场的作用下辉光放电产生的电子受到束缚。因此,靶材表面附近可形成高密度等离子体,具有溅射效率高,即成膜速度快的特点。

为了制备出硬度更高的 DLC 薄膜,采用离子束法制膜。制备不含氢,且 sp^3 键含量高的碳薄膜而试制的低能离子束照射装置,如图 6-15 所示,由碳离子发生源、特定能量碳离子选择质量分离磁铁、碳离子束整形四极电磁铁的离子输送管、只分离碳离子并改变其运动方向的偏转电磁铁、离子减速电极和附有试样交换室的成膜室组成。该装置的特点是可获得大离子电流,排气能力强,可排除含氢的所有气体。

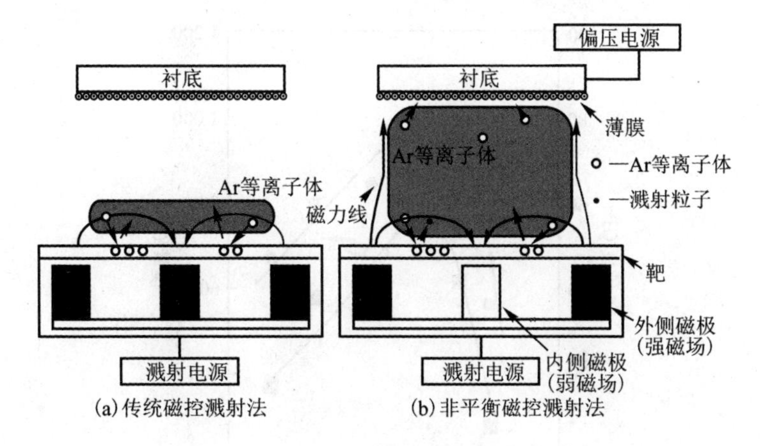

图 6-14 磁控溅射法

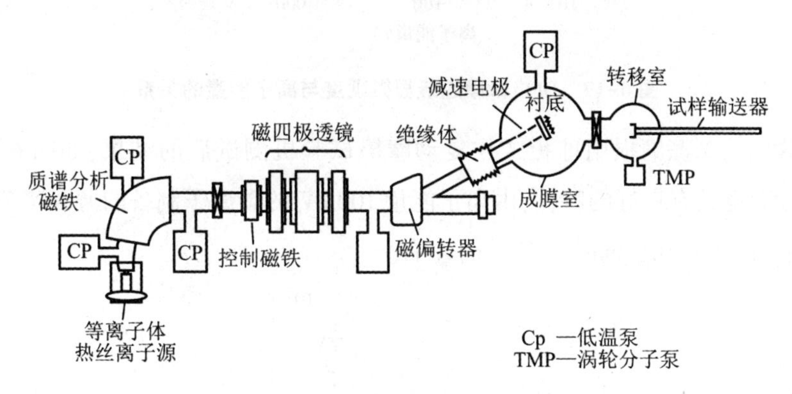

图 6-15 低能离子束照射装置

DLC 薄膜中 sp^3键含量的电子能量损失能谱法分析结果,如图 6-16 所示。DLC 薄膜硬度的超级显微载荷硬度计测定结果,如图 6-17 所示。可以看出,由离子能量为 100 eV 的碳离子制成的膜,其 sp^3键含量可达到 80%以上,硬度也非常大。

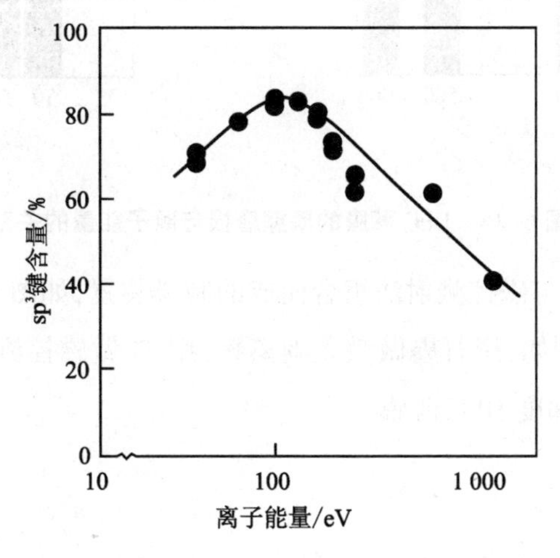

图 6-16 DLC 薄膜 sp^3键含量与离子能量的关系

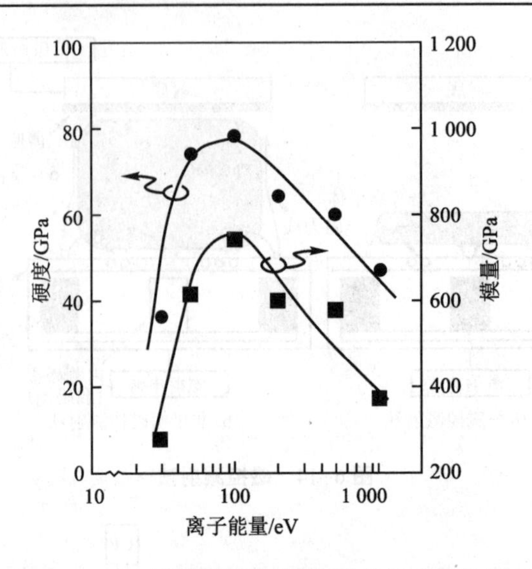

图 6-17　DLC 薄膜超级显微硬度与离子能量的关系

DLC 薄膜的摩擦磨损用球板式往复动摩擦试验机测试后的结果，如图 6-18 所示。摩擦磨损方面也具有良好的特性：由离子能量 100 eV 的碳离子制备的薄膜摩擦系数约为 0.08，比磨损量为 6×10^{-8} mm^3/（N · m）左右。

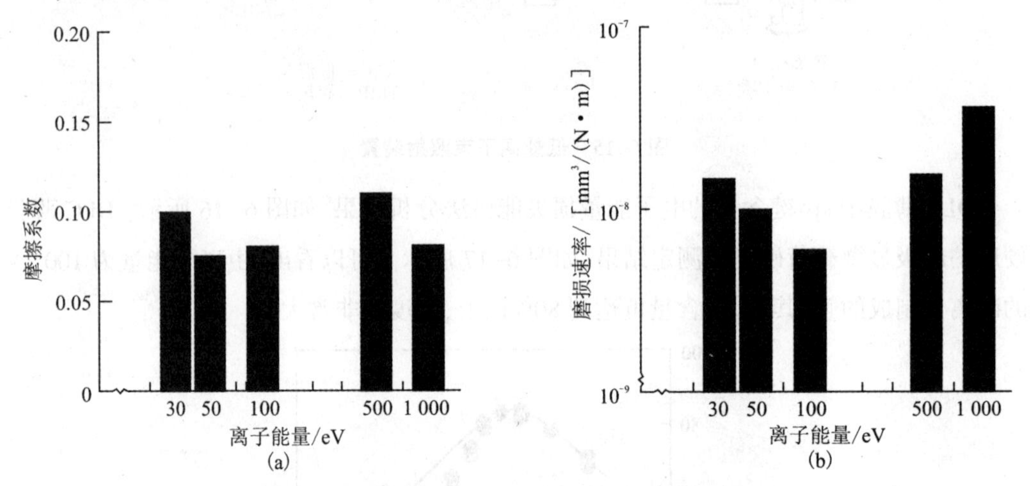

图 6-18　DLC 薄膜的摩擦磨损与离子能量的关系

由脉冲激光沉积法与磁控溅射法组合而成的制膜装置，如图 6-19 所示，借此试制过功能梯度 DLC 薄膜。例如，用石墨做激光剥离靶，用 Ti 做磁控溅射靶，制膜中控制两者的混合比，试制成功能梯度 DLC 薄膜。

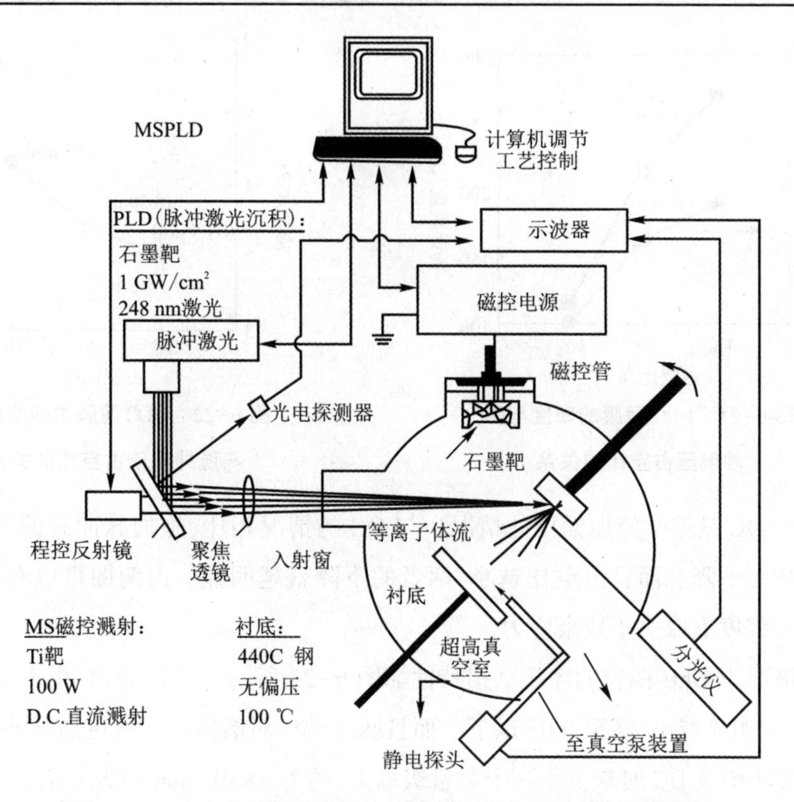

图 6-19　由脉冲激光沉积法和磁控溅射法组合而成的制膜装置

等离子体 CVD 是制备 DLC 薄膜最常用的方法。采用该方法的热电子激发型等离子体 CVD 法,通过在衬底上附加脉冲电压,可获得摩擦学特性优异的 DLC 薄膜。该方法的装置如图 6-20 所示。其工作原理是:利用高温热丝发射出来的热电子激发等离子体、生成气态烃等离子体用来制备 DLC 薄膜,而且在成膜过程中可在衬底上施加脉冲电压。

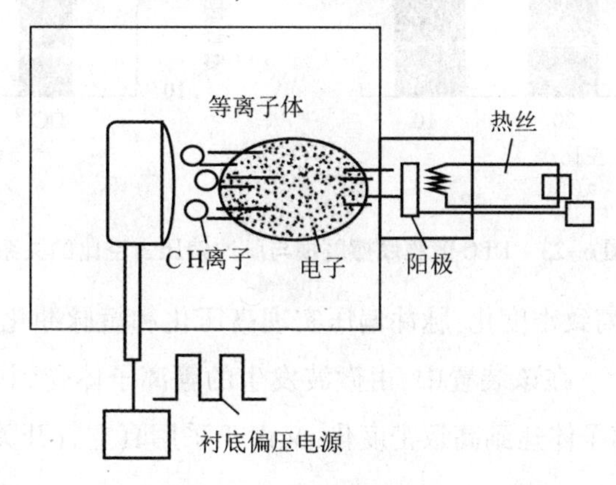

图 6-20　热电子激发型等离子体 CVD 装置

以苯为原料,改变脉冲偏压的占空比(电压施加时间/1 周期时间)在硅片衬底上制备的 DLC 薄膜硬度与残余应力如图 6-21 和图 6-22 所示。

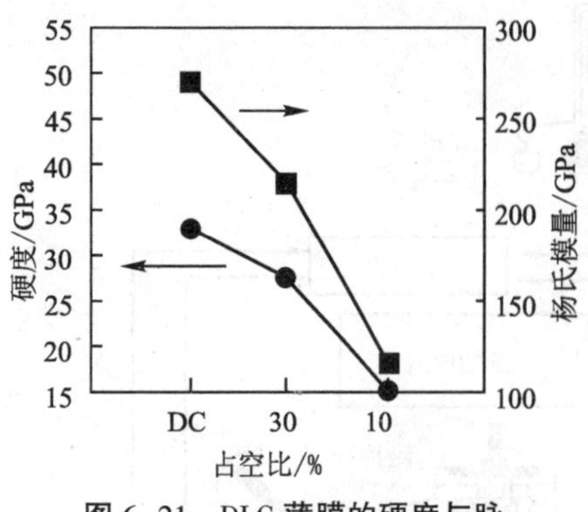

图 6-21　DLC 薄膜的硬度与脉冲偏压占空比的关系

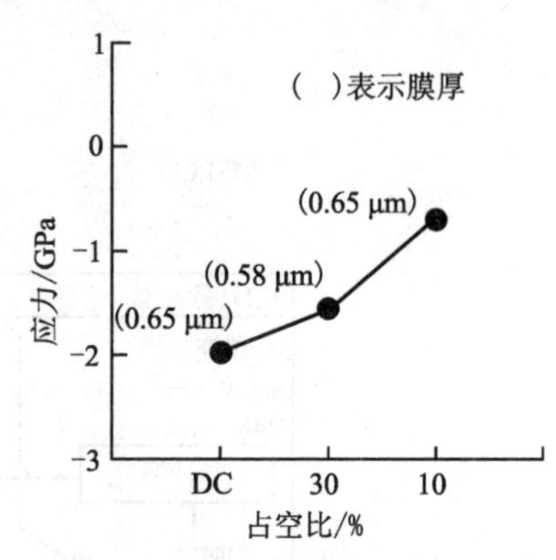

图 6-22　DLC 薄膜中残余应力与脉冲偏压占空比的关系

图中的 DC 是连续施加偏压的情况。与 DC 的情况相比,施加脉冲高偏压时硬度和残余应力均有下降。而且占空比越小,两者的下降就越明显。由两图可以看出,薄膜的硬度在很大程度上取决于残余应力。

不同情况下 DLC 薄膜的摩擦磨损特性如图 6-23 所示。可以看出,由于施加脉冲偏压,摩擦系数明显减小,降至 0.05 以下。而且脉冲偏压对磨损的影响更加显著,占空比为 10%时磨损速率较 DC 时减少了一个数量级以上,约为 $5\times10^{-9}mm^3/(N\cdot m)$。

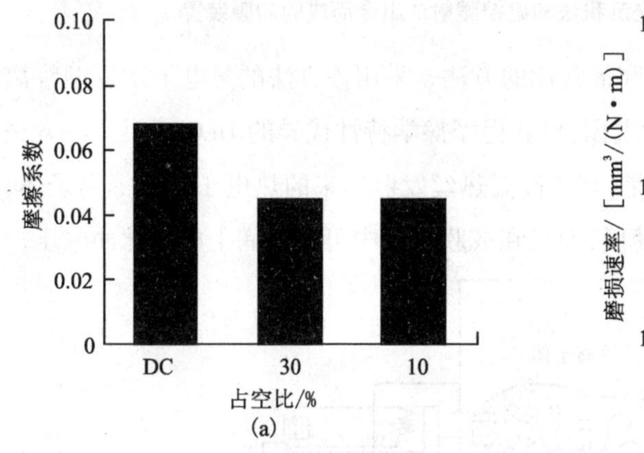

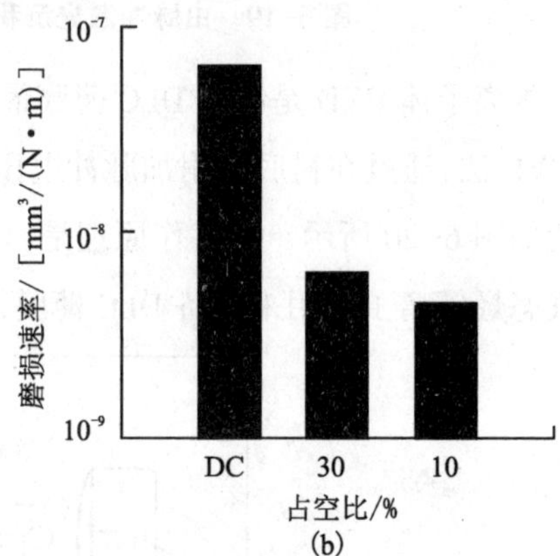

图 6-23　DLC 薄膜摩擦磨损与脉冲偏压占空比的关系

为满足等离子体高致密度化,脉冲偏压实现高压化和短脉冲化而开发的 PB Ⅱ装置的示意如图 6-24 所示。在该装置中,由微波发生的等离子体受到电磁线圈形成的反射镜磁场的束缚,使等离子体达到高致密度化,又由于采用真空管开关方式,脉冲偏压实现了高压化和短脉冲化。

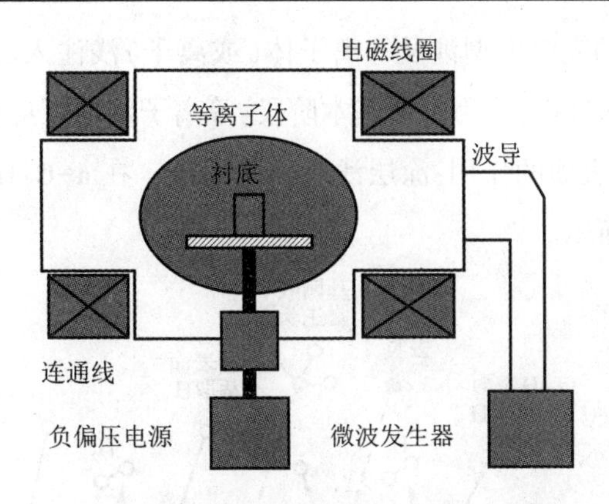

图 6-24 PBⅡ装置示意图

利用 PB Ⅱ装置在六棱柱体支座各面配置的衬底上制备 DLC 薄膜,膜厚的分布误差在 20%左右的范围内,这种均匀性的获得是衬底支座周围几乎被等离子鞘层均匀包围的结果。DLC 薄膜厚度与微波入射角的关系,如图 6-25 所示。

利用球盘式摩擦试验机对不同摩擦程度所做的测试结果,如图 6-26 所示。可以看出,衬底各位置的摩擦系数处在 0.12~0.15 内,摩擦系数随着厚度的均匀性,也表现出相当好的均匀性。

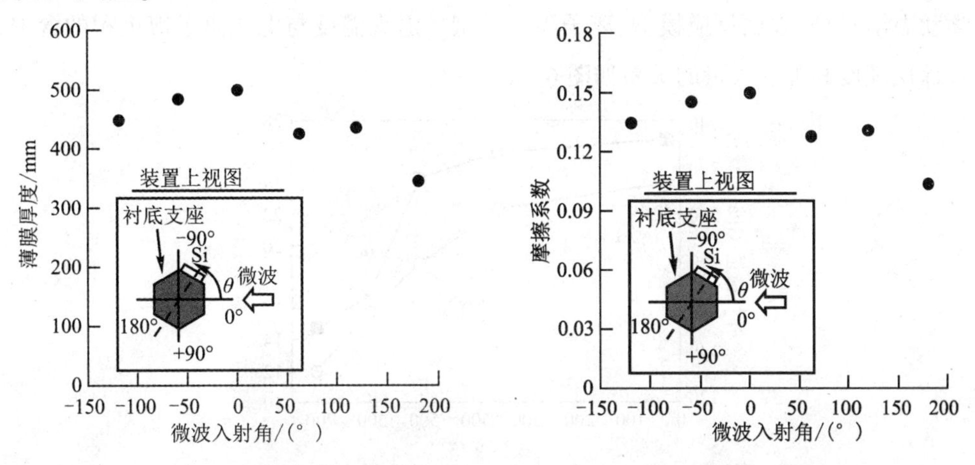

图 6-25 DLC 薄膜厚度与微波入射角的关系 图 6-26 DLC 薄膜的摩擦系数与微波入射角的关系

6.5 类金刚石涂层的生长机制

DLC 涂层是由 sp^2 键和 sp^3 键组成的非晶碳,提高沉积涂层中的 sp^3 键含量是制备 DLC 涂层的关键技术。由于碳易以 sp^2 键组成石墨,因此碳原子以 sp^3 键存在的条件或碳的 sp^2 键如何转变成 sp^3 键成为研究的热点。

a-C:H 涂层生长的完整模型涉及等离子体(或离子)浅注入的物理过程以及中性粒子的作用和脱氢的化学过程,分为三个基本阶段:等离子体的反应(气体的分子或原子分解、电离);等离子体与表面的作用;涂层浅表面的反应。在 a-C:H 涂层的沉积时发生的众多过程,如图 6-27 所示。

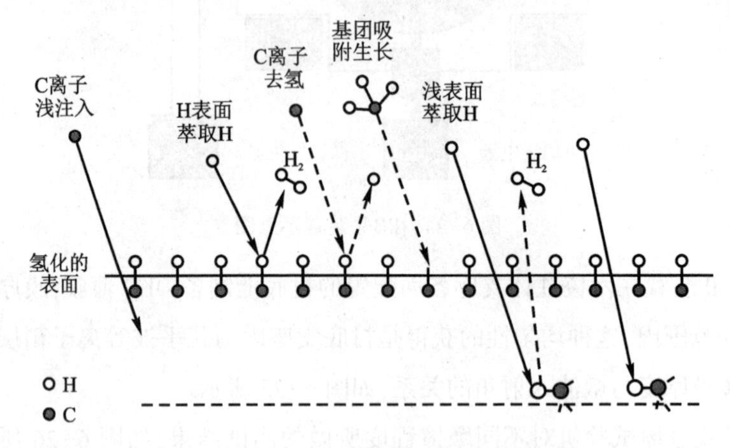

图 6-27 a-C:H 涂层沉积时发生的众多过程

由于有关各基团对涂层生长的作用存在分歧。目前主要有以下几种生长模型:层流化学动力学模型、表面反应模型、离子轰击模型。退火温度与电弧离子镀沉积的含 H 的 DLC 涂层硬度和弹性模量的关系如图 6-28 所示。

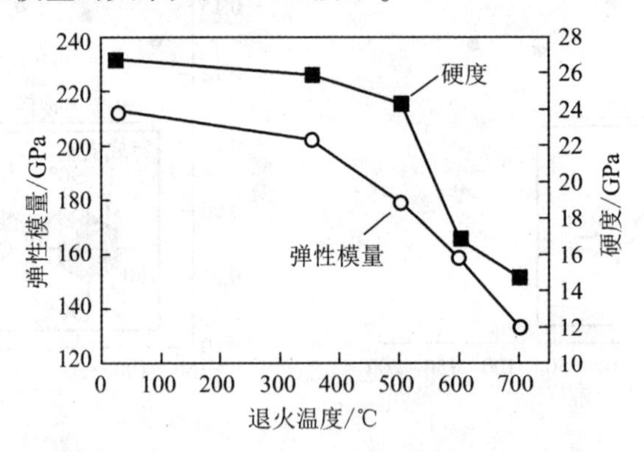

图 6-28 退火温度与涂层硬度和弹性模量的关系

从图 6-28 可见,超过 500 ℃,DLC 涂层的硬度和弹性模量急剧下降。研究表明,在辐照过程中,涂层中的 H 含量逐渐减少,C—C 键和 C—H 键断裂导致电阻率和光学透过率下降,这表明在高能辐照下涂层的键结构逐渐发生变化,sp^3键向 sp^2键转化,涂层中 sp^3键含量减少。

研究指出,生长是在浅表面进行的,这个过程是浅注入(低能浅表面注入),在这个结果下,罗伯逊(Robertson)等提出,浅注入产生密度增加的亚稳相,这个增加的密度引起局部键变成 sp^3键。低能浅表面注入过程示意如图 6-29所示。

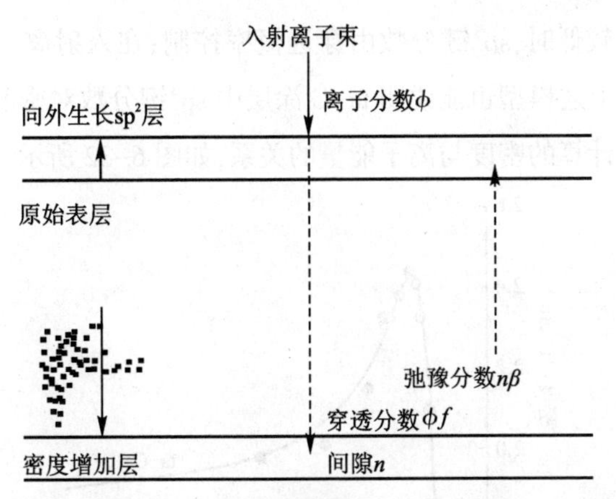

图 6-29　低能浅表面注入过程示意

离子浅注入的基本过程示意如图 6-30 所示。由图 6-30 可见,离子进入表面有直接进入和通过与表面原子碰撞间接进入两种方式。仅仅在离子辅助沉积情况下易出现间接进入方式,离子的进入概率近似为离子能量的函数。

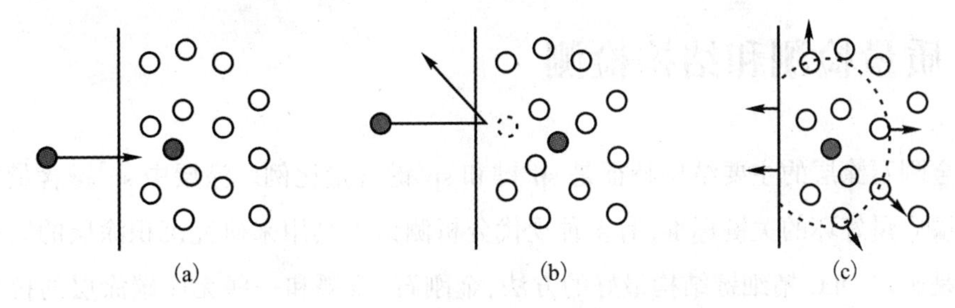

图 6-30　离子浅注入基本过程示意

按照浅注入模型计算的 ta-C 沉积涂层和 sp^3 键分数和来自 Fallon 等的实验数据与离子能的关系,如图 6-31所示。

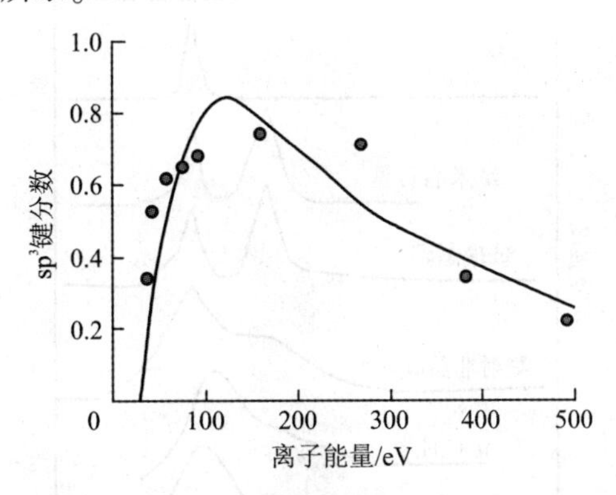

图 6-31　浅注入模型计算的 ta-C 涂层和实验数据的 sp^3 键分数与离子能的关系

由图 6-31 可见,计算的结果与实验数据基本一致。这表明 Robertson 提出的浅注入密度增加模型是符合实际的。

在入射离子能量较低时，sp^3键分数由穿透概率控制；在入射离子能量较高时，sp^3键分数由弛豫过程控制。上述模型也能说明 ta-C 涂层中 sp^3键分数对密度的依赖性，ta-C:H 涂层实验和浅注入模型计算的密度与离子能量的关系，如图 6-32 所示。

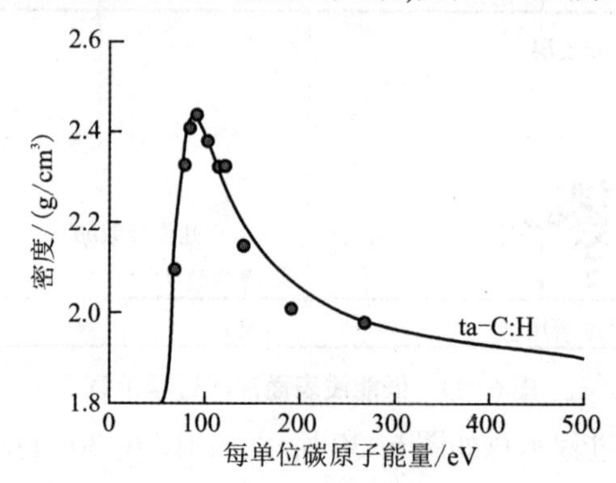

图 6-32　ta-C:H 涂层实验和浅注入模型计算的密度与离子能量的关系

6.6　质量检测和结构检测

类金刚石涂层的主要结构特征是 sp^3键和 sp^2键含量比例。涂层中 sp^3键含量多少是评价涂层质量好坏的关键标准，有多种现代分析测试工具用来研究沉积涂层的结构。拉曼光谱是确定 DLC 精细键结构最好的方法，金刚石、石墨和一些无序碳涂层的拉曼光谱如图 6-33 所示。

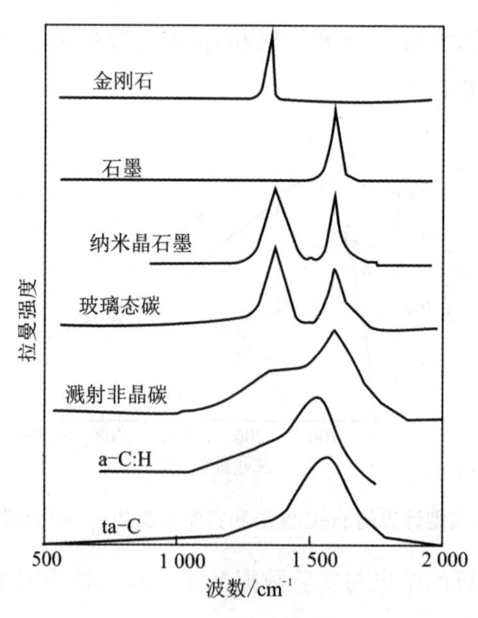

图 6-33　几种典型碳结构的拉曼光谱图

由图 6-33 可见,金刚石拉曼峰仅在 1332 cm^{-1}处有尖锐的特征峰,它是 sp^3 键原子振动的贡献,具有 T_{2g}对称模式;单晶石墨仅在中心位置为 1580 cm^{-1}处有第一个特征峰,它也具有 T_{2g}对称模式,为 G 峰;对于无序碳涂层,除了 G 峰外,还在 1350 cm^{-1}处有第二个特征峰,具有 A_{1g}对称模式,为 D 峰。在溅射的 a-C 涂层、a-C:H 涂层和 ta-C 涂层的拉曼光谱中,由于 G 峰和 D 峰通常较宽,其 G 峰和 D 峰的形状不明显,形成在1100~1700 cm^{-1}的不对称宽峰。

可以通过谱线分解,确定 G 峰和 D 峰的相对位置和强度之比,来了解 DLC 涂层中 sp^3键和 sp^2键含量比例。石墨和非晶碳拉曼光谱中 G 模式和 D 模式的本征矢如图 6-34 所示。G 峰不仅仅意味着石墨结构,实际上对应着在 C═C 链或芳香烃环中每对 sp^2键的纵向振动;而 D 峰对应着环上而不是链上的 sp^2键的横向振。一般情况下,D 峰和 G 峰的相对强度之比(I_D/I_G)越小,涂层中 sp^3键含量越多;涂层中 G 峰的位置和宽度与 sp^3键含量有一定的关系。

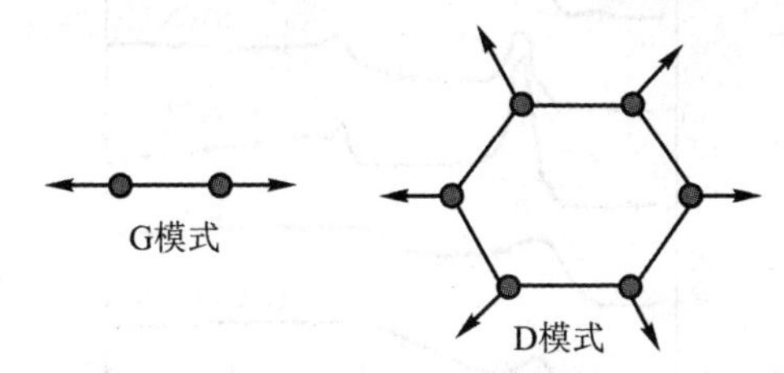

图 6-34　石墨和非晶碳拉曼光谱的 G 模式和 D 模式的本征矢

Ferrari 发现,在所有无序石墨碳涂层中,增加无序度在它们对应的拉曼光谱中可以显示三个阶段,如图 6-35 所示,这三个阶段为由完全的石墨到纳米晶石墨;由纳米晶石墨到 sp^2键的 a-C;由 sp^2键的 a-C 到 sp^3键的 ta-C。

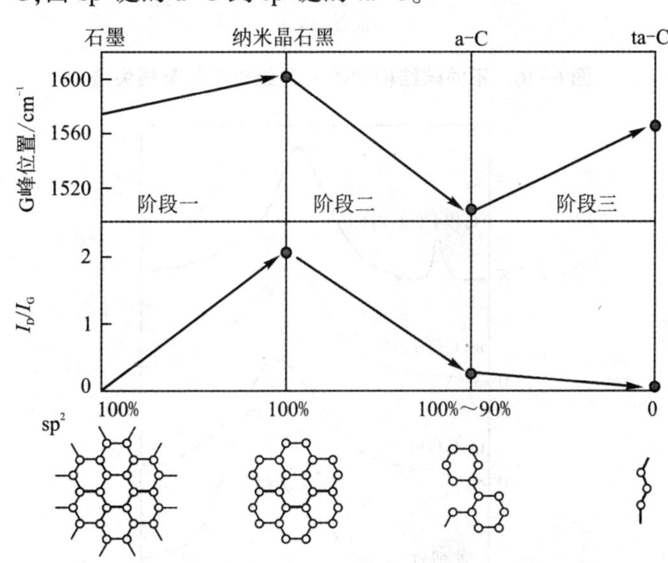

图 6-35　G 峰位置和 I_D/I_G 值与涂层无序度的关系示意

电子能量损失谱(EELS)在两个区域表征 DLC 涂层的结构:低能损失谱和近 K 边缘离化损失谱。不同碳结构近 K 边缘电子能量损失谱和低能电子损失谱分别如图 6-36 和

图 6-37 所示。在近 K 边缘电子能量损失谱中,位置在 285.3 eV 的峰对应石墨的 $1s\to\pi^*$ 转变,位置在 289.1 eV 的峰对应金刚石的 $1s\to\sigma^*$ 开始转变,位置在 291.7 eV 的峰对应石墨的 $1s\to\sigma^*$ 转变的阈值。

金刚石在 285.3 eV 处没有峰值,涂层的 sp^2 键分数可以通过分析 285.3 eV 峰和 291.7 eV 峰的两峰强度来确定。低能的 EELS 是一个宽的对应着价电子的等离子体振荡能谱峰,通过峰值对应的能量来确定涂层的能量密度。

图 6-37 中金刚石的能谱峰值对应的能量为 34 eV,据此计算的质量密度为 3.6 g/cm³,这与实际测量的值非常接近。

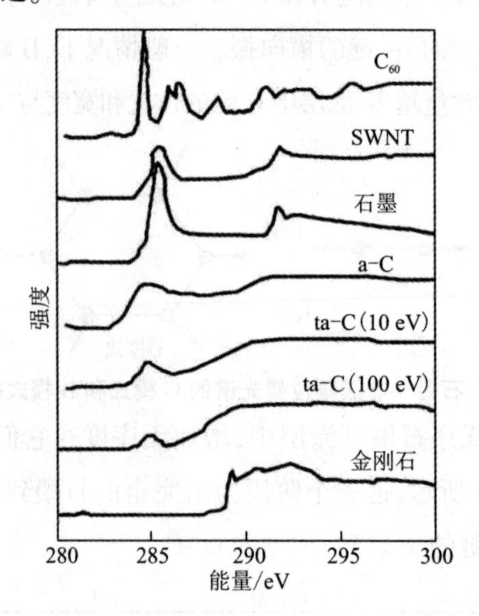

图 6-36　不同碳结构的碳 K 边缘电子能量损失谱

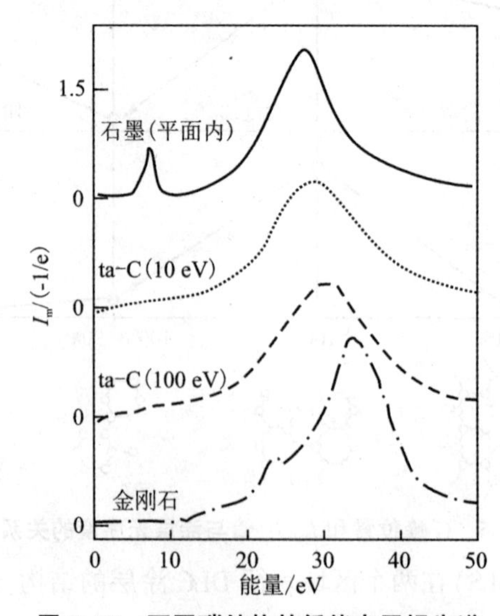

图 6-37　不同碳结构的低能电子损失谱

sp^3分数的最直接测量方法是^{13}C的核磁共振法,它的优点是每一个杂化态都产生一个具有相同权重因子的独立化学位移峰。虽然涂层中sp^3键和sp^2键峰能够从分子水平确定,但需要采用大尺寸试样,除非试样含富^{13}C。a-C 和 ta-C 涂层的核磁共振谱如图 6-38 所示。

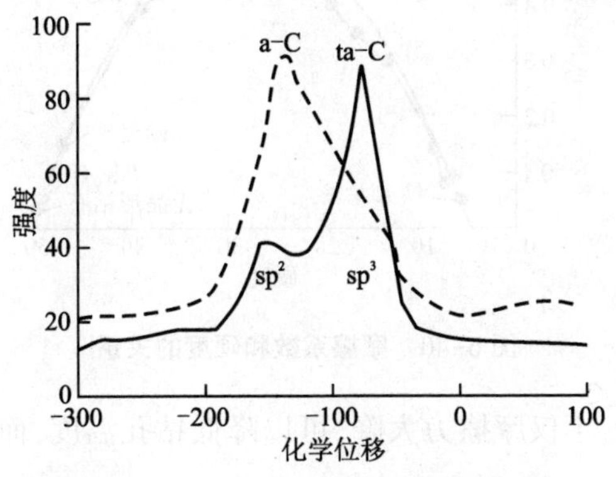

图 6-38 a-C 和 ta-C 涂层的核磁共振谱

6.7 DLC 膜的应用领域

6.7.1 机械加工行业及耐磨件

现今,国外已把 DLC 膜镀制在剃刀和剃须刀片上,其目的并非使刀片变得更锋利,而是在剃须时不易刮伤脸面,同时又可使刀片受到保护,不受腐蚀,利于清洗和长期使用。

钻石盾与一般的 DLC 不同,不仅其硬度与钻石相当,比含氢的 DLC 高三倍,而且因为不含氢等杂质,其摩擦系数不受温度及水蒸气的影响。

钻石盾大幅降低摩擦系数至 0.1 以下(TiN 为 0.4 以上),如图 6-39 所示,比润滑油或 Teflon 更滑溜。

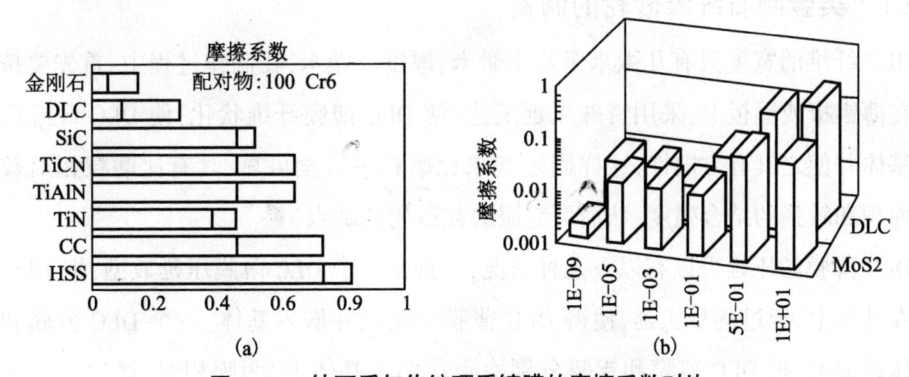

图 6-39 钻石盾与传统硬质镀膜的摩擦系数对比

在所有的材料中钻石虽然最硬,也最光滑,它的摩擦系数<0.5,比最滑溜的 Teflon 的 0.5 还低,如图6-40所示。

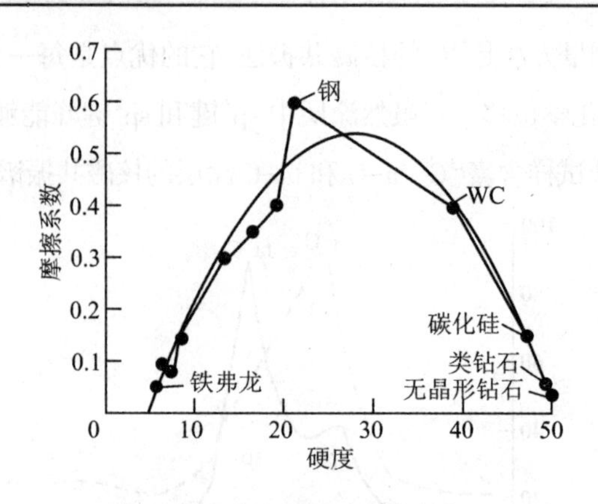

图 6-40　摩擦系数和硬度的关系

钻石若能做成钻针，不仅摩擦力大降，可以降低钻孔温度，而且磨屑会很快排出，不致阻塞。美国公司研发的 DLC 镀膜的碳化钨钻针非常成功。镀 DLC 的钻针不仅钻孔速度可以提高 50%，针的寿命也增加 5 倍，因此钻针的总成本可以降低 50%。但因 DLC 内含氢，不仅硬度较低，而且其摩擦系数随湿度的升高而加大，所以镀 DLC 的钻针必须在干燥气氛中钻孔，否则断针的频率会随天气的变坏而增加。

若不需要极端的硬度或抗腐蚀性则可以较软的 DLC 涂布。DLC 内含不及一半的钻石，但它可覆盖较大面积，而且表面光滑。纳米钻石膜与 H-DLC 都可以镀在剃刀上使用，这种剃刀片的目的并非使刀锋更利，相反地，镀上类钻碳后刀锋反而稍钝。但镀膜却可使参差的刀刃变得平直，因此在剃须时不易刮伤皮肉。此外，类钻碳也可以保护刀片，不受水蒸气的消蚀。剃刀清拭后可长期使用。

6.7.2　类金刚石纤维砂轮的制备与应用

6.7.2.1　类金刚石纤维砂轮的制备

DLC 纤维的宽度只有几微米至几十微米，厚度几微米，在制作过程中，首先要按要求涂附在薄铝板或铜板上，采用特殊压延工艺，使 DLC 薄膜纤维状化，使 DLC 纤维均匀地嵌入基体并使之具有方向性，这样固定起来比磨粒更安全可靠，具有比磨粒相对较大的黏结面积和较强的结合强度，从而可克服磨粒砂轮的缺点。

DLC 薄膜的压延可以有以下几种情况，一种是一个 DLC 薄膜压延成型，把 DLC 薄膜涂附在基体上，经过逐步压延，使得 DLC 薄膜纤维化并嵌入基体，一个 DLC 薄膜和一个铝膜压延成型，把 DLC 薄膜和铝膜分别涂附在两个基体上，两膜相对，经过逐步压延过程，使得薄膜嵌入基体，经过压延后分开 DLC 薄膜和铝膜，同样两个 DLC 薄膜压延成型。砂轮的模型，如图 6-41 所示。

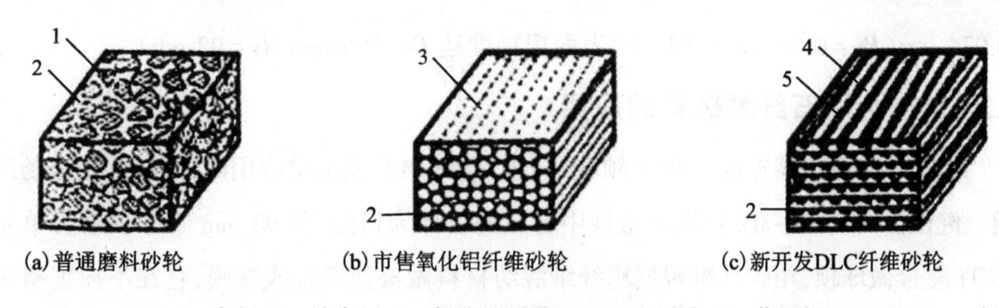

1—磨料;2—结合剂;3—氧化铝纤维;4—DLC 纤维;5—薄铝板。

图 6-41　砂轮的模型

压延成纤维状 DLC 膜的 SEM 照片如图 6-42 所示。照片中的黑线为压延成的 DLC 纤维,白色部分为铝基板。

图 6-42　压延后纤维状 DLC 膜的 SEM 照片

磨削硅片时初期粗糙度 *Ra* 为 0.1 μm(*Ry* 为 1.1 μm),载荷为 100 N,砂轮圆周速度为 40 m/min,进给速度为 42 mm/min,经磨削加工后表面粗糙度可达 *Ra* 为 2 nm(*Ry* 为 15 nm),加工后的镜面照片如图 6-43 所示。

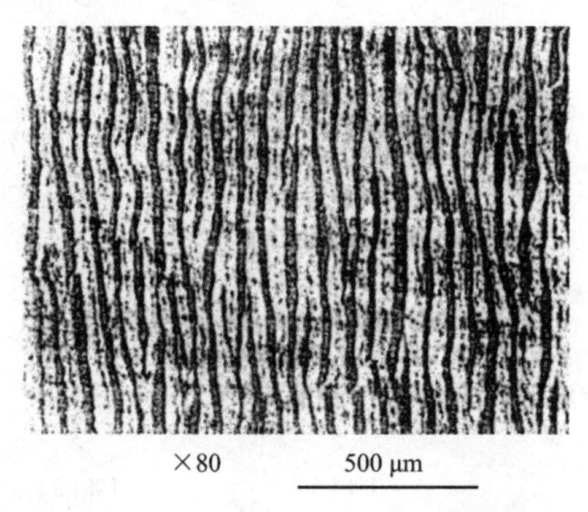

图 6-43　磨削后的硅片镜面照片

磨削 SKD-11 淬硬钢时,所用工件淬火后硬度 762HRC,试样尺寸为 60 mm×24 mm×27 mm,初期粗糙度 *Ra* 为 0.1 μm(*Ry*=1 μm)。载荷、砂轮圆周速度和进给速度与硅片的磨削条件相同。加工后表面粗糙度 *Ra* 为 2 nm(*Ry*=23 nm)。加工石英,初期粗糙度 *Ra*

为 0.074 μm(Ry=0.86 μm),加工后表面粗糙度达 Ra 为 5 nm(Ry=92 nm)。

6.7.2.2 类金刚石纤维砂轮的应用

(1)高保真扬声器振膜　电声领域是金刚石和 DLC 膜最早应用的领域,重点是扬声器振膜。健伍公司的 LS-M7 音箱以重视中音域的设计为目的,其 90 mm 半球顶中音单元用 DLC/Ti 复合做球顶,用碳纤维戴尼玛纤维混纺材料做矮盒组合成振膜,它在不损害指向性良好和声音高密度感的前提下,实现了中音域宽化,并获得了几乎接近点声源的特性。

(2)电学上的应用　用 DLC 膜作为发射研制的二极管 FED 的结构,该结构是由在玻璃上的 Cr 膜条上沉积 DLC 膜的阴极和涂有 ITO 膜及荧光粉的阳极组成二极管,两极距离为 10~25 μm,用隔离物隔开,像素在阴极板上与荧光条交叉形成,DLC 膜沉积在这些位置。

三极管 FED 的结构及工作原理,是其尖锥分为金属尖锥和硅尖锥,现在人在尖锥上沉积 DLC 膜时提高其发射能力、可靠性和寿命。由于 DLC 电子枪不必制成难以制作的尖锥,而只要制成平面,制作简单,可大幅度降低生产成本,其操作电压估计小于 6 V。

CRT、LCD 和 DEFD 不同电子显示器的比较,见表 6-5。

表 6-5　电子显示器的比较

性能	CRT	LCD	DEFD(潜力)
发光源	荧光	透光	荧光
亮度/(cd/m^2)	>200	<70	<400
清晰度/(像素数/cm^2)	10^3	10^3	10^6
对比	100	60	200
颜色	多	少	多
反应时间(10^{-6} s)	>2	>200	1
视野	360	50	160
面积[对角线/mm(in)]	<1016(40)	<558.8(22)	>1016(40)
纵深/cm	>10	0.8	0.2
厚度/cm	>20	2	1
真空度/Pa	1.33×10^{-5}	1.33×10^{-5}	133
适温区/℃	−55~85	0~50	−55~85
254 mm(10 in)质量/g	>20000	>200	>200
254 mm(10 in)电功率/W	5	3	2
电光效率/(m/W)	1%(5)	1%(2)	10%(50)
结构(层数)	3	>10	3
制程	易	难	易
成品率	高	低	高
投资额	低	高	低
产品成本(LCD=100)	40	100	50

(3)光学上的应用　DLC 为钻石、石墨，与碳氢聚合物中间的产物，可以形成小于 1 μm的护膜附在光学材料上，一视窗材料镀上 DLC 后的透光度减弱的幅度如图 6-44 所示。

类钻碳也可镀在各种光学器材上，基材可为玻璃、塑胶 IR 材料。类钻碳又硬又滑，可以保护软质的基材免于刮伤。除此之外，类钻碳也可提供彩晕的颜色及防潮的特性，更可抵抗化学侵蚀，而且容易清洗。

DLC 也用于镀眼镜片。未镀 DLC 的眼镜片极易被灰尘或飞砂刮伤，而镀了 DLC 保护膜后则可完全避免任何刮痕，如图 6-45 所示。DLC 膜也大量用于保护超市用条码机的玻璃盖板。未镀 DLC 的玻璃盖板表面易被日用品刮伤而模糊不堪，为使激光读码机能够精确地扫描，这些盖板每隔数周即需更换，但镀上 DLC 的玻璃板即可历久弥新。

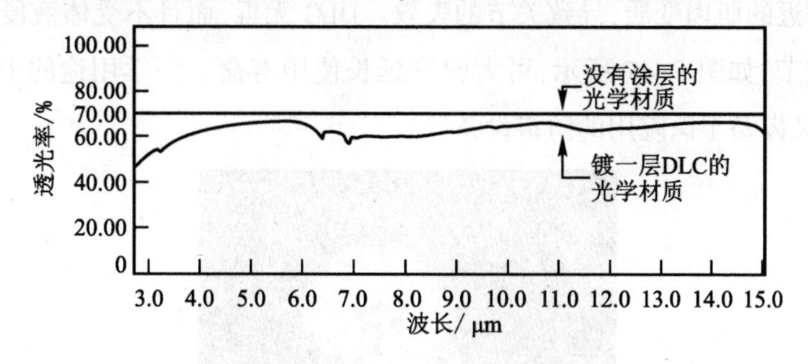

图 6-44　镀 DLC 的光学材质的透光性

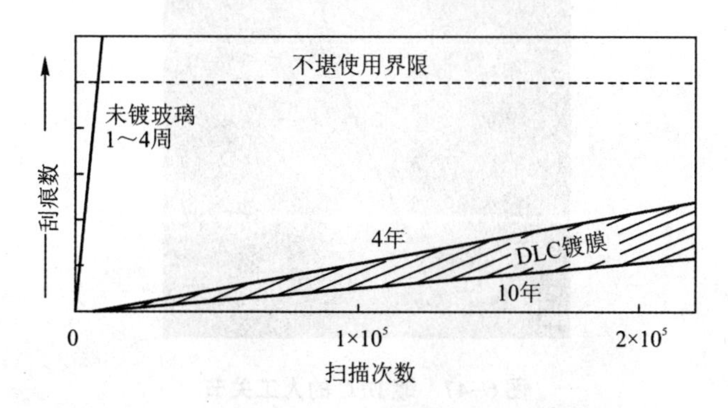

图 6-45　镀上 DLC 的玻璃板与未镀者的比较

无色透明 DLC 膜可以在保证光学元件的光学性能的同时，明显改善其耐磨性和抗蚀性，现已被应用于光学透镜保护膜、光盘保护膜、手表玻面保护膜、眼镜片(玻璃、树脂)保护膜以及汽车挡风玻璃保护膜等，具有巨大的市场潜力。

(4)医学上的应用　类钻碳也可镀在极利的刀片上，如图 6-46 所示。这种刀片可用以剥离生物医学样品用于电子显微镜观察(TEM)。样品的厚度只有 20~100 nm，因此在切除后极易黏附在刀片上。镀上类钻碳的刀片有疏水性，因此可以避免刀片的黏附。

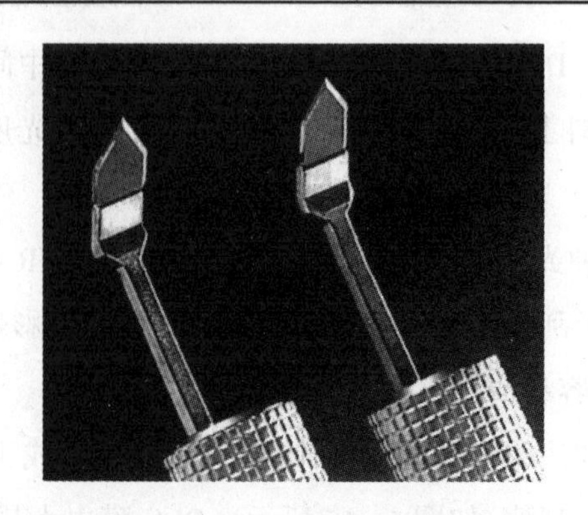

图 6-46　镀 DLC 的切样品

人工关节由聚乙烯的凹槽和金属(如钴铬合金)的凸球组成,由于长期的摩擦,界面的磨屑会使附近的肌肉变质,导致关节的失效。DLC 无毒,而且不受体液侵蚀,涂布滑溜 DLC 的人工关节,如图 6-47 所示,可大幅度延长使用寿命。医学用途的 DLC 还包括人造心脏瓣膜、义齿乃至医院用的防雷设备等。

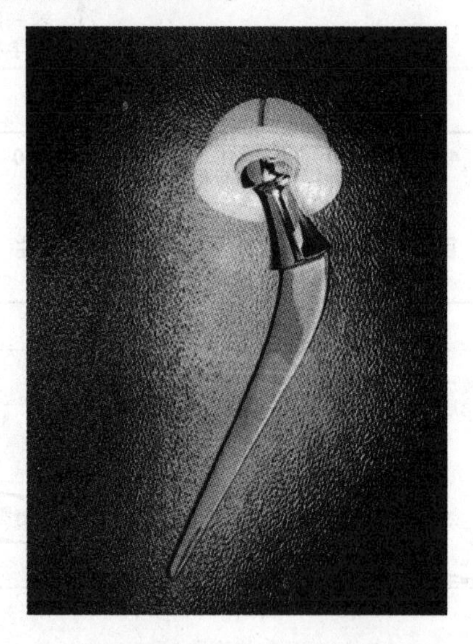

图 6-47　镀 DLC 的人工关节

7 金刚石薄膜的特性表征与测试技术

7.1 金刚石薄膜的形貌分析

通过对金刚石薄膜的扫描电镜观察,可将膜的形貌组织分为两类九种。第一类为晶粒类,即薄膜直接由晶粒或孪晶组成;第二类为聚晶类,即薄膜由多晶聚合的晶粒团组成。

7.1.1 晶粒类

7.1.1.1 尖角组织

尖角组织,如图 7-1 所示,薄膜的表面由晶粒或孪晶的尖角和棱组成,尖角或棱的晶向大多为(111)、(100)、(110)。在膜中诸晶粒近乎同等大小,晶粒之间一个接一个地堆积得十分紧密,表面很粗糙,在高温下常出现这种组织。

图 7-1 尖角组织(×200)

7.1.1.2 三角形组织

三角形组织，如图 7-2(a)所示，在尖角组织的背底上呈现出一些较大的三角形晶面，这是晶粒的(111)晶面，表面平整，有的与衬底表面平行，有的稍有倾斜。图 7-2(b)是图 7-2(a)的放大照片，可以看到平整而平行于衬底表面的三角形晶面。有时这种三角形晶面很多，几乎布满整个膜的表面，这属于典型的三角形组织，有时这种三角形晶面很少，其形貌就近似于三角形组织。

(a)×1000

(b)×3000

图 7-2 三角形组织

7.1.1.3 四方形组织

薄膜的表面由四方形晶面组成，每个四方形晶面是立方六面体晶粒的(100)织构，如图 7-3 所示。这种组织致密、平整，有时在肉眼下呈镜面光滑。以(100)硅片为衬底在较低温度下常生长这种组织。

图 7-3 四方形组织(×1000)

7.1.1.4 片状组织

薄膜表面由片状晶粒组成,好像饼干一样,如图 7-4 所示,如果不是与图 7-3 同为一样品,很难相信它是金刚石晶粒。它的生长温度稍高于四方形组织的生长温度,其中平面也是晶面。在低放大倍数下呈相互穿套着的环圈状显微组织。这种组织的表面也比较光滑。

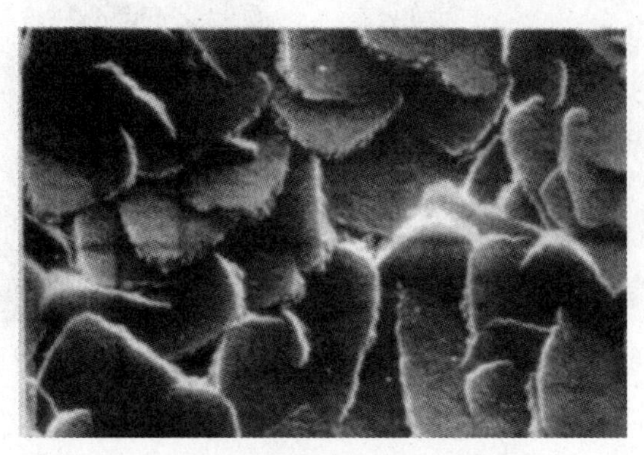

图 7-4 片状组织(×6000)

7.1.2 聚晶类

7.1.2.1 菠萝状组织

组成这种薄膜的单元是一些半球形的晶粒团,每个晶粒团由一个大圆片晶粒及其次生的许多小晶粒组成。这种聚晶团是晶粒,故属于聚晶类组织,总的形貌像菠萝,如图 7-5 所示。

图 7-5　菠萝状组织(×2000)

7.1.2.2　球状组织

薄膜由许多小球组成,小球的直径约有 10 μm,如图 7-6(a)所示。薄膜表面呈橘子皮状,常产生在碳源较多的条件下。这种小球放大之后可以看到由许多更小的晶粒聚集而成,如图 7-6(b)所示。

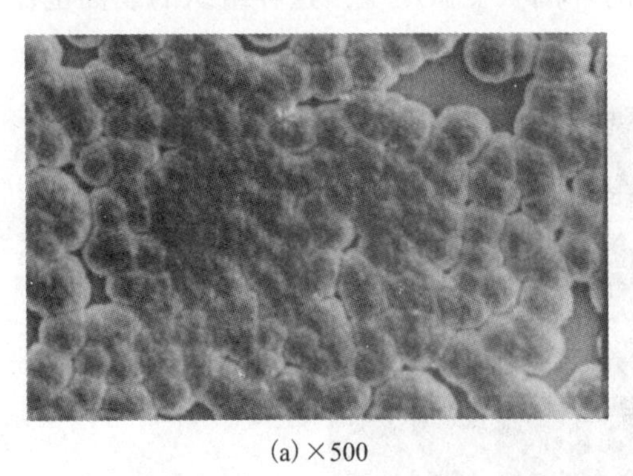

(a)×500

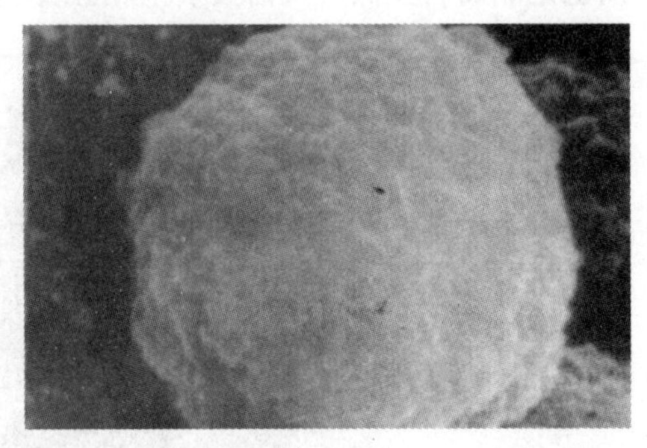

(b)×2000

图 7-6　球状组织

7.1.2.3　浮凸组织

浮凸组织,如图 7-7 所示。成膜的基本单元是一些晶粒团,每个晶粒团由一个大晶粒及其次生的许多小晶粒组成,这些晶粒团组成膜的方式不同于其他组织。它不是一个一个、一层一层地紧密排列,而是中间留有许多大空隙。从图 7-7 可以看到它们已经堆积四层了还未完全把衬底遮满。厚的薄膜在显微镜下像葡萄串一样呈浮凸组织。

7.1.2.4　栗状组织

薄膜由像栗子一样的多尖刺状晶粒团组成,如图 7-8 所示。它与上述浮凸组织的区别有两点,一是晶粒团的次生晶粒较多,完全遮满了母体晶粒;二是晶粒团之间也有间隙,但仍是一层一层地生长,不呈浮凸状。

图 7-7 浮凸组织(×4000)

图 7-8 栗状组织(×4000)

7.1.2.5 微晶组织

薄膜表面光滑平整,肉眼观察呈镜面反光,只在 1000 倍放大。

7.2 3D-MCM 散热性能分析

在三维多芯片组件系统集成技术中,组件结构类型目前主要有三种,即埋置型、有源基板型和叠层型。本部分研究其中的叠层型结构,其特点是将多块组装有 IC 芯片的多层布线基板进行互连组成三维封装结构,把具有高导热性能的金刚石应用到叠层型 3D-MCM 中,研究其热性能。模拟的实物结构示意图如图 7-9 所示,图 7-9(a)和图 7-9(b)分别为叠层 3D-MCM 的截面图和俯视图。

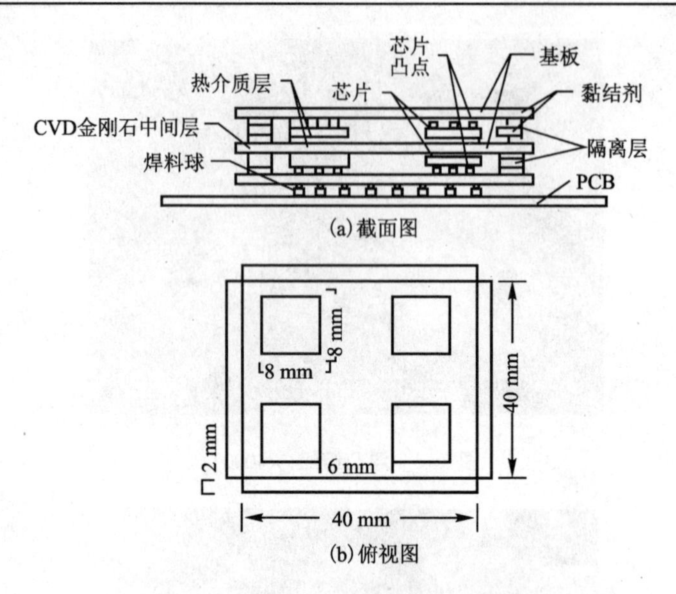

(a)截面图

(b)俯视图

图 7-9　3D-MCM 的截面图和俯视图

由材料的物理特性(见表 7-1)可知,CVD 金刚石的热导率非常高,模拟导热层厚度的影响,结果如图7-10所示,可见虽然加入金刚石导热层可以明显改善芯片温度,但其厚度的影响极小,所以在实际封装时,考虑到封装体积,中间导热层厚度并非越厚越好。

表 7-1　材料物理特性

组件	材料	λ/[W/(m·K)]
PCB	FR4	8.37,8.37,0.32
焊料球	37Pb/63Sn	50
基板	聚酰亚胺	0.2
中间层	金刚石	1200
芯片凸点	5Sn/95Pb	36
芯片	硅	80
热介质层	导热酯	1
黏结剂	黏结剂	1.1
隔离层	AlN	170

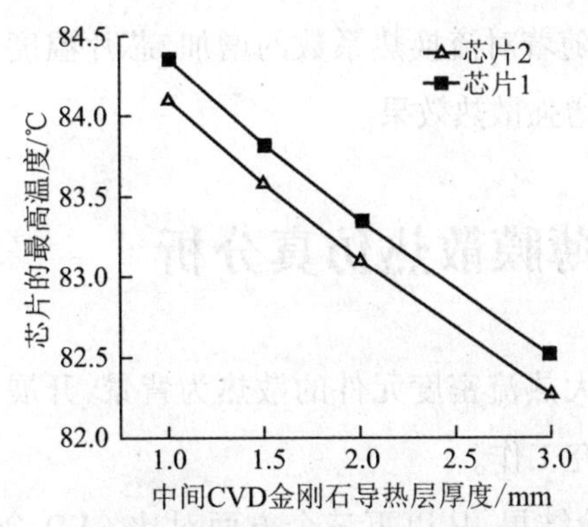

图 7-10　中间 CVD 金刚石导热层厚度对芯片温度的影响

采用 ANSYS 的 APDL 语言,分析了没有中间层 CVD 金刚石导热层和采用 CVD 金刚石中间层导热层两种情况下,芯片的散热状况,其结果如图 7-11 所示。没有中间金刚石层的芯片温度很高,加入了一高导热层后,芯片的结点温度明显地降低(仅为原来的1/2),但这时改用几种常用的基板,对芯片的温度改变没有明显的效果,说明中间的金刚石导热层为内部的热量提供了一条主要的散热途径,能有效地把热量散到壳的外表面。

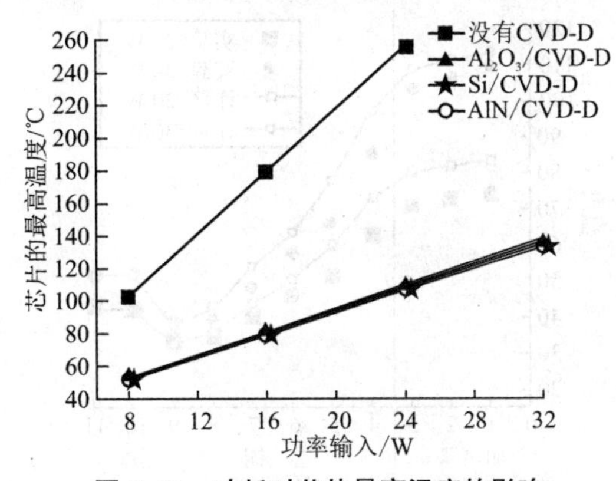

图 7-11　功耗对芯片最高温度的影响

在实际情况下,还可以加装散热片和利用强制风冷或液冷,可更好地改善散热状况。以不同的对流换热系数施加于外表面来进行模拟。其结果如图 7-12 所示。

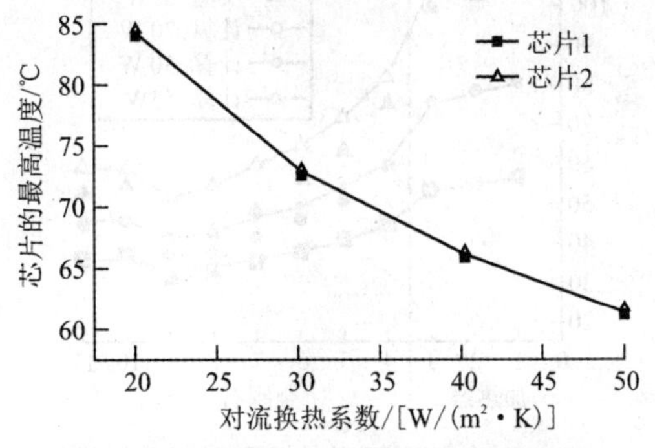

图 7-12　对流换热系数对芯片温度的影响

从图 7-12 可以看出,随着对流换热系数的增加,芯片温度也明显降低,可见增加强制风冷或液冷可以进一步增强散热效果。

7.3　CVD 金刚石薄膜散热仿真分析

以电子设备中高功率大热流密度元件的散热为背景,开展对 CVD 金刚石薄膜散热实验分析与仿真建模的研究工作。

据图 7-13 所示的实验结果,从以下三个方面对比 CVD 金刚石薄膜与铜的散热性能:实验件表面最大温差;加热面温度;最大热流密度。

通过两种材料的对比,可以明显看出,金刚石薄膜表面温度分布均匀,提供了一条很好的散热路径,使热量能够快速导出,从而降低加热表面温度。在给定加热温度上限值的条件下,金刚石薄膜的最大加热功率大于铜。因此,金刚石薄膜可以更好地解决小空间高热流密度热源的散热问题。

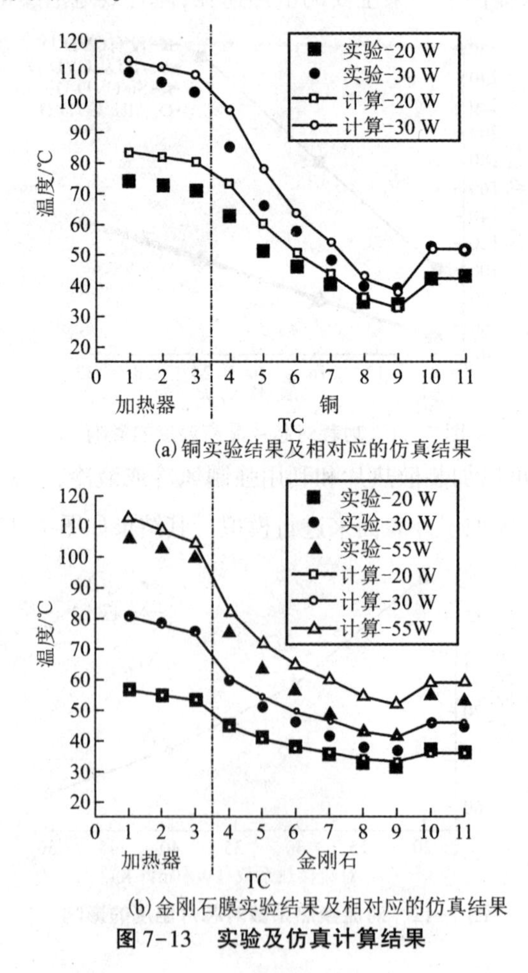

(a) 铜实验结果及相对应的仿真结果

(b) 金刚石膜实验结果及相对应的仿真结果

图 7-13　实验及仿真计算结果

1 mm 和 2 mm 厚度的两种金刚石薄膜在接触热阻 0.2 K/W 工况时,热流密度与加热面温度的关系曲线,如图 7-14 所示。

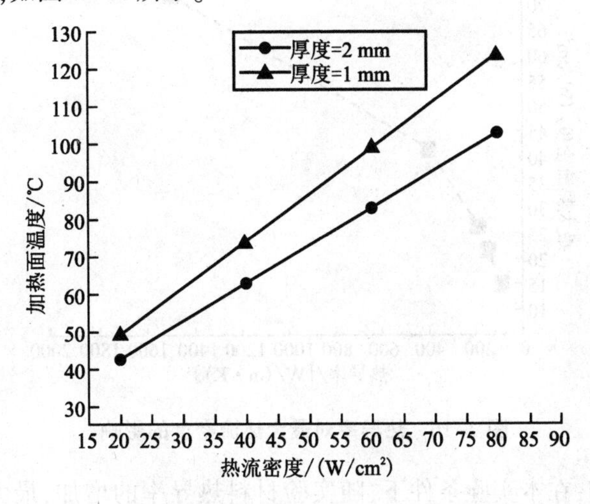

图 7-14 两种不同厚度金刚石薄膜的热流密度与加热面温度关系曲线

由图 7-14 可知,增加厚度可以降低加热面温度,提高加热的热流密度。加热面温度为 100 ℃时,金刚石薄膜厚从 1 mm 增至 2 mm,最大热流密度从 61 W/cm^2 可提高至77 W/cm^2。

天然金刚石、CVD 金刚石、铜和铝-6061 等四种热导率不同的材料,在金刚石厚度为 2 mm,接触热阻0.3 K/W条件下,热流密度与加热面温度的关系曲线如图 7-15 所示。

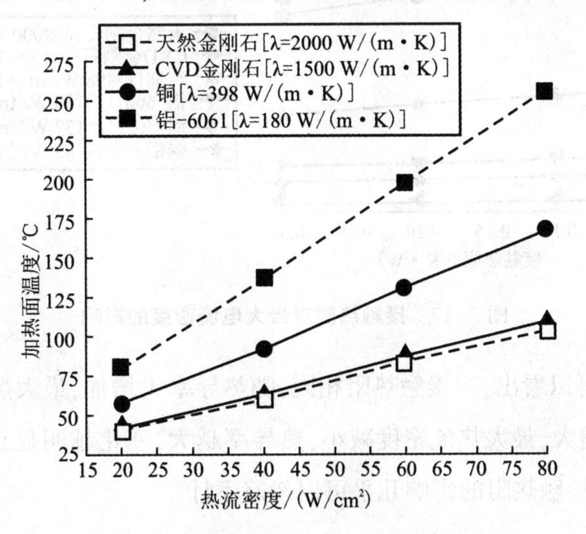

图 7-15 四种热导率不同材料的热流密度与加热面温度关系曲线

从图 7-15 中可以看出,同一热流密度,随热导率 λ 增加,加热面温度降低;同种材料,随热流密度的升高,加热面温度线性增加,热导率越大,变化越明显。

热导率与最大热流密度的关系曲线,如图 7-16 所示。

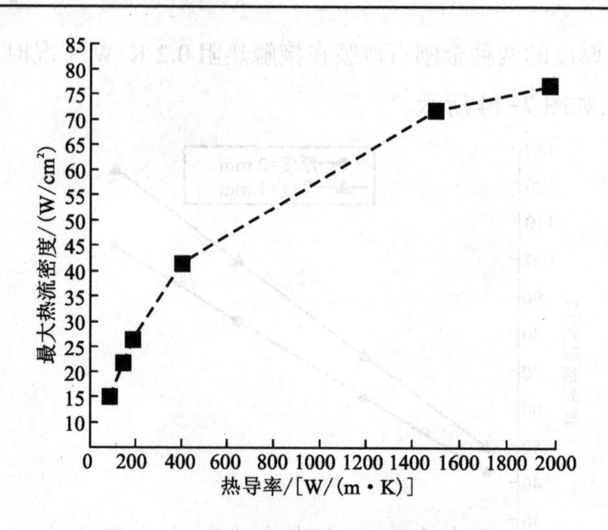

图 7-16　热导率对最大热流密度的影响

由图 7-16 可知，在本实验条件下，随实验材料热导率的增加，最大热流密度以近似指数形式增加。天然金刚石、CVD 金刚石、纯铜、铝-6061、铝-5052、铜铝合金等六种不同材料，在厚度为 2 mm 条件下，最大热流密度随接触热阻变化的关系，如图 7-17 所示。

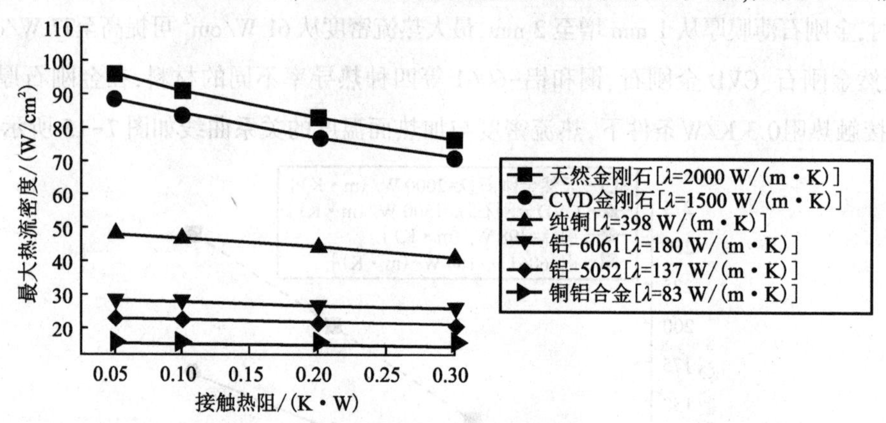

图 7-17　接触热阻对最大电流密度的影响

从图 7-17 中可以看出，当接触热阻相同，随热导率 λ 增加，最大热流密度增大；同种材料，随接触热阻增大，最大热流密度减小，热导率越大，变化越明显，对于传统材料[$\lambda <$ 400 W/(m·K)]，接触热阻的影响几乎可以忽略不计。

7.4　拉曼散射与荧光光谱分析

用热丝 CVD 法在 Si 衬底上生长的金刚石薄膜的一些样品上所得到的不同生成物的 Raman 光谱，如图 7-18所示。

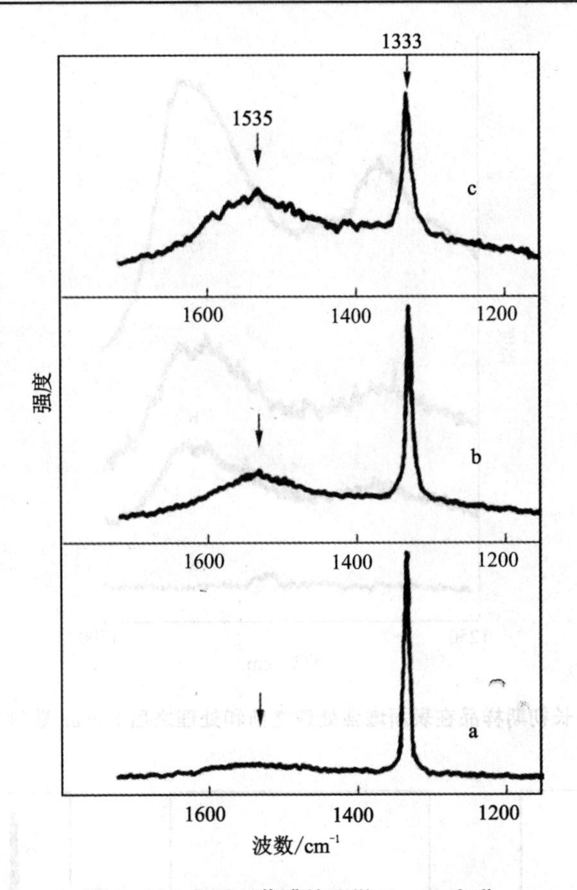

图 7-18 金刚石薄膜的显微 Raman 光谱

当金刚石薄膜上所形成的金刚石颗粒大于 1～2 μm 时,用显微拉曼手段,可以在金刚石薄膜上有选择地探测金刚石颗粒本身或金刚石颗粒之间的区域。图 7-18 给出一个初步研究的结果,可以看出,当取一个大颗粒的信号时,a 谱中除了金刚石细锐的特征峰外,几乎看不到其他谱结构。而激光不能完全集中在金刚石颗粒上时,多少有一部分晶粒之间的物质被激发了。

成膜时间很短(约 10 min)的样品在增强处理前后的信号对比如图 7-19 所示。如将没有进行增强处理之前的 a 谱与增强强度最大的 d 谱相比,可以看到无定形碳的两个宽带的强度至少提高了几十倍。

在 2.5 eV 以下,CVD 方法生长的金刚石薄膜主要存在三种 Mossbauer 型荧光,如图 7-20(a),(b),(c) 所示,其零声子线(ZPL)位置分别在 17425 cm^{-1}(2.16 eV),15850 cm^{-1}(1.96 eV)和 13550 cm^{-1}(1.68 eV)。其中低温下观察 174255 cm^{-1}荧光峰的声子伴线最强,表明其电声子耦合最强,声子能量约为 45 meV。15850 cm^{-1}与 13550 cm^{-1}荧光峰的声子伴线较弱。

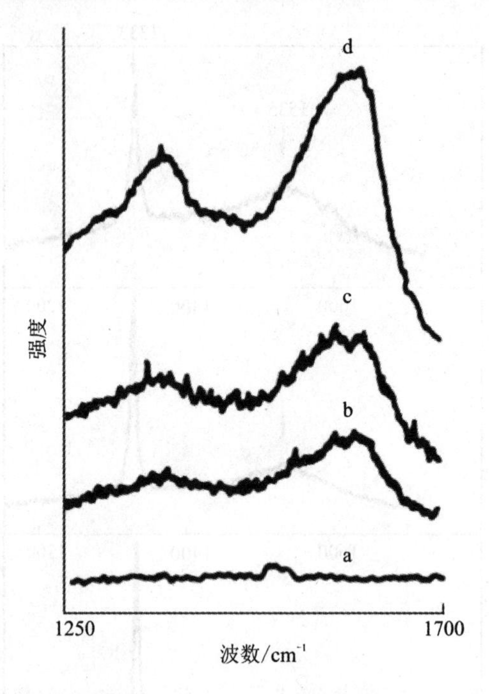

图 7-19　生长初期样品在表面增强处理之前和处理之后 Raman 散射信号的对比

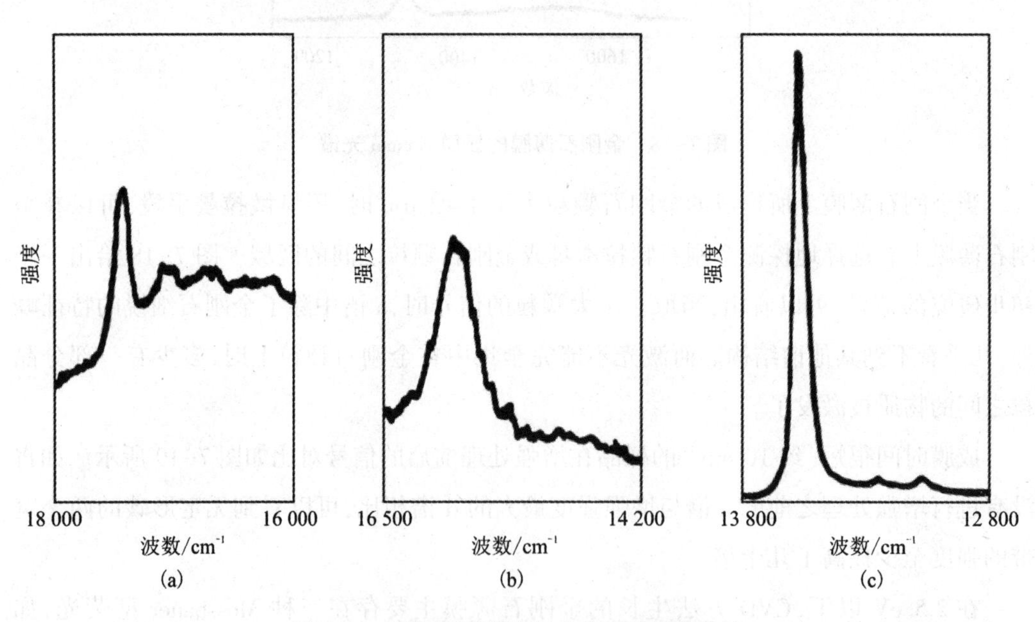

图 7-20　金刚石薄膜中三个主要缺陷荧光峰

为了更进一步对 13550 cm^{-1}峰了解，做了不同温度下较系统的荧光测量。几个不同温度下 13550 cm^{-1}荧光峰的图谱如图 7-21 所示。可以看出，随着温度升高谱线位置红移，谱线半宽度加宽的效果明显，峰的强度也变弱了，这一结果与电声子耦合理论是一致的。

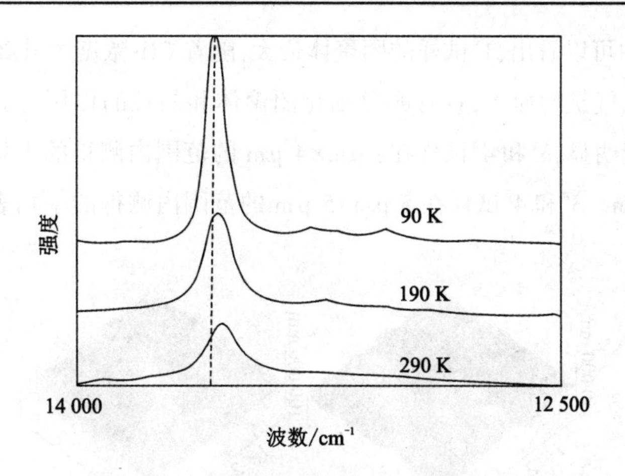

图 7-21 荧光峰的位置与线宽随温度的变化

7.5 反应气体与显微力学特性

四种不同编号的试样沉积气氛及比例,见表 7-2。

表 7-2 沉积气氛及比例

编号	气体成分及比例
1#	$V(H_2):V(CH_4)=96:4$
2#	$V(H_2):V(CH_4)=92:8$
3#	$V(H_2):V(Ar):V(CH_4)=54:40:6$
4#	$V(H_2):V(Ar):V(CH_4)=24:70:6$

四种纳米金刚石薄膜的 Raman 光谱,如图 7-22 所示。由图 7-22 可知,由于晶粒细小,各 Raman 峰都发生了不同程度的宽化。

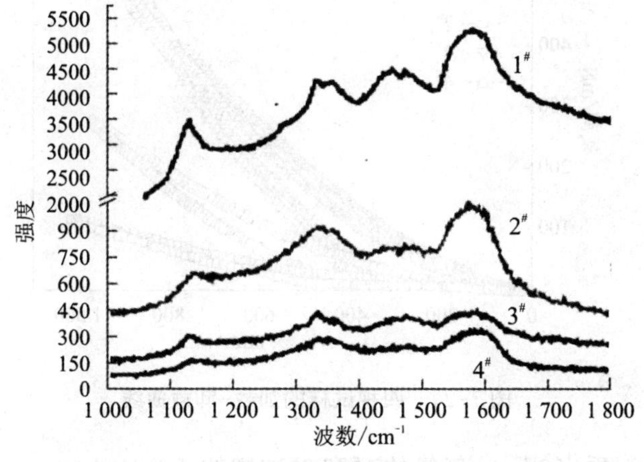

图 7-22 四种纳米金刚石薄膜的 Raman 光谱

从图 7-23 中可以看出，1#试样的团聚体最大，随着 CH_4浓度的升高，2#试样团聚体减少；另外，随着 Ar 气氛的加入，具有明显细化团聚体和晶粒的作用，同时随着 Ar 浓度的增加，细化效果越明显，3#和 4#试样在4 μm×4 μm 的范围内测得的平均表面粗糙度分别为 27 nm 和 20 nm。3#和 4#试样在 5 μm×5 μm 的范围内测得的平均表面粗糙度分别为 13 nm 和 9 nm。

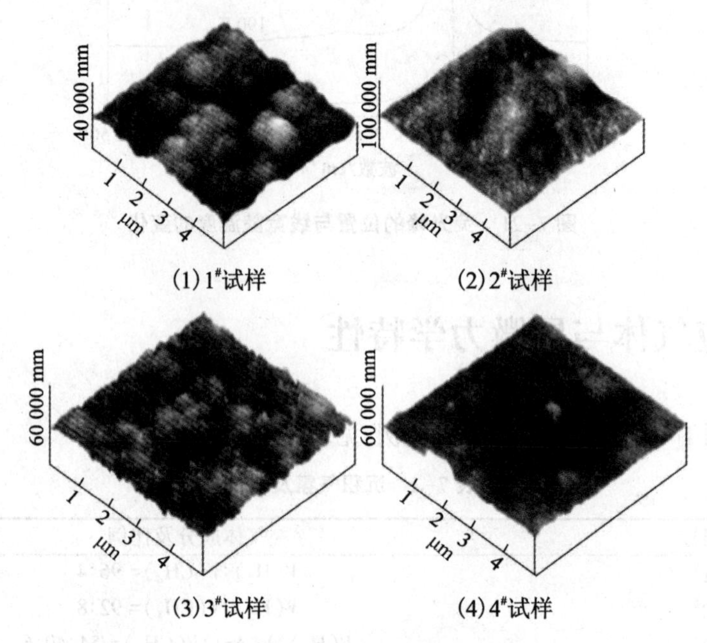

图 7-23　不同气体制备纳米金刚石薄膜的 AFM 分析

四种试样在相同压入深度下对应的加载-卸载曲线，如图 7-24 所示。

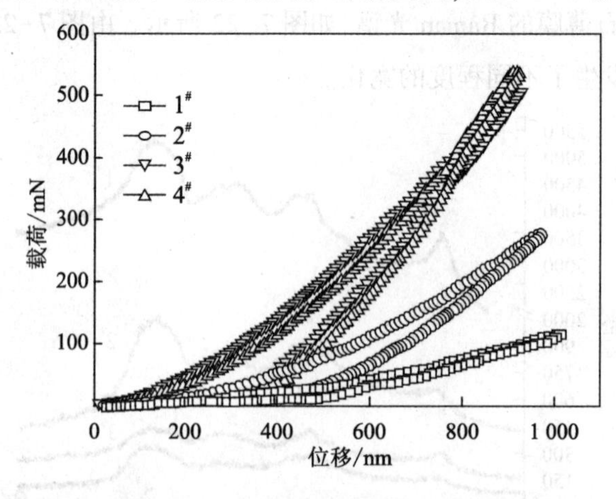

图 7-24　四种试样的加载-卸载曲线

从图 7-24 可以看出，无 Ar 气氛的 1#和 2#试样的残余压入深度明显低于含 Ar 气氛的 3#和 4#试样，说明 1#和 2#试样制备的薄膜具有较好的弹性恢复能力。

根据薄膜沉积前后的测量显示，1#试样的薄膜厚度最小，约为 3 μm；3#试样的薄膜厚度约为 4 μm；4#试样的薄膜厚度约为 5 μm；2#试样的薄膜厚度最大，约为 10 μm。据此，可认为对薄膜最厚的 2#硅基体基本上没有影响，而 3#和 4#的硬度和模量接近或低于 2#硅基体的硬度和模量，硅基体影响其上升；1#的硬度和模量高于 2#硅基体的硬度和模量，硅基体则影响其下降。

7.6　薄膜基界面强度的测量

薄膜与基体的结合强度是评价薄膜质量最关键的指标，是保证薄膜满足其力学、物理和化学等使用性能的基本前提。因此，金刚石薄膜强度的精确定量测量已成为金刚石薄膜制备与应用相关领域中的一个关键问题，同时也是金刚石薄膜技术研究的热点和难点。

金刚石薄膜结合强度的定量表征主要包括范德华力、化学键力、静电力以及机械锁合作用力等。然而，薄膜的附着现象是一个非常复杂的界面物理和化学问题，很难单纯地用上述物理量来进行简单表征。本部分根据内胀作用下薄膜发生鼓泡变形的原理，开发出了一种新的适用于金刚石薄膜基结合强度定量检测的测试系统。

与纳米压痕、刮剥法和梁弯曲实验法等测量方法不同，鼓泡法测量的基本原理如图 7-25所示。

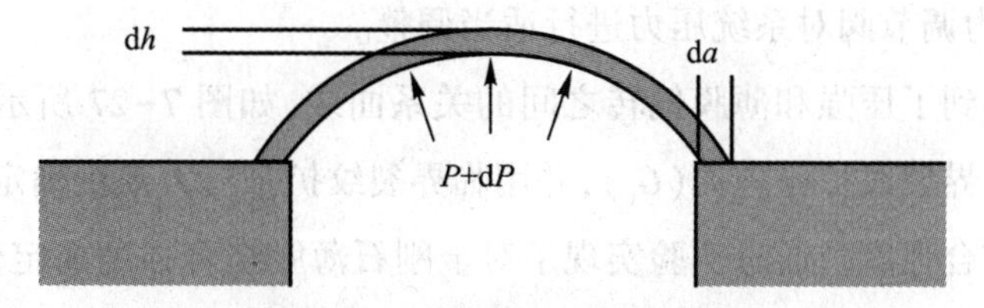

图 7-25　鼓泡法测量原理示意

在试样基底的背面采用化学腐蚀，显微加工或者其他方法加工出一个孔洞使得原先与基底接触的一个面暴露在外，同时不损伤到金刚石薄膜，然后在薄膜的一侧施加液压或者气压，使金刚石薄膜受到均布载荷作用而产生变形，通过精确测量金刚石薄膜的变形和相应的压强便可以得到金刚石薄膜所受载荷与其变形间的关系，根据有效的鼓泡法实验模型可以精确定量地计算出金刚石薄膜的结合强度。

根据内胀鼓泡实验法的基本原理研制了一整套的鼓泡实验平台，如图 7-26 所示。

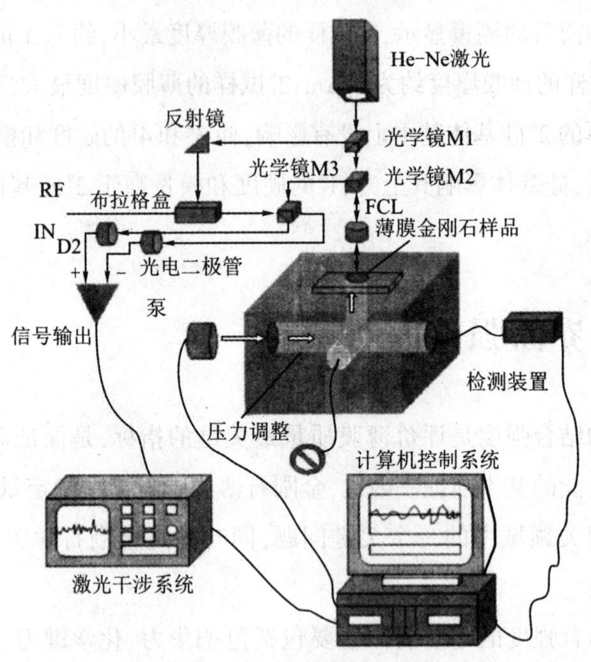

图 7-26　实验装置示意

测量系统是用注射泵来加压，注射泵的加压可直接由注射时活塞的运动来控制。采用真空泵油作为压力油。注射器的活塞被粘贴在一可移动的平台上由步进马达来推动。注射器的推动能力可达 5×10^{-5} in（1.27 μm），是由步进马达的步长和平台的传动所固定的，每步所输出的压力油的容积是由注射器的尺寸所决定，采用计算机来控制步进马达的移动，采用压力调节阀对系统压力进行适当调整。

通过实验得到了压强和薄膜偏转之间的关系曲线，如图 7-27 所示。根据理论模型得到了薄膜的临界裂纹扩张应力（G_c），并用临界裂纹扩张应力来精确定量地表征金刚石薄膜膜基界面结合强度。通过实验实现了对金刚石薄膜结合强度的定量检测，从而为金刚石薄膜的制备工艺优化及其质量的评估提供了可靠的依据和标准。

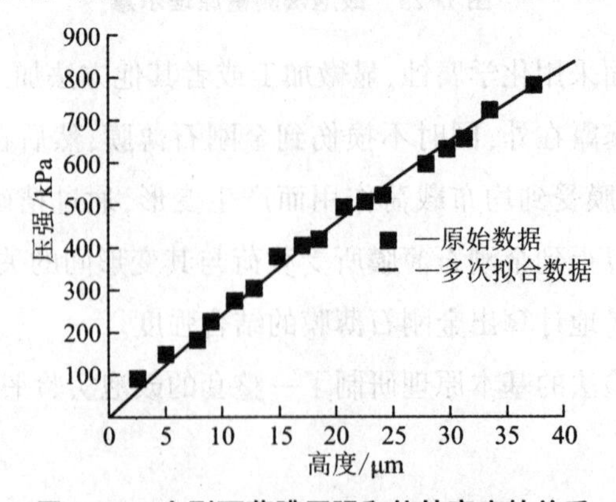

图 7-27　金刚石薄膜压强和偏转高度的关系

7.7 CVD 金刚石薄膜的力学测量

金刚石薄膜窗口的制作过程示意图,如图 7-28 所示。采用热丝辅助 CVD 法在硅片上沉积了金刚石薄膜,并采用湿式各向异性刻蚀法进行刻蚀,制成金刚石薄膜窗口试样。窗口直径为 3~4 mm。

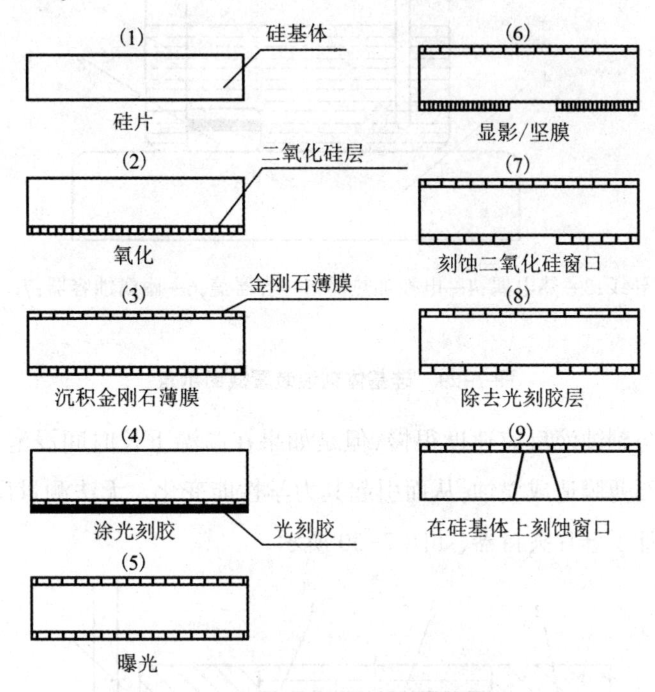

图 7-28 在硅基体上制作金刚石薄膜窗口的过程

硅基体刻蚀装置截面示意,如图 7-29 所示。装置呈圆形,反应容器要求耐腐蚀,并且耐高温,不易破裂,需要采用不锈钢来制作。整个反应过程中要求温度基本保持稳定,为此采用热电偶来测量溶液内的温度,用电控加热器来加热,恒温电子调节器根据电偶的输出信号来调节加热器的功率,使溶液的温度保持在 80~84 ℃。随着不断加热,刻蚀液中的水分会不断蒸发,造成刻蚀液的浓度不断升高,为了防止该现象的发生,在容器盖上设计有冷凝器,使蒸发的水分冷凝,然后又流回到容器中,以保持溶液浓度基本不变。

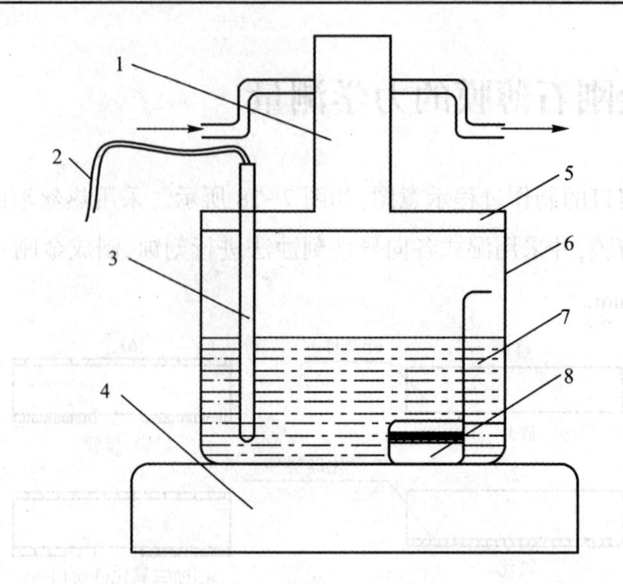

1—冷凝器;2—导线;3—热电偶;4—电控加热器;5—容器盖;6—耐腐蚀容器;7—碱性腐蚀液;8—硅片夹持器。

图 7-29 硅基体刻蚀装置截面示意

金刚石薄膜与刻蚀液反应速度很慢,但是如果在高温下长时间浸泡在刻蚀液中,刻蚀液也会对金刚石薄膜造成腐蚀,从而引起其力学性能变化。无法测量出原来的力学性能。为此专门设计了硅片夹持器,如图 7-30 所示。

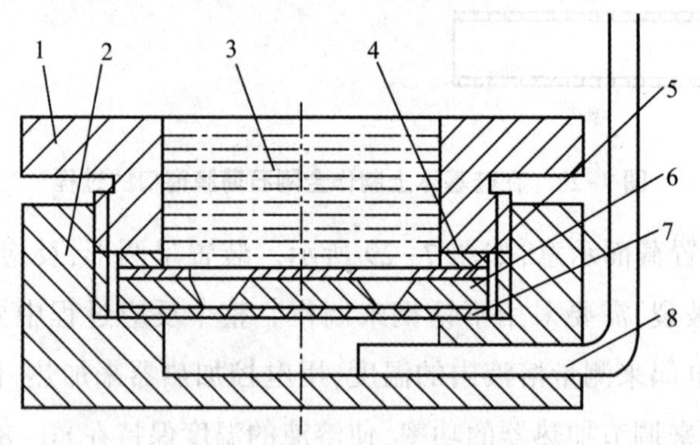

1—上盖;2—下体;3—刻蚀液;4—耐腐蚀密封圈;5—二氧化硅层;6—硅基体;7—金刚石薄膜;8—通气管。

图 7-30 硅片夹持器结构

7.8 磨耗比的测定

CVD 金刚石磨耗比测试设备,结构紧凑,操作简便,如图 7-31 所示。主要包括基础工作台、CVD 金刚石试样及专用夹具、砂轮机、*XY* 向移动工作台和防尘装置五个部分。

试样采用 YAG 激光加工机并从待测 CVD 金刚石薄膜上切割而成,大小为 5 mm×5 mm 矩形。夹具的装卡面设计为 45°斜面,保证了装卡后的试样倾斜角为 45°,同时在装卡面上设计了一个定位台阶,使待测棱边凸出到夹具之外。

实际测试时,仅通过变频调速器固定砂轮的初始线速度,测试过程中不再中途停止调整线速度。砂轮转速为 2860 r/min 时,砂轮直径变化对磨耗比数值测量的影响,如图 7-32所示。

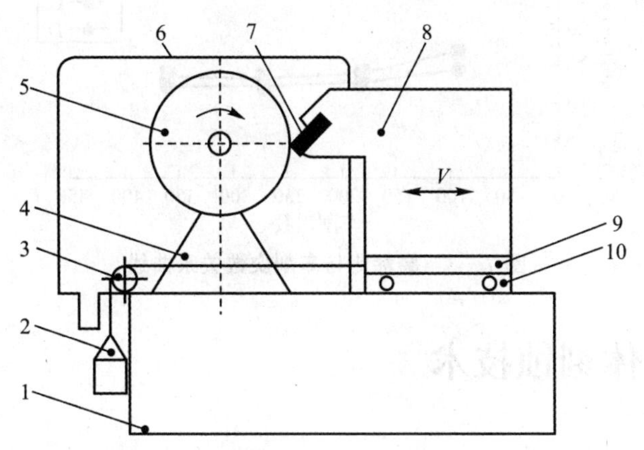

1—基础工作台;2—配重;3—滑轮;4—砂轮机固定座;5—砂轮;6—防尘罩;7—CVD 金刚石试样;8—专用夹具;9—X 向移动工作台;10—Y 向移动工作台。

图 7-31 CVD 金刚石磨耗比测试设备结构示意

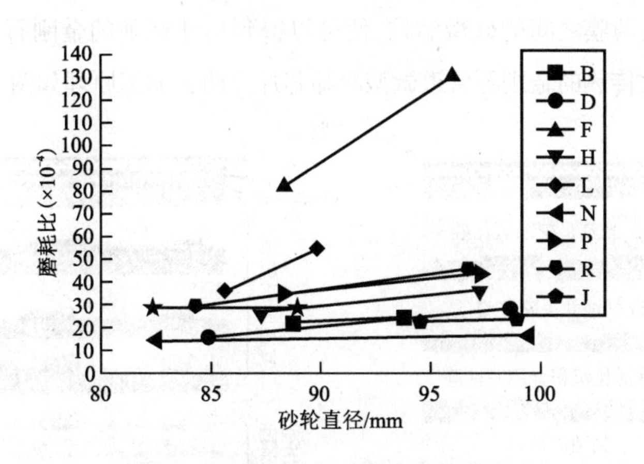

图 7-32 磨耗比与砂轮直径的关系

图 7-32 中分别是 9 个样品平行棱的测试结果,砂轮直径为初始和终了的平均值。磨耗比测试对砂轮直径变化通常小于 5 mm,若转速不变,则线速度变化量最大为 7%,对磨耗比小于 3.0×10^5 的样品,测量结果的变化小于 10%。

在给定载荷下,随着车削量的增加,金刚石棱边磨钝,对砂轮表面压强减小,吃刀量也逐渐减小,最后由切削变成对磨,但由于载荷较小,摩擦作用并不强烈,此时,金刚石和砂轮的磨损量变化很小,磨耗比值趋于稳定。

三个样品连续车削 360 次时磨耗比数值变化如图 7-33 所示,测量时,每车削 90 次后,测量车削砂轮和金刚石的总磨耗量,然后计算磨耗比值。

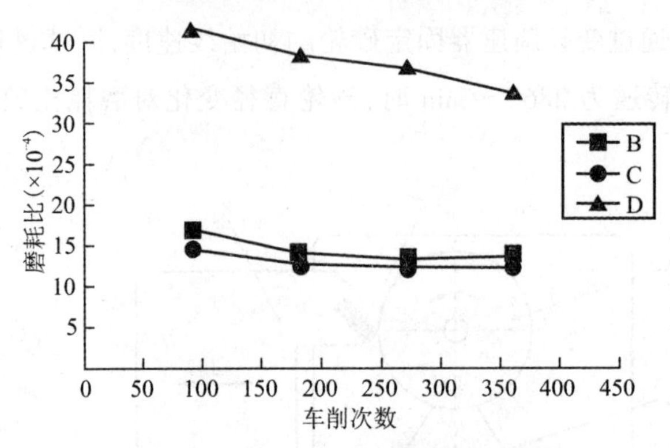

图 7-33 磨耗比与车削次数关系曲线

7.9 等离子体刻蚀技术

利用 SOI 基板制备用于复制的硅微结构模具,使硅微结构与衬底被氧化硅隔断,然后按照既定的相同工艺沉积金刚石薄膜,接着从背后刻蚀去掉基体硅,借助氧化硅隔离层的保护使作为模具的硅微结构保留下来,同样在暴露的背面再次生长金刚石薄膜,最后腐蚀掉夹在两层金刚石薄膜之间的硅微结构,便可以得到尺寸精确的金刚石空心微结构,一个典型的例子是高效传热的金刚石管道微型冷却芯片。两者加工原理如图 7-34 所示。

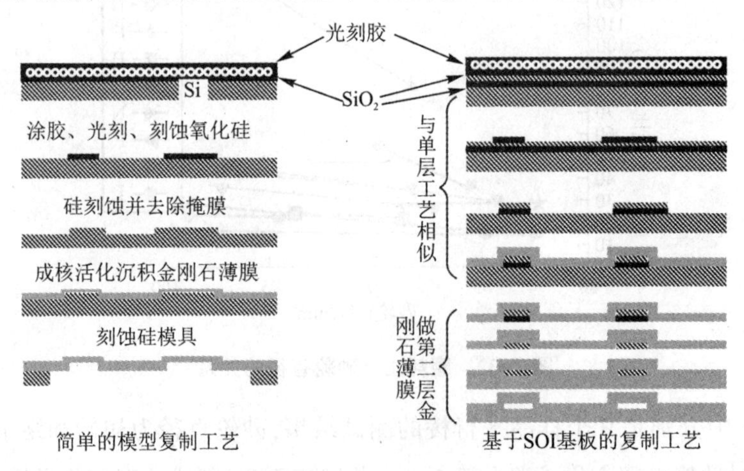

图 7-34 金刚石微结构模型复制工艺原理

镍和镍钛合金作为掩膜材料的优势是它们在刻蚀过程中可能发挥侧壁钝化的作用。在中等强度射频激励下,工作压力 6~8 Pa,工作气体氧流量控制在 80 mL/min 左右,可以使金刚石薄膜刻蚀达到最佳效果，金刚石微结构的侧壁陡直而且光滑，没有明显的刻蚀发生，图形转移过程中结构尺寸控制精确，刻蚀后残余物也比较少。刻蚀速率在 30～50 nm/min，系统的自偏压约为 400～600 V。

过低的工作气压会导致系统自偏压显著上升，促使物理刻蚀的成分增加，使刻蚀速度下降，微结构侧壁损伤加剧，刻蚀残余物增加；反之，如果系统工作气压过高，则随着系统自偏压的下降，物理刻蚀的效应降低，侧壁钝化效果变差，侧向刻蚀逐渐明显，同时底部的微掩膜也不能够被及时清除，于是出现底部长“草”的现象，这通常被认为是微掩膜不能够被充分清除并逐渐积累所造成的结果。

7.10　金刚石薄膜的冲蚀磨损

由于红外制导飞行器在高速飞行过程中不可避免地要受到悬浮的固体颗粒的冲击作用，因此，需要对金刚石红外窗口在冲击过程中的行为表现进行研究，评估抗砂蚀能力。

采用自制的高压气体喷射式冲蚀磨损系统，研究了磨料类型、冲击速度和冲击角度对自支撑金刚石薄膜冲蚀磨损率的影响。该系统的示意图，如图 7-35 所示。

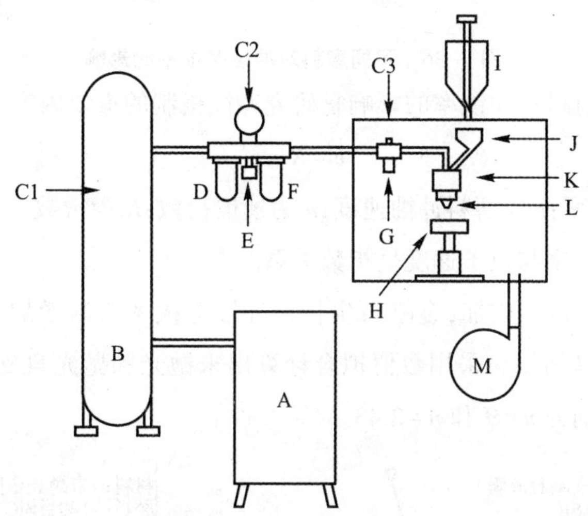

A—涡旋式空压机；B—储气罐；C1，C2，C3—气体压力表；D—湿气分离器；E，G—气压调节阀；F—集油器；H—载物台；I—振动式供砂装置；J—供砂口；K—喷枪；L—喷嘴；M—吸尘器。

图 7-35　砂蚀实验系统示意

冲蚀磨损实验中采用粒度为 180 目的带棱角的 SiC、SiO_2、Al_2O_3磨料和球形玻璃珠；冲蚀角度分别取 90°、60°、45°、30°；冲蚀速度分别取 154 m/s、134 m/s、96 m/s、77 m/s、51 m/s；磨料供给量为 5 g/min；喷嘴直径为 3 mm，喷嘴到试样之间的距离为 10 mm。

实验中试样的冲蚀磨损率采用式(7-1)计算：

$$E=\frac{m}{M} \tag{7-1}$$

式中，E 为冲蚀磨损率，mg/g；m 为试样冲蚀磨损量，mg；M 为磨料消耗量，g。

为了准确计算出冲蚀磨损率，在冲蚀实验前后把试样放在无水乙醇中，用超声波清洗 5 min，充分干燥后用精密分析天平（精度为±0.1 g）称量样品的质量。

一般磨料的硬度越接近靶材的硬度或超过靶材的硬度，即磨料的硬度越大，则该磨料对靶材的冲蚀磨损率越大。本部分中采用的磨料硬度：SiC>Al_2O_3>SiO_2>玻璃珠。虽然金刚石薄膜硬度远远高于磨料硬度，但是在相同的冲蚀条件下，高硬度磨料仍然造成高冲蚀磨损率，如图 7-36 所示。

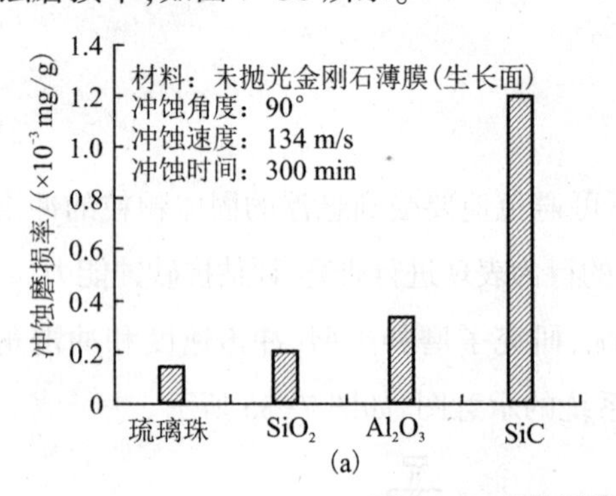

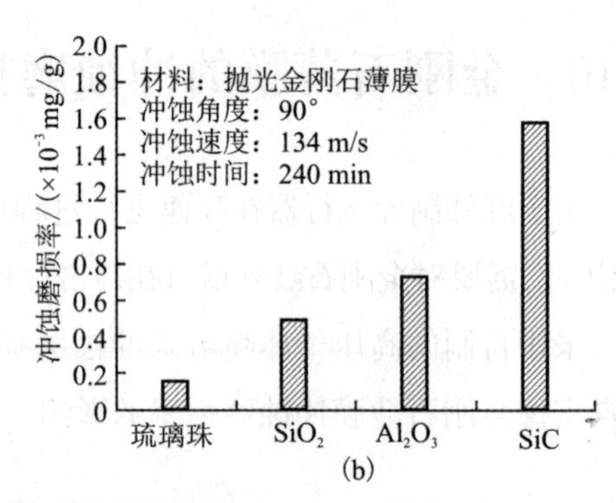

图 7-36　不同磨料对冲蚀磨损率的影响

粒子冲蚀速度对材料冲蚀率的影响是研究冲蚀机制的重要内容，普遍存在的规律：

$$E=K\cdot v^n \tag{7-2}$$

式中，E 为冲蚀磨损率；v 为磨料冲蚀速度；n 为速度指数；K 为常数。

即材料冲蚀磨损率与粒子速度呈指数关系。

随着磨料冲蚀速度的增加，金刚石生长面冲蚀磨损率逐渐增加，二者之间符合指数正比关系，如图 7-37 所示。采用数值拟合计算出未抛光和抛光自支撑金刚石薄膜冲蚀磨损速度的指数分别为 $n=9$ 和 $n=2.43$。

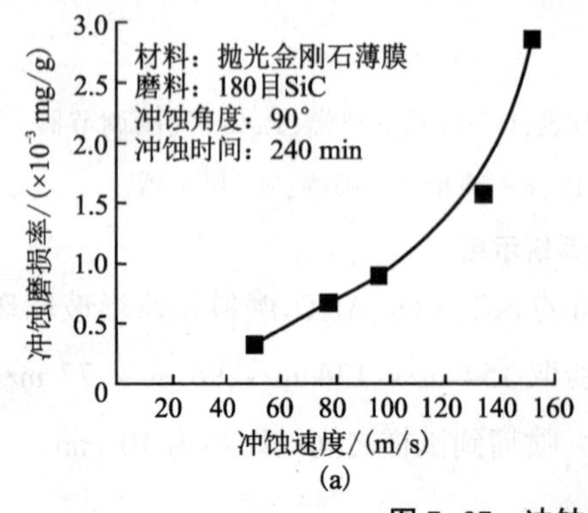

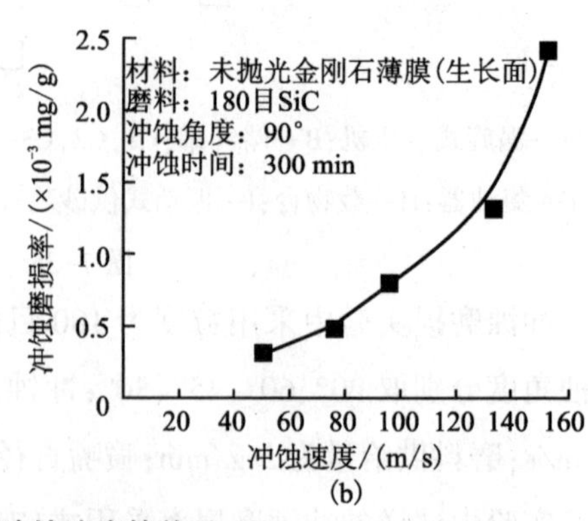

图 7-37　冲蚀磨损率与冲蚀速度的关系

自支撑金刚石薄膜的冲蚀磨损率随冲蚀角度的增大而增加,90°时达到最大值,表明金刚石薄膜具有典型的脆性材料的冲蚀磨损特征。冲蚀角度与冲蚀磨损率之间的关系,如图 7-38 所示。

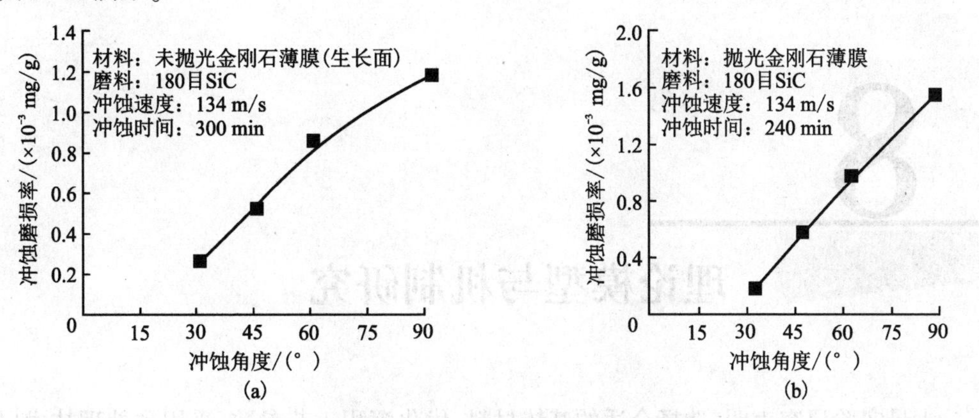

图 7-38　冲蚀角度与冲蚀磨损率的关系

未抛光自支撑金刚石薄膜生长面和抛光金刚石薄膜随着冲蚀时间的增加冲蚀磨损率变化情况,如图 7-39所示。

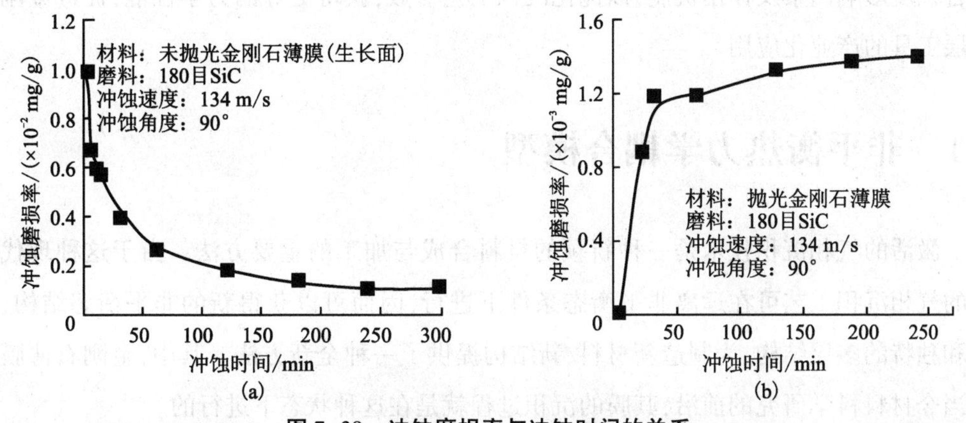

图 7-39　冲蚀磨损率与冲蚀时间的关系

可以看出,在相同的冲蚀条件下,随冲蚀时间的延长,虽然两种不同表面状态的自支撑金刚石薄膜的冲蚀磨损率的变化趋势不同,但最后达到的稳定冲蚀磨损率是一致的,均为 $1.2\times10^{-3}\sim1.6\times10^{-3}$mg/g。

8 理论模型与机制研究

大量实验研究表明，选择合适的基体材料、优化沉积工艺参数、采用预处理技术以及添加合理的中间过渡层，是提高金刚石涂层与硬质合金基体结合强度的有效手段。在结合传统研究的基础上，可以采用分子动力学模拟仿真方法，来研究金刚石涂层膜基界面结合强度影响因素及作用机制，以优化沉积工艺参数，获得更好的力学性能，促进金刚石涂层工具的产业化应用。

8.1 非平衡热力学耦合模型

激活的气相沉积技术是一种新颖的材料合成与加工的重要方法。由于这种现代新颖的气相沉积工艺可在远离非平衡态条件下进行，因而可以获得新的非平衡态结构、成分和独特的多层结构，为制造新材料、新结构提供了一种全新方法。其中，金刚石薄膜这一当今材料科学研究的前沿，其膜的沉积过程就是在这种状态下进行的。

8.1.1 化学泵模型概述

化学泵模型是由王季陶和 Jan-otto Carlsson 于 1990 年共同提出的。该模型把“超平衡的氢原子”视为一种外界的能量，起到一种“水泵”传输的作用。把石墨作为稳态，金刚石作为亚稳态处理时可认为在稳态和亚稳态之间存在一个假想的“化学泵”，并认为这个特殊的“化学泵”是由超平衡的氢原子及石墨、金刚石两个特殊的表面所组成的。不难看出，化学泵模型已比较清楚地回答了激活的低压生长金刚石的热力学机制。

化学泵模型分动力学模型和热力学模型两种，其示意图如图 8-1 所示。这两大类中，动力学模型是把金刚石作为亚稳态，用控制生长条件以得到亚稳态的金刚石；而热力学模型却是由于特殊的超平衡氢原子、缺陷的存在,使金刚石转为稳定态。把这两类模型相联系,即把金刚石作为亚稳态固相来处理,同时又把金刚石作为稳定态的固相处理,这就是非平衡力学耦合模型的基本出发点。

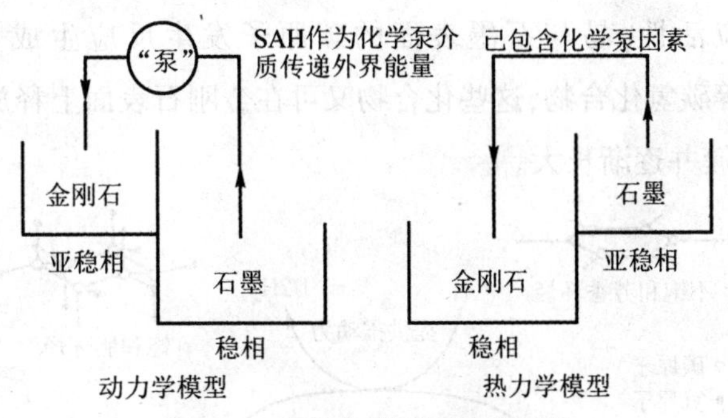

图 8-1　两种化学泵模型的示意

8.1.2　非平衡热力学反应机制与耦合模型

热丝法系统中 CH_4-H_2 为反应气体,沉积的示意过程如图 8-2 所示。从反应气体可以看出,通过钨丝的加热,促使反应气体离解、活化。

其中氢气必不可少,其作用有三点:一是离解的原子态氢有助于 CH_4 的离解,以便产生活性的甲基原子团 CH_3;二是原子态氢的存在有利于稳定金刚石的 sp^3 键,不利于形成石墨的 sp^2 键;三是原子态氢对生成的石墨可起到刻蚀的作用。

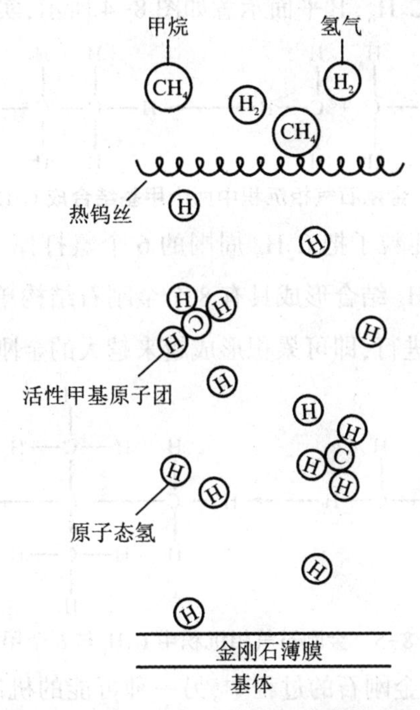

图 8-2　热丝法沉积金刚石薄膜的过程

低压下生长金刚石的一种可能的热力耦合机制是一个理想化的可能机制，如图 8-3 所示，之所以称为理想的主要原因是石墨的表面上不一定只是 6 个碳原子的原子簇，通常应是更多的原子簇；而气相中，主要是 CH_4、C_2H_2 等，而不是 6 个碳的环己烷。由于氢原子具有强的反应活性，易与石墨表面的碳原子发生反应生成 CH_4、C_2H_4、C_2H_2、$—CH_3$、$—CH_2CH_3$ 等碳氢化合物，这些化合物又可在金刚石表面上释放氢原子，从而形成金刚石表面的原子簇并逐渐长大。

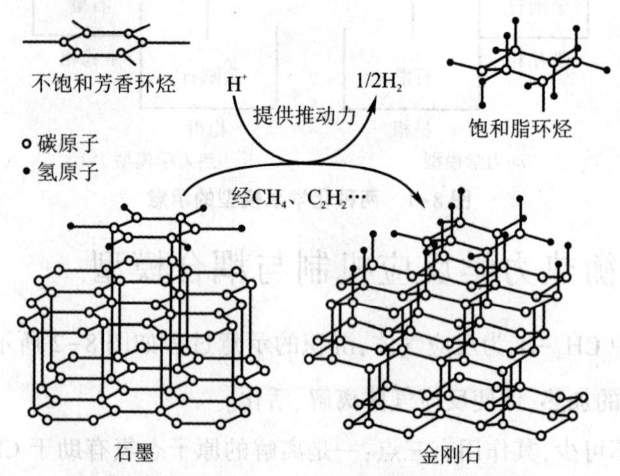

图 8-3　低压下生长金刚石的热力耦合机制

金刚石气相沉积中甲基（$—CH_3$）又是怎样形成金刚石的呢？其过程是由两个甲基结合成具有金刚石结构的 C_2H_6，其平面示意如图 8-4 所示，实际上该结构图是立体的。

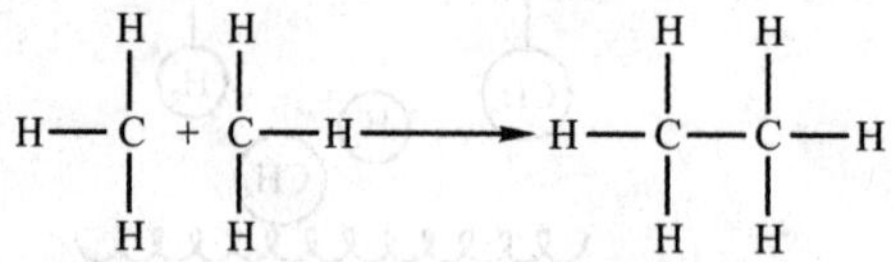

$$\mathrm{CH_3} + \mathrm{CH_3} \longrightarrow \mathrm{H_3C{-}CH_3}$$

图 8-4　金刚石气相沉积中两个甲基结合成 C_2H_6 的示意

再用等离子体中的高能粒子把 C_2H_6 周围的 6 个氢打掉，并用每 6 个甲基与 6 个上述所示被打掉氢原子的 C_2H_6 结合形成具有 8 个金刚石结构单元的晶体，其平面示意图，如图 8-5 所示。过程继续进行，即可累积形成越来越大的金刚石晶体。

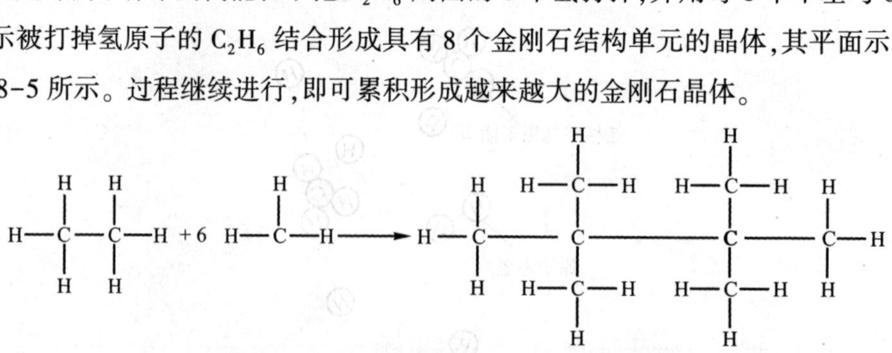

$$\mathrm{H_3C{-}CH_3} + 6\,\mathrm{CH_3} \longrightarrow \mathrm{H_3C{-}C(CH_3)_2{-}C(CH_3)_2{-}CH_3}$$

图 8-5　金刚石气相沉积中 C_2H_6 与 6 个甲基

与此同时，在低压合成金刚石的过程中，另一种可能的机制是生成石墨，其在氢原子的刻蚀作用下转变为金刚石，其转变过程如图 8-6、图 8-7 所示。

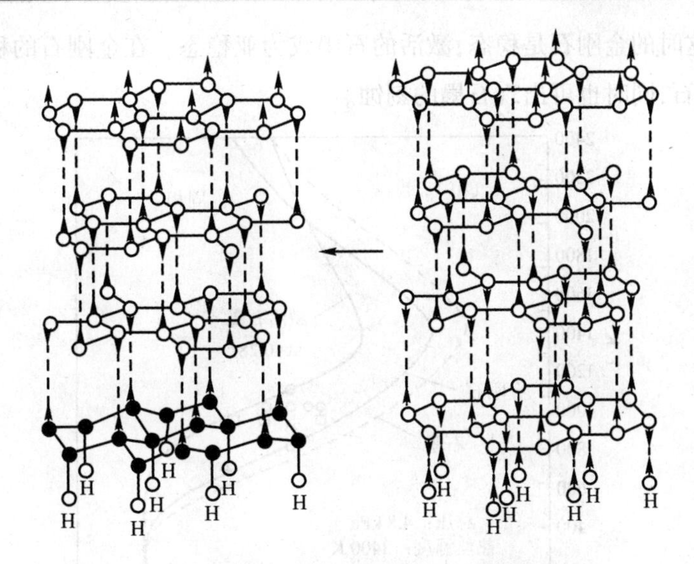

图 8-6　在氢原子作用下石墨结构转化成金刚石结构

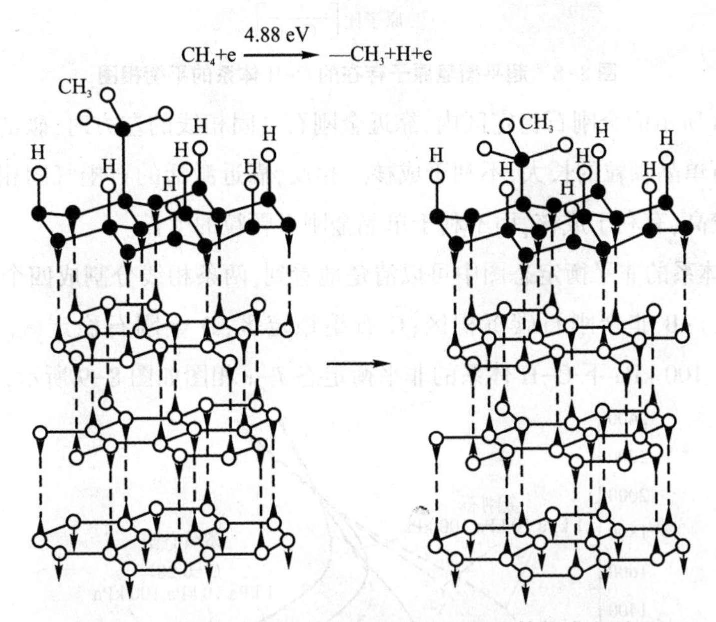

图 8-7　甲基与金刚石结构的石墨相互作用转化成金刚石

8.1.3　非平衡定态相图

1954 年 Prigogine 就提出了“非平衡定态熵产生的最小化”原理，它是非平衡定态相图计算的理论依据。由此可以推导出在等温等压条件下非平衡定态时吉布斯自由能耗散的最小值。

激活的石墨(gra*)气固相线与金刚石(dia)气固相线组成的是超平衡氢原子存在的 C-H 体系的非平衡相图，如图 8-8 所示。两条线之间低于交点的温度区间中，金刚石是稳定区，亦即这时的金刚石是稳态，激活的石墨成为亚稳态。在金刚石的稳定区中，可稳定地生长金刚石，同时也可出现石墨的刻蚀。

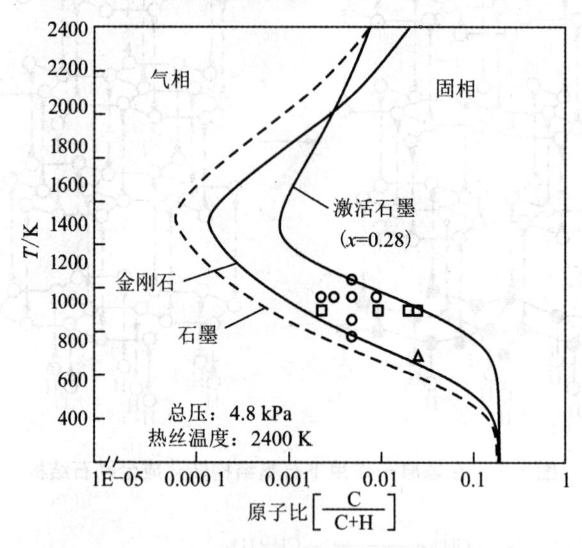

图 8-8　超平衡氢原子存在的 C-H 体系的平衡相图

从图 8-8 所示的金刚石稳定区内，靠近金刚石气固相线的左方时，碳的饱和度较低，有利于金刚石单晶颗粒的长大，不利于成核。相反，靠近激活的石墨气固相线的右方时，碳的饱和度较高，有利于成核，而不利于单晶金刚石颗粒的生长。

从 C-H 体系的非平衡定态图中可以清楚地看到，两条相线分割成四个相区，即 A 相区（非沉积区）；B 非金刚石碳沉积区；C 石墨稳定区；D 金刚石稳定区。压强分别为 1 kPa、10 kPa、100 kPa 下 C-H 体系的非平衡定态 $T-x$ 相图如图 8-9 所示。

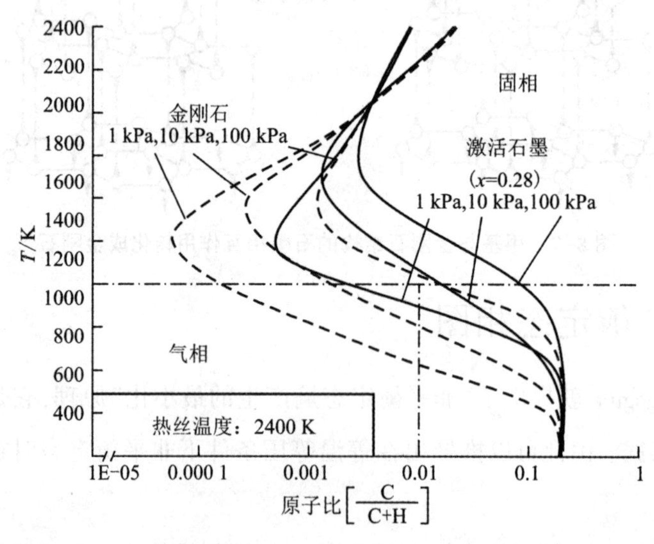

图 8-9　三个不同压强下的 C-H 体系非平衡定态 $T-x$ 相图

作为 C-H 二元体系的完整相图是用三维空间温度(T)-压强(p)-组分(x)相图表达,如图 8-10 所示。在三个压强(0.01 kPa,1 kPa,100 kPa)的等截面 T-x 图中,每个T-x图都有一个稳定的生长区(斜线部分)。

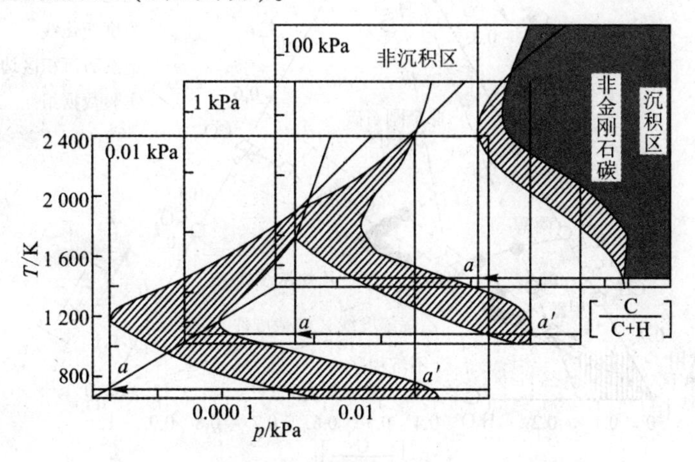

图 8-10　C-H 体系的非平衡定态 T-p-x 相图

用同样的方法分别计算出如图 8-11 所示的 C-O 体系的非平衡定态 T-p-x 相图。

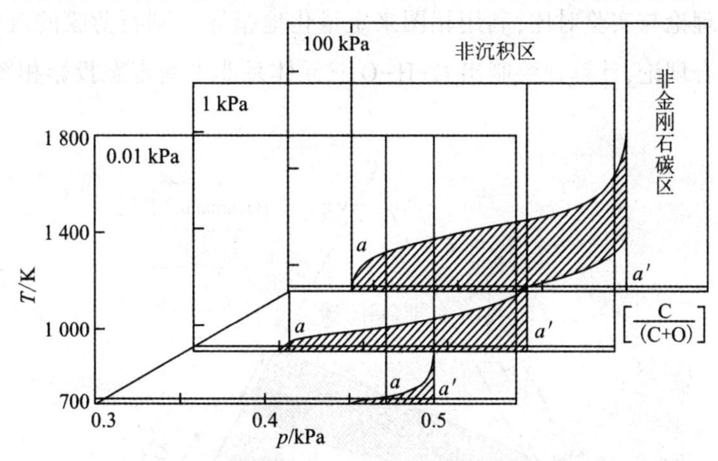

图 8-11　C-O 体系的非平衡定态 T-p-x 相图

1991 年,Bachmann 等把有关的 C-H-O 体系中低压气相沉积金刚石工艺生长数据做了总结,计算绘制了 C-H-O 体系相图如图 8-12 所示。

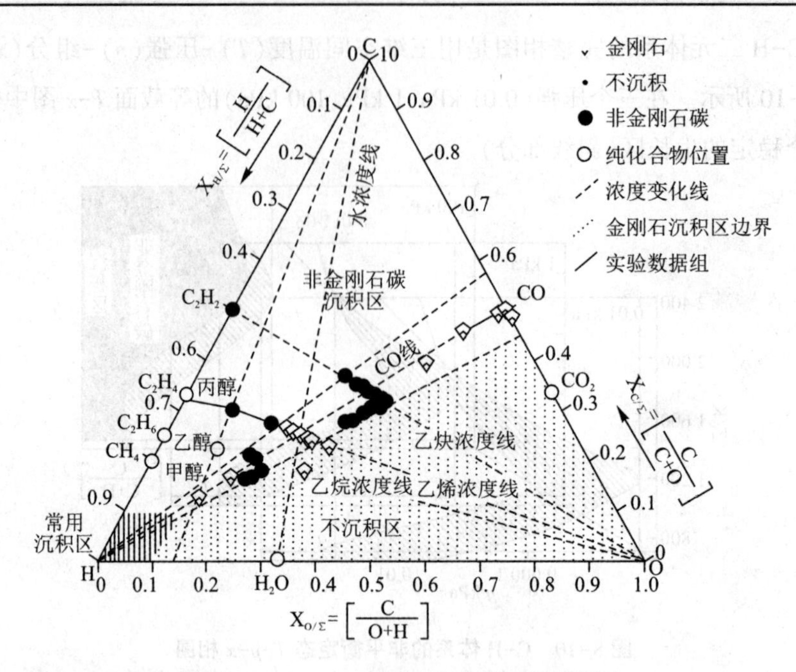

图 8-12　C-H-O 低压沉积金刚石薄膜相图

为有利于理论与实验对比,利用相图来定量化地指导金刚石薄膜的沉积工艺实验,用非平衡的耦合理论,计算并绘制出 C-H-O 三元体系非平衡定态投影相图,如图 8-13 所示。

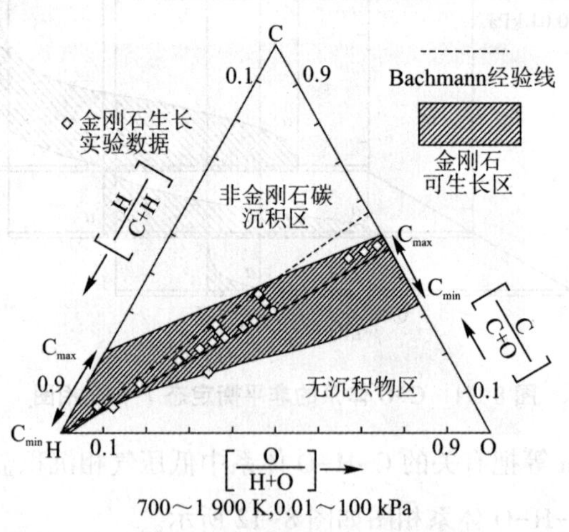

图 8-13　理论计算的 C-H-O 三元体系非平衡定态投影相图

C-H-O 三元体系投影在 $T-x$ 面生长金刚石薄膜非平衡定态相图如图 8-14 所示。

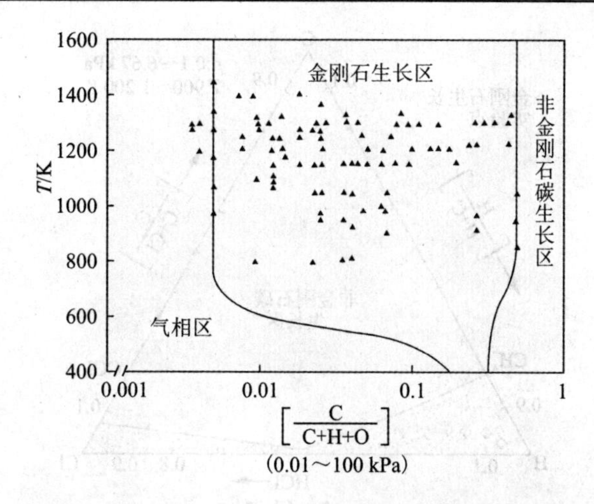

图 8-14　C-H-O 体系投影在 $T-x$ 面生长金刚石薄膜非平衡定态相图与实验结果比较

国外已发表收集的 100 多个实验数据都能较好地落在图 8-13 理论计算的生长区内。

用类似 C-H-O 三元体系的计算方法计算出 C-H-F,C-H-Cl 三元体系非平衡定态相图,分别如图 8-15 和图 8-16 所示,并把文献上查得的数据列在相图中,其理论计算结果与实验数据比较吻合。因此,图 8-15、图 8-16更适用于激活的低压气相生长金刚石薄膜。

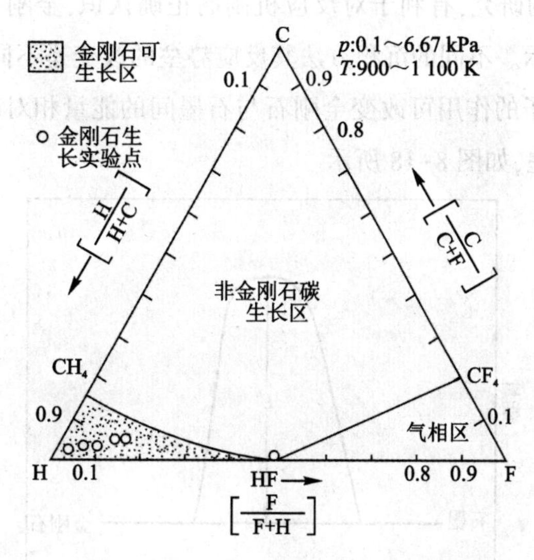

图 8-15　C-H-F 体系生长金刚石的投影组分定态相图与实验结果比较

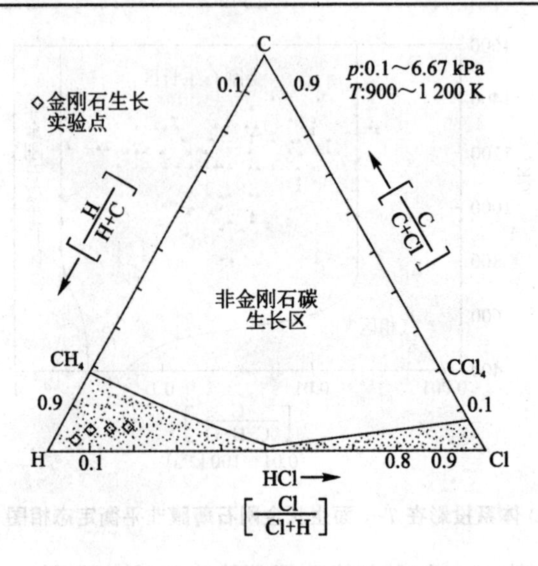

图 8-16　C-H-Cl 体系生长金刚石的投影组分定态相图与实验结果比较

8.2　低压激活金刚石薄膜生长中的反应势垒

在低压激活化学气相沉积金刚石制备工艺中，由于是在非平衡定态条件下进行的，对反应势垒正反方向的研究，有利于对反应机制的正确认识，金刚石与石墨平衡时的反应势垒，如图 8-17 所示。不同的沉积方法其反应势垒的改变是不同的。正是因为如此，CVD 法中超平衡氢原子的作用可改变金刚石与石墨间的能量相对高低。低压激活气相生长金刚石的反应势垒，如图 8-18 所示。

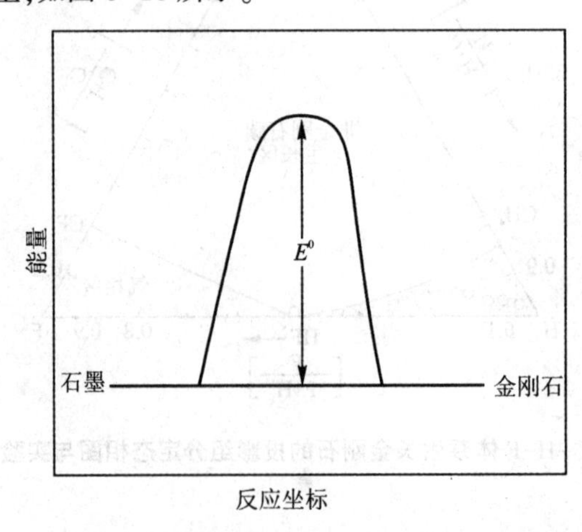

图 8-17　金刚石和石墨平衡时的反应势垒

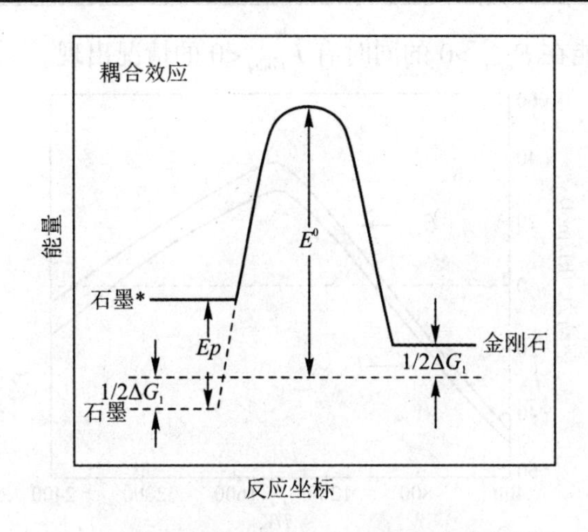

图 8-18 低压激活气相生长金刚石的反应势垒

低压激活气相过程中金刚石与石墨生长的等概率线，如图 8-19 所示，用经典的平衡相图的赫尔曼-西蒙线对照，显示的等概率生长线的交叉点远低于平衡相图的赫尔曼-西蒙经典线。这与激活的低压生长金刚石过程的事实是符合的。

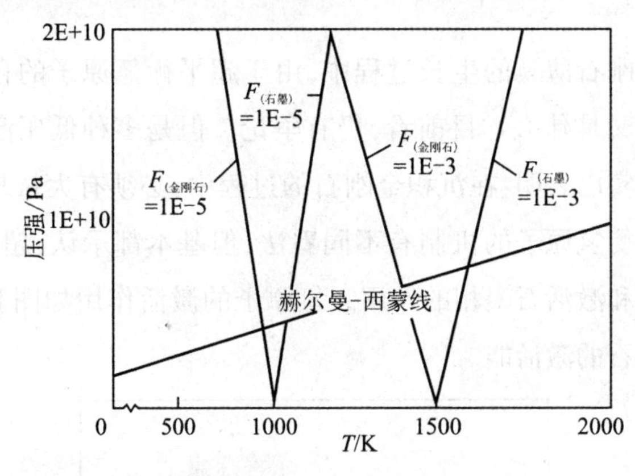

图 8-19 激活低压气相过程中金刚石和石墨生长的等概率线

8.3 低压激活气相生长金刚石薄膜的驱动力

$F_{(dia)}$ 与 $F_{(gra)}$ 在应用上可表示生长 1 mol 的石墨或金刚石时体系自由能的变化。从气相中生长金刚石，同时又不生长石墨，必须是在 $F_{(dia)}>0$，$F_{(gra)}<0$ 的条件下，亦就是要求碳在气相中的化学势要高于金刚石的化学势而低于石墨的化学势才能满足。计算摩尔分数为 1%(体积分数) CH_4-CH_2 体系，在 4.8 kPa 的压强条件下，$F_{(dia)}$ 和 $F_{(gra)}$ 随温度(T)的变化曲线，如图 8-20 所示。

在 4.8 kPa 压力条件下，从驱动力 F 与计算温度(T)范围的关系变化曲线中可以看出，$F_{(gra)}>F_{(dia)}$，不可能在 $F_{(gra)}>0$ 的同时有 $F_{(dia)}<0$ 的情况出现。

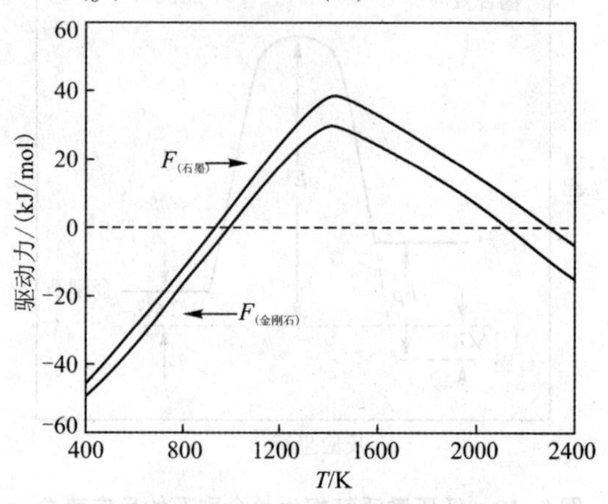

图 8-20 驱动力 $F_{(dia)}$ 和 $F_{(gra)}$ 随温度的变化

8.4 超平衡氢原子的特殊作用

在低压激活的金刚石薄膜的生长过程中，由于超平衡氢原子的存在，到底起到什么作用？它的作用机制又是什么？目前看，仍有争论。但是多种低压激活方法，已成功沉积出金刚石薄膜的事实已表明：在沉积金刚石的过程中，必须有大量超平衡氢原子存在。尽管科研人员对超平衡氢原子的机制有不同看法，但基本都承认，超平衡氢原子的存在起到了稳定金刚石相和激活石墨相的作用。氢原子的激活作用如图 8-21 所示，图中 E^{θ} 表示石墨转变为金刚石的激活能。

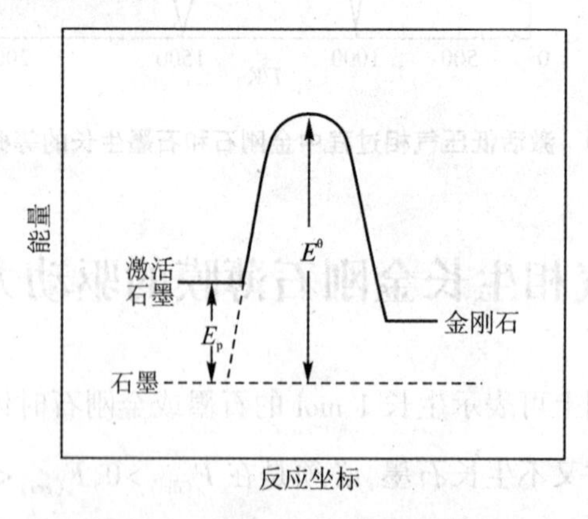

图 8-21 超平衡氢原子对石墨的激活作用

从图 8-21 看出，在没有超平衡氢原子的作用下，低压下的石墨相比金刚石相稳定，即石墨位于较低的能量状态，当加入超平衡氢原子时，其对石墨相起到了一个“激活”的作用，石墨就从较低的能量状态被提升为激活石墨。

从图 8-22、图 8-23 可知，温度在 1250～2080 K 或者摩尔分数超过 7%时，$F^{*}_{(gra)}$ 和 $F_{(dia)}$ 都是正值，表明金刚石和石墨同时生长，但因石墨的成核率远大于金刚石的成核率，所以将主要生长石墨。

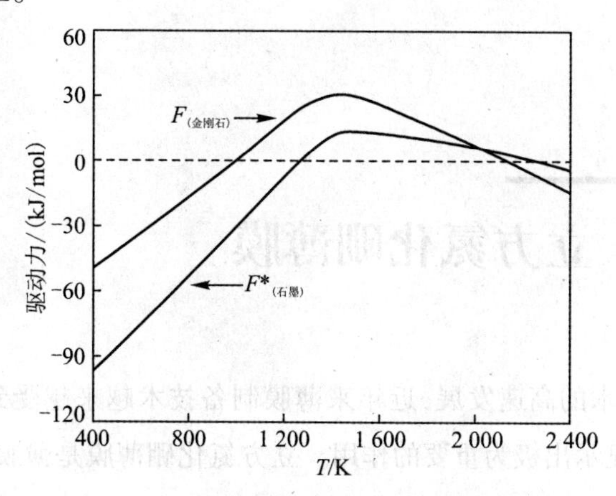

图 8-22 驱动力 $F^{*}_{(石墨)}$ 和 $F_{(金刚石)}$ 随温度的变化

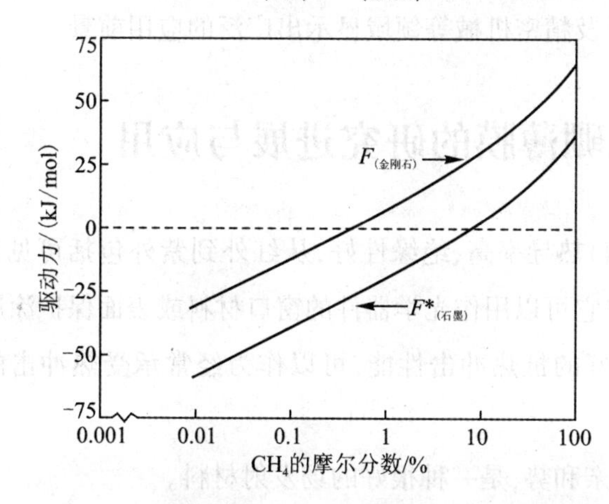

图 8-23 驱动力 $F^{*}_{(gra)}$ 和 $F_{(dia)}$ 随 CH_4 浓度的变化

由此可知，超平衡氢原子在激活的低压气相金刚石生长过程中，由于耦合的作用，促使石墨和金刚石的相对能级发生变化，使金刚石的驱动力大于零，而石墨的驱动力小于零。因此，在气相生长中只生长金刚石而不生长石墨，或在金刚石与石墨生长的同时，石墨被刻蚀（或抑制）。

9 立方氮化硼薄膜

随着现代科学技术的高速发展,近年来薄膜制备技术越来越受到人们的青睐,并在高技术、新材料方面显示出极为重要的作用。立方氮化硼薄膜是薄膜技术在立方氮化硼合成领域的重要发展,它为充分利用立方氮化硼的优异性能开拓了新的应用领域,在航空、航天、原子能、电子及精密机械等领域显示出广泛的应用前景。

9.1 立方氮化硼薄膜的研究进展与应用

立方氮化硼(CBN)热导率高、绝缘性好,从红外到紫外包括可见光的波谱范围内有良好的透过性,这使得它可以用作光学器件的窗口材料或表面保护涂层。

CBN 涂层具有良好的抗热冲击性能,可以作为经常承受热冲击的电子器件的防护涂层。

CBN 具有负电子亲和势,是一种很好的场发射材料。

CBN 禁带宽(约为 6.4 eV),易于实现 n 型和 p 型掺杂,使其在电子、光电子、光学器件和平板显示领域也有非凡的应用前景。

近期的理论模拟发现,CBN 纳米层具有金属性,厚度低于 1 nm 时还具有半导体特性,为其应用提供了新的思路。

CBN 的合成通常有两种方式:低压气相沉积法和静(动)态高压高温合成法。前者主要用于薄膜生长,后者则用于 CBN 晶体生长。近期,利用高温高压技术合成的纳米孪晶结构的 CBN 材料,其硬度可能超过金刚石。但由于目前高温高压方法只能合成尺寸微小的晶体粉末,达到毫米级还十分困难,不能像薄膜材料直接沉积在大面积的衬底上,使得 CBN 在应用上受到一定的限制,因此对于半导体、光电器件、切削工具、超硬涂层等领域,高品级的 CBN 薄膜的沉积具有更为重要的理论和实际应用价值。

9.1.1 CBN 薄膜的研究现状

CBN 薄膜的制备以气相沉积为主,包括物理气相沉积(PVD)和化学气相沉积(CVD)。目前,CBN 薄膜的研究已经取得了大量的多方面的进展,但是在薄膜的黏附性、厚度和立方相含量等方面仍然存在诸多问题,极大地限制了 CBN 薄膜在工业上的应用。人们采取后期退火、降低偏压、成核和生长两步法以及增加缓冲层等多种方法来降低内应力和提高膜基黏附力,取得了一定的进展。

Matsumoto 和张文军在直流喷射等离子体化学沉积系统中利用 $Ar-N_2-BF_3-H_2$ 作为反应气体,成功地制备了厚度超过 20 μm 的 CBN 薄膜,如图 9-1 所示。

图 9-1 采用直流喷射等离子化学沉积方法制备的 CBN 厚膜的 SEM 横截面

此外,气相沉积的 CBN 薄膜有典型的层状结构,如图 9-2 所示,即先在衬底表面形成 sp^2 键和非晶层(aBN),接着是[0002]方向平行于衬底的 CBN 层,然后 CBN 在合适的条件下在此过渡层上逐渐成核并生长。

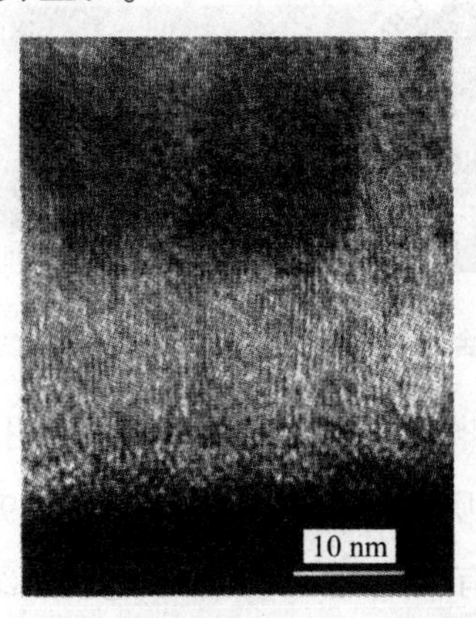

图 9-2 CBN 薄膜的 SEM 横截面

CVD 方法可分为在大气压下进行的大气压 CVD 法和在真空中进行的减压 CVD 法。

近年来，为了在低温下制备各种薄膜材料，开发了用等离子激发的低温减压 CVD 方法，称为等离子体化学气相法。

Feldermann 等用 AlN 做衬底在较高的衬底温度下，用“B”和“N”离子交替轰击衬底，在 AlN 上局部实现了 CBN 外延生长。同时这也是首次在高分辨电子显微镜下直接显示 CBN 薄膜的异质外延生长，如图 9-3 所示。

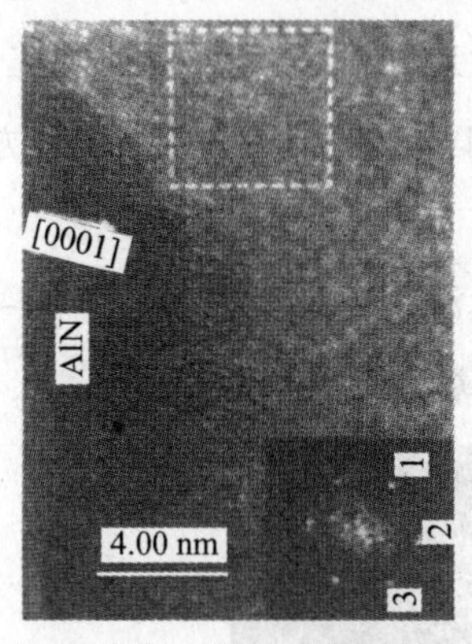

(a)插图为选区傅里叶变换衍射花样

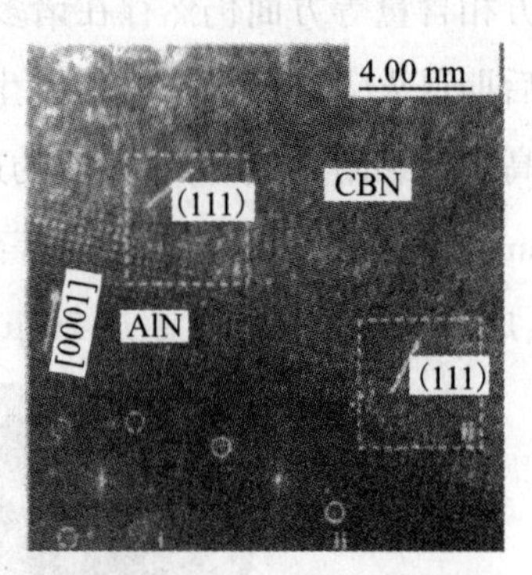

(b)界面外CBN与AlN的晶面相取向

图 9-3　BN/AlN 界面后的 HRTEM

张兴旺等利用双离子束辅助溅射的方法，在高取向[001]金刚石薄膜上外延合成了高纯度单晶 CBN 薄膜，立方相含量 100%，具有极窄的 X 射线衍射曲线半高宽(0.2)，质量非常好。其 HRTEM 图如图 9-4 所示。

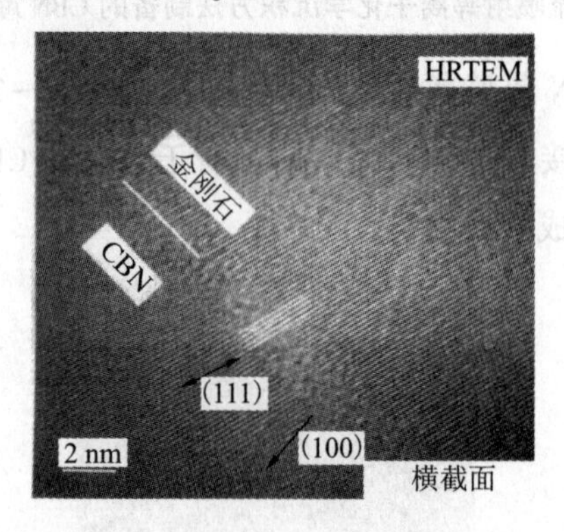

图 9-4　在高取向[001]金刚石单晶衬底上外延生长的 CBN 薄膜的 HRTEM 横截面

张文军等采用了氟化学和金刚石过渡层的结合，利用微波电子回旋共振 CVD 系统，在 Si 衬底上实现了大面积、高质量外延 CBN 单晶膜。图 9-5 的 HRTEM 的横截面图可以证实在 CBN 与金刚石之间没有明显的 CBN/TBN 过渡层结构，横截面为柱状生长。这些外延单晶 CBN 薄膜的制备成功使得有效地应用 CBN 薄膜制备半导体器件成为可能。

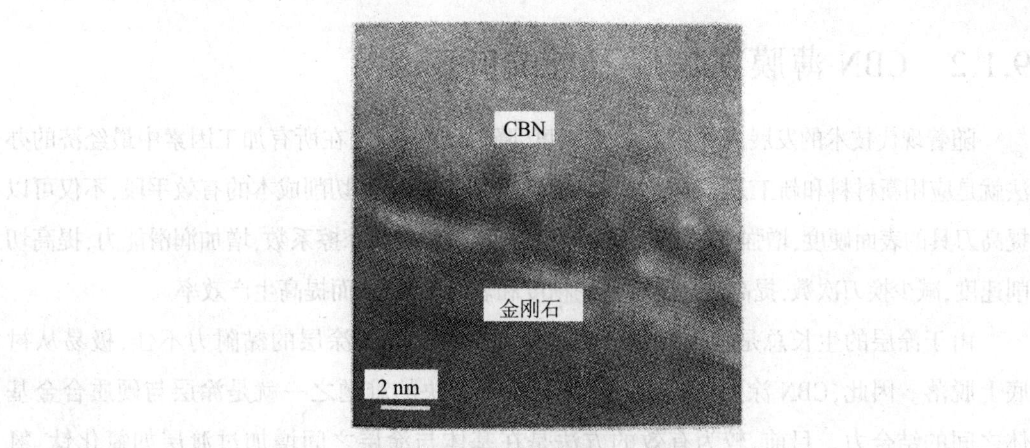

(a)金刚石cBN界面处的HRTEM断面

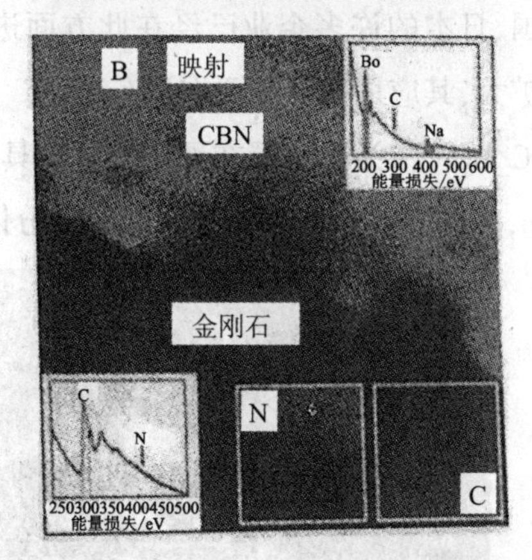

(b)B，N和C的元素分布及分别测自衬底和薄膜两侧的电子能量损失谱(EELS)

图 9-5 生长在金刚石衬底上的 CBN 薄膜

杨杭生等经过系统的分析,发现硅衬底上存在自然的氧化层和离子轰击诱发的硅的无定形化是产生 ABN/TBN 过渡层的主要原因。图 9-6 展示了一个直接在硅衬底上成核生长的 CBN 晶核的 HRTEM 图片。

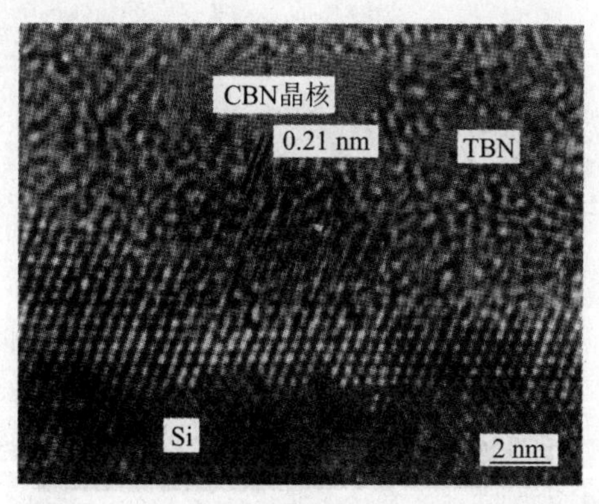

图 9-6 在硅衬底上成核生长的 CBN 晶核

9.1.2 CBN 薄膜在涂层刀具的应用

随着现代技术的发展，要想提高切削速度，降低切削成本，在所有加工因素中最经济的办法就是应用新材料和新工艺。表面涂层是提高刀具寿命，降低切削成本的有效手段，不仅可以提高刀具的表面硬度，增强其耐磨性，而且可以减小刀具表面摩擦系数，增加润滑能力，提高切削速度，减少换刀次数，提高被加工零件的精度和表面质量，从而提高生产效率。

由于涂层的生长总是伴随着很大的内应力，因此 CBN 涂层的黏附力不佳，极易从衬底上脱落。因此，CBN 涂层刀具走向实用化亟待解决的难题之一就是涂层与硬质合金基体之间的结合力。目前，较为有效的方法是在基体与涂层之间增加过渡层如氮化钛、氮化硅富硼梯度层等。美国、日本的许多企业已经在此方面进行了大量投资，预计近年超硬涂层工具市场将继续扩大，其应用领域主要在汽车工业。

Bewilogua 等采用 B_4C/BCN 作为过渡层在硬质合金工具(K10)表面沉积了 CBN 涂层(见图 9-7)，厚度达 2 μm，并做了不同的切削操作测试，充分体现了 CBN 刀具的优越性。

图 9-7 CBN 涂层刀具车刀件

Bello 等以金刚石为过渡层在 WC 刀片上沉积了 CBN 涂层，其显微硬度可高达 71 GPa，如图 9-8 所示。

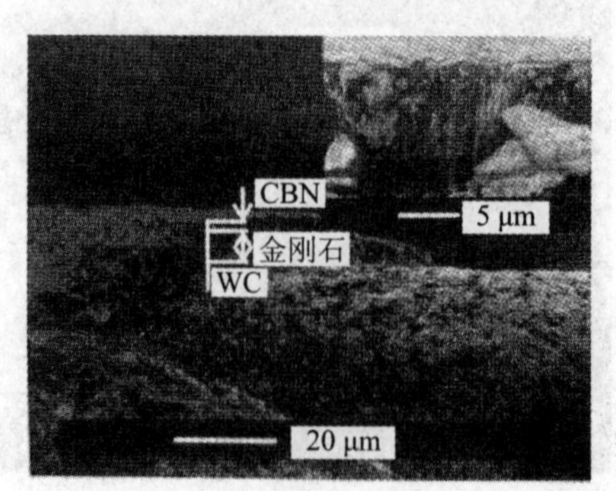

图 9-8 沉积在 WC 刀具上的金刚石/CBN 涂层

目前,我国的高端超硬复合刀具主要依赖于进口,要想改变这一现状,就必须深入开展基础研究工作。目前,CBN 涂层刀具仍处于实验室研究,要想真正做到工业化,还必须解决涂层厚度和黏附性等基本问题。

9.1.3 CBN 薄膜的其他应用研究

随着 CBN 薄膜气相外延生长的实现,使得 CBN 应用于高温高频半导体器件成为可能,伴随而来就是探索高品质、无缺陷、少杂质、掺杂可调的 CBN 外延膜的有效制备途径。

Yin 等经过系列的研究,通过设计新的实验系统和改进相关实验条件,采用 IBAD 方法获得了当时国际上报道的纯度最高的 CBN 外延薄膜,并且明确了本征 CBN 的 p 型半导体的导电特性,确定了非故意掺杂引入深能级缺陷的位置和产生的原因。随后,该小组利用在位掺杂和后期离子注入两种手段,实现了单晶 CBN 外延薄膜的 n 型掺杂,并且比较了不同的注入浓度对薄膜导电性的调节,如图 9-9 所示。

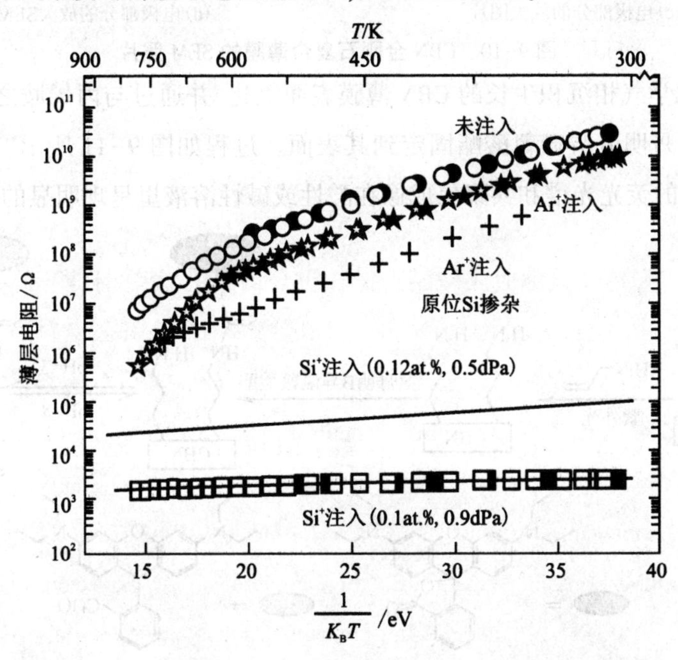

图 9-9 不同注入浓度的 Si 掺杂 CBN 薄膜的电阻与温度的关系

Soltani 等采用金属/半导体/金属的结构制作了基于高品质 CBN 薄膜的深紫外太阳探测器,如图 9-10 所示。

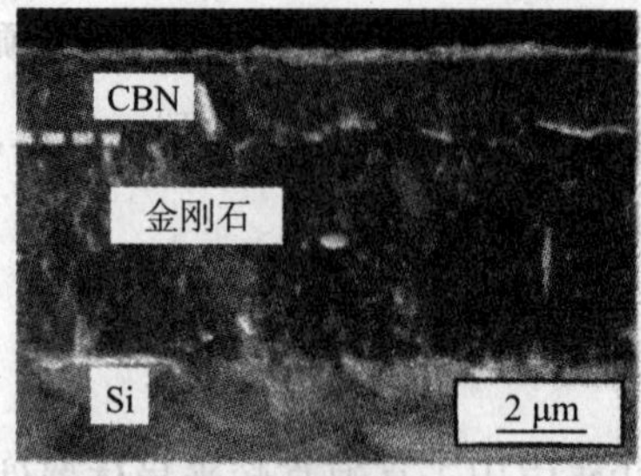

(a) CBN金刚石复合薄膜的SEM横截面

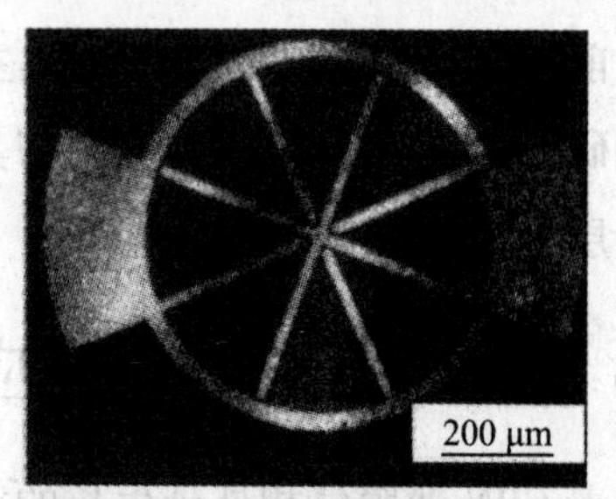

(b) 直径为 1 mm 的 CBN 光电探测器

(c) 电极部分的放大图片

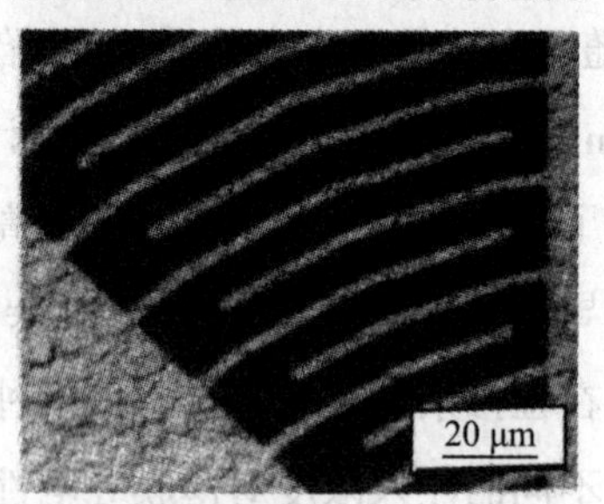

(d) 电极部分的放大SEM图片

图 9-10　CBN 金刚石复合薄膜的 SEM 照片

Liu 等将化学气相沉积生长的 CBN 薄膜表面氢化,并通过与丙烯胺之间光化反应形成氨基后,将罗丹明 B 异硫氰酸酯固定到其表面。过程如图 9-11 所示。经过表面改性后的 CBN 薄膜的荧光光谱和共聚焦成像在酸性或碱性溶液里呈现明显的不同。

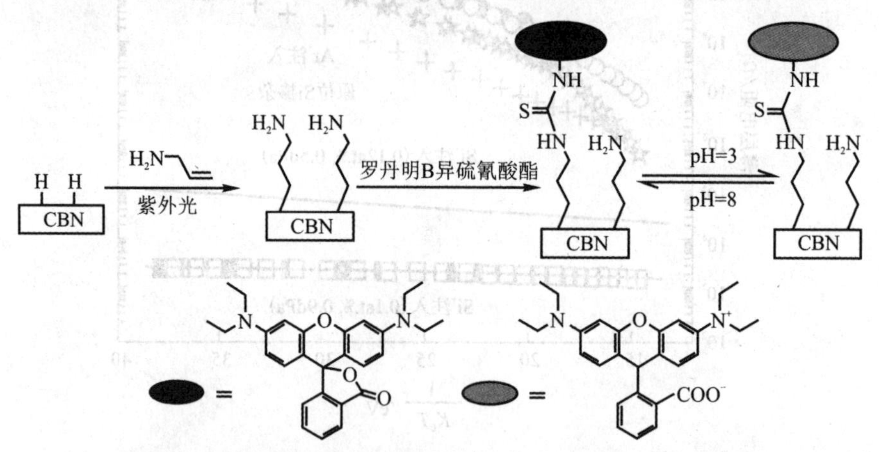

图 9-11　将罗丹明 B 异硫氰酸酯固定到 CBN 表面的流程

9.2　CVD 法制备氮化硼薄膜

9.2.1　射频等离子体 CVD 法

射频等离子体 CVD 法的实验装置如图 9-12 所示。反应管用外径 $\Phi 50$ mm,长 1000 mm

的石英玻璃管做成,反应管中心由电炉加热使可控气的温度能升到 1273 K。基板用硅和氯化钠做成,反应管预先抽成真空(1.3 MPa)后,通入由氢气稀释的反应 B_2H_6 和 NH_3,由高频电源导入感应圈使通入的反应气电离,在基板上合成出氮化硼薄膜,实验条件如表 9-1 所列。

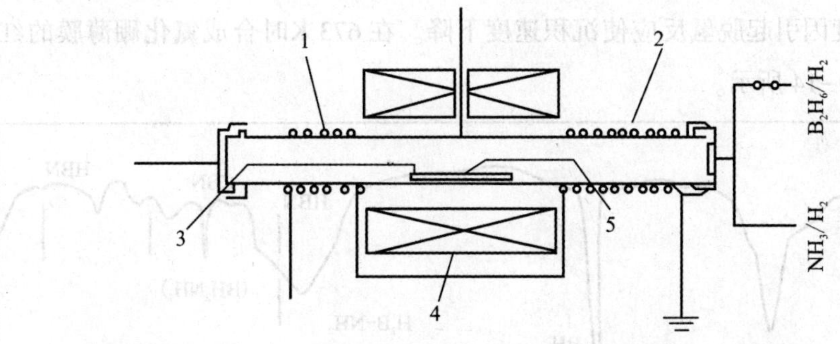

1—高频线圈(5 圈);2—高频线圈(9 圈);3—二氧化硅玻璃舟;4—电阻炉;5—基板。

图 9-12　射频等离子体 CVD 法实验装置

表 9-1　射频等离子体 CVD 法合成氮化硼的实验条件

原料气	气压比	压力	高频功率	基板温度
B_2H_6(由 H_2 稀释 0.05%,1.0%) NH_3(由 H_2 稀释 0.05%.1.0%)	$NH_3:B_2H_6=3:1$	93 Pa	13.56 MHz 100 W	473~1073 K

在上述实验条件下,薄膜的生长速度与基板温度及 B_2H_6、NH_3 的浓度有关。实验结果如图 9-13 所示。

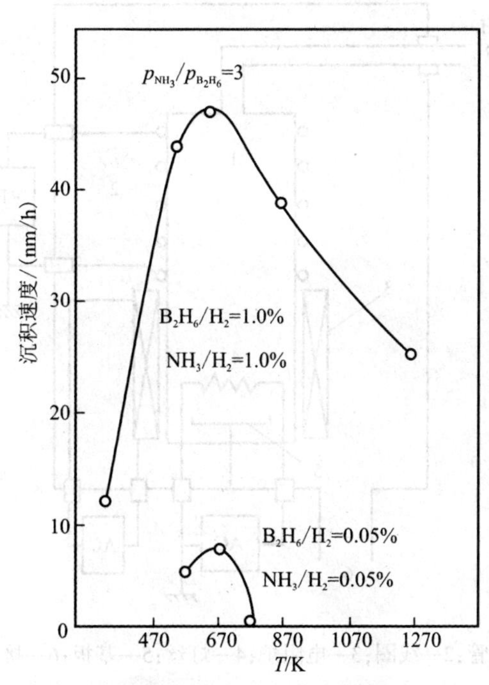

图 9-13　薄膜的生长速度和基板温度的关系

由图可看出，当B_2H_6和NH_3的浓度增加，反应速度增大，成膜速度也加快。当基板温度在673 K附近时，沉积速度出现最大值。其原因：由于反应管内温度分布平缓，在基板上的堆积速度大于反应壁上的沉积速度；673 K时，在基板上堆积的是含氢的硼氮化合物，更高的温度因引起脱氢反应使沉积速度下降。在673 K时合成氮化硼薄膜的红外吸收光谱，如图9-14所示。

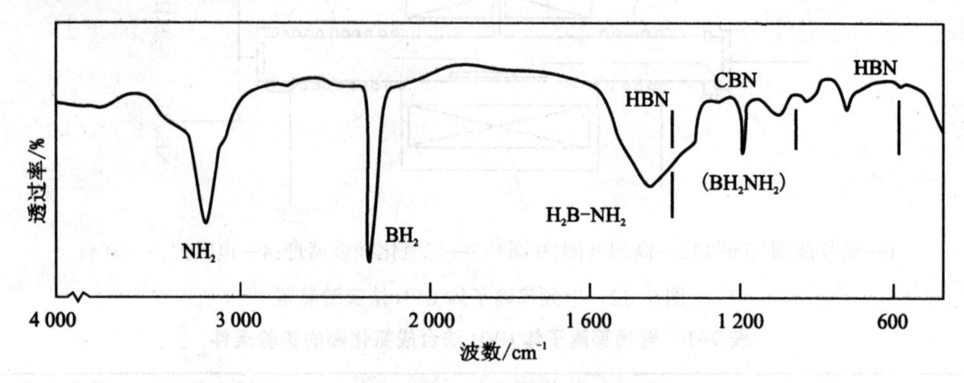

图9-14　合成氮化硼薄膜的红外吸收光谱

由实验结果可知，要想得到CBN薄膜必须给予原料气更大的能量。因此，对图9-12的装置进行改良，采用热电子放射射频等离子体CVD法制备立方氮化硼膜的实验装置，如图9-15所示。

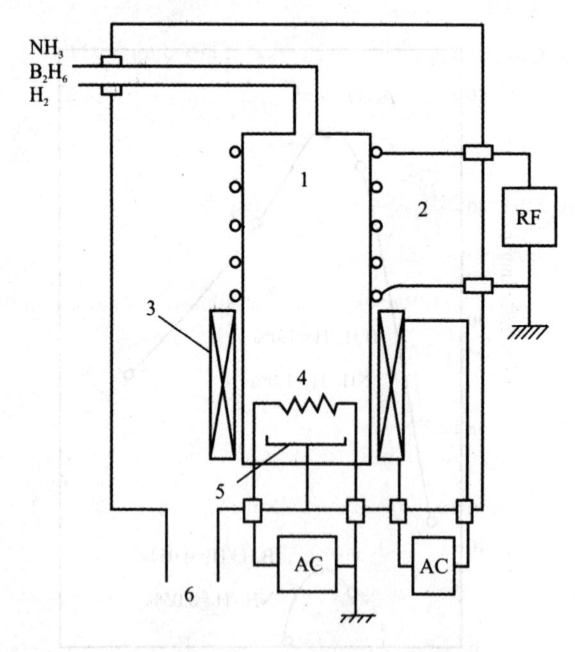

1—石英管；2—线圈；3—电阻炉；4—灯丝；5—基板；6—接机械泵。

图9-15　热电子放射射频等离子体CVD装置示意图

反应管垂直放置，管内上下温度梯度较大，反应管的析出物减少，在反应管内基板的上方装有能加热到 2273 K 的钨丝，可以同时实现高温加热和由钨丝加热放出热电子使反应气体激活，其实验条件见表 9-2。

表 9-2 热电子放射射频等离子体 CVD 合成氮化硼的实验条件

原料	气压比	炉内压力	高频功率	基板温度	钨丝温度	基板材料
B_2H_6(由 H_2 稀释 1.0%) NH_3(由 H_2 稀释 1.0%)	$NH_3:B_2H_6=3:1$	67~340 Pa	13.56 MHz, 100 W	573 K	1473~2273 K	Si

钨丝加热有热电子放出，使通入的气体激发有原子氢产生，合成的膜受钨丝温度的影响较大，不同的钨丝温度下，合成氮化硼薄膜的红外吸收光谱，如图 9-16 所示。

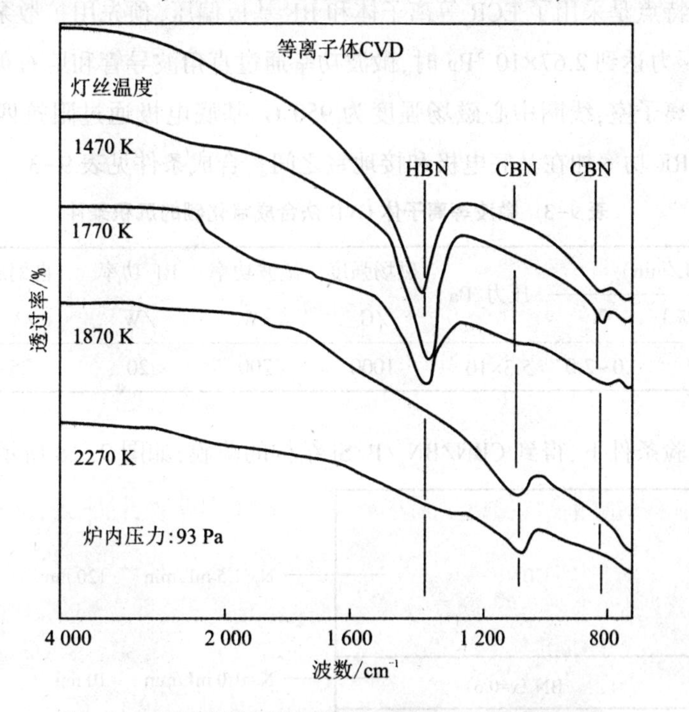

图 9-16 不同温度下合成氮化硼薄膜的红外吸收光谱

9.2.2 微波等离子体 CVD 法

微波等离子体 CVD 法用 B_2H_6和 N_2气体合成 BN 薄膜的装置如图 9-17 所示。

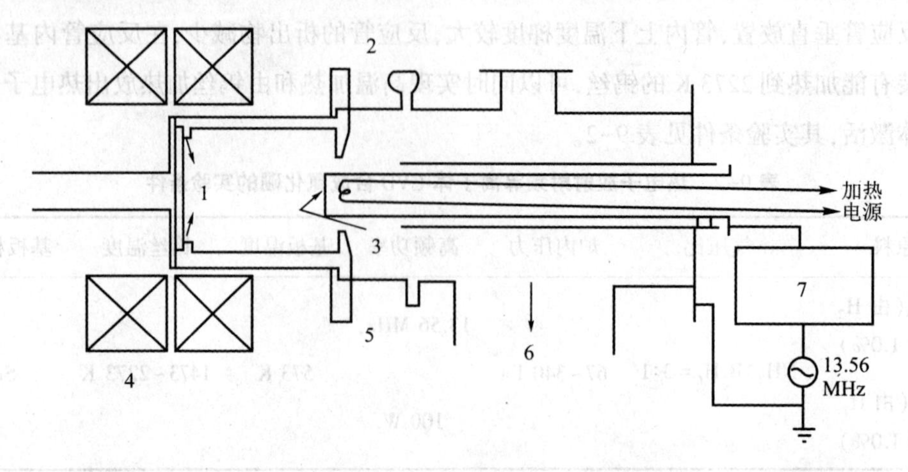

1—进气口;2—流量汁;3—基板;4—磁场线圈;5—真空表;6—泵;7—机械系统。

图 9-17　微波等离子体 CVD 法的实验装置

该装置的特点是采用了 ECR 等离子体和 RF 基板偏压,预先用扩散泵通过节气阀对反应室抽气,压力达到 2.67×10^{-5}Pa 时,微波功率通过直角波导管和熔石英窗导入由水冷却的不锈钢等离子室,线圈中心磁场强度为 950 G,基底电极通过阻抗匹配系统耦合到 RF 发生器上,RF 功率加在基底电极和接地室之间。合成条件见表 9-3。

表 9-3　微波等离子体 CVD 法合成氮化硼的沉积条件

原料/(mL/min)		压力/Pa	磁场强度/G	微波功率/W	RF 功率/W	自偏压/V	基板温度/K
B_2H_6(Ar 基 10%)	N_2						
15	0~2.0	5.3×10^{-2}	1000	200	20	25	室温~373

在上述实验条件下,得到 CBN/BN_x/B/Si 结构的薄膜,如图 9-18 所示。

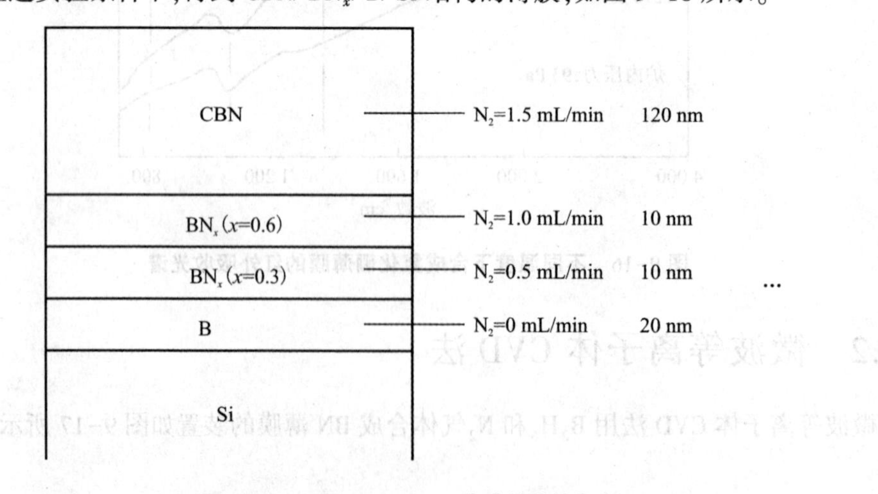

图 9-18　CBN/BNx/B/Si 薄膜的结构概图

合成膜中 B/N 与 N_2流速的关系,如图 9-19 所示。在不同 N_2流速下,100 mm 厚薄膜的透过率变化,如图 9-20 所示。

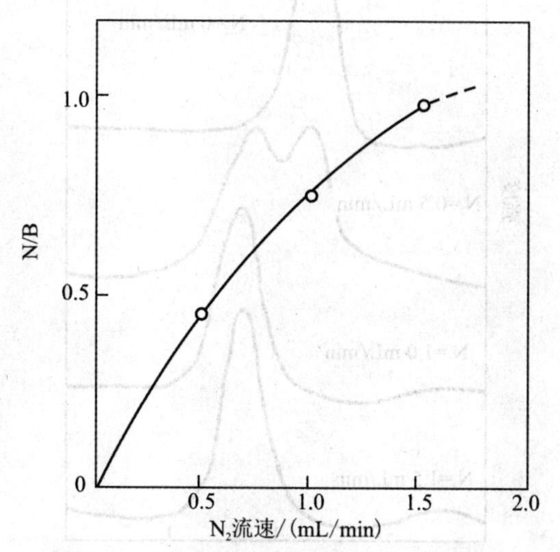

图 9-19 合成膜中 B/N 与 N_2流速的关系

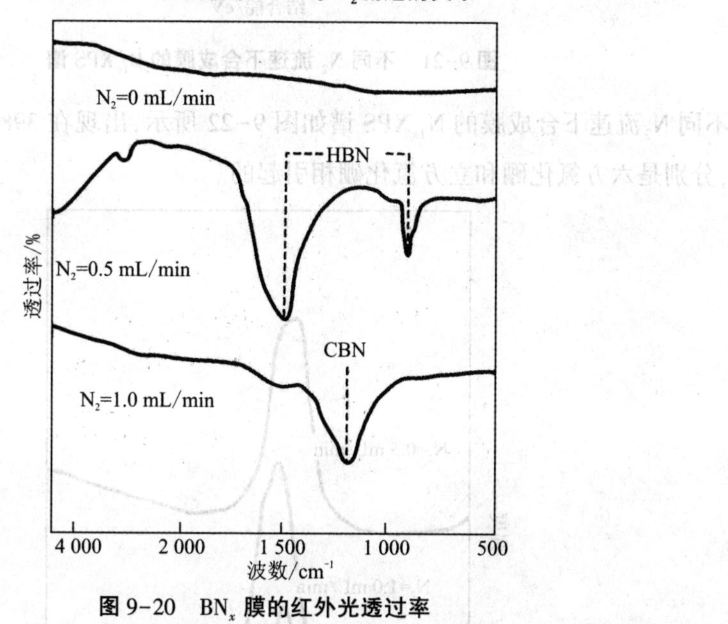

图 9-20 BN_x 膜的红外光透过率

由图 9-20 可以清楚地看出,N_2流速为 0.5 mL/min 和 1.0 mL/min 时,得到的膜分别是 HBN 膜和 CBN 薄膜。

不同 N_2流速下合成膜的 B_{1s} XPS 谱,如图 9-21 所示。当 N_2 流速很小时,出现在 188.5 eV的峰为 B 金属峰,表明形成的膜为 B 膜;当 N_2 流速为 0.5 mL/min 时,出现在 188.5 eV的峰为 B 金属峰和 191.2 eV 的峰为 HBN 峰,表明在该流速下,形成的膜为 B 和 HBN 的混合膜。当 N_2流速为 1.0~1.5 mL/min 时,B_{1s} 峰向高能方向移动,出现在191.8 eV 的峰为 CBN 峰,表明形成的膜为 CBN 薄膜。

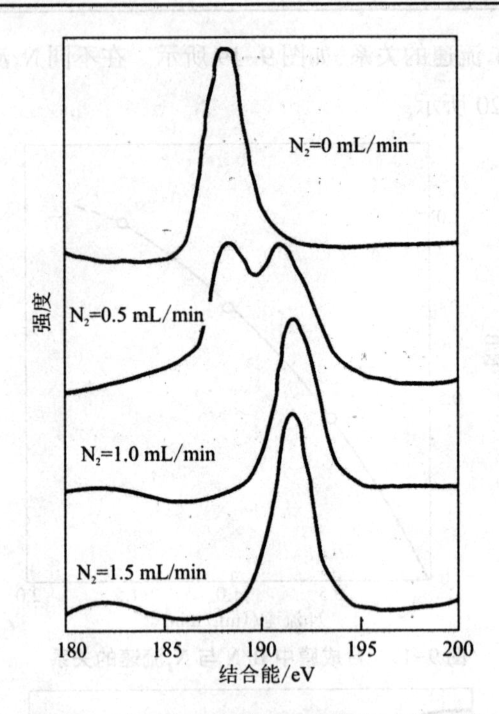

图 9-21　不同 N_2 流速下合成膜的 B_{1s}XPS 谱

不同 N_2 流速下合成膜的 N_{1s}XPS 谱如图 9-22 所示，出现在 398.8 eV 和 399.3 eV 处的峰，分别是六方氮化硼和立方氮化硼相引起的。

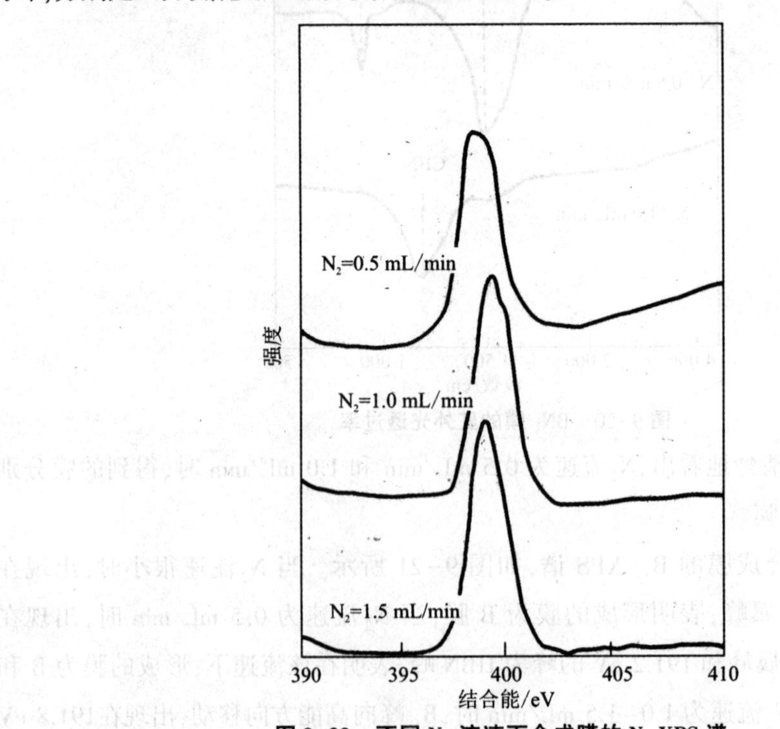

图 9-22　不同 N_2 流速下合成膜的 N_{1s}XPS 谱

激光辅助等离子体 CVD 法的实验装置，如图 9-23 所示，以 5 SLM 的 Ar 气作为等离子体源，从由水冷却的不锈钢腔的底部作为阳极导入腔中。经由机械升压泵组成的排气系统将产生的 13.56 MHz 的等离子体从腔侧面排出。激光波的能量密度为 18～24 mJ/cm^2，反应时间为 1 h，基板温度为 773～1173 K。

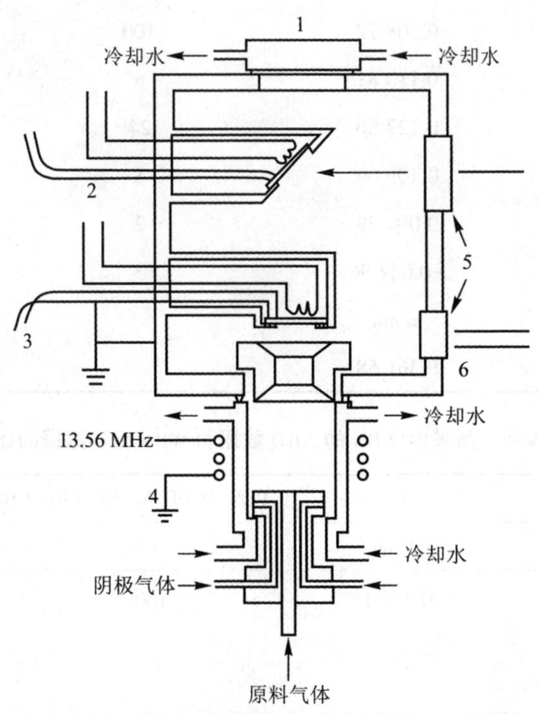

1—水冷窗；2—直流电源；3—阳极热电偶；4—高频电源；5—石英窗；6—光导纤维。

图 9-23 激光辅助等离子体 CVD 法的实验装置

合成的膜由三部分组成，以 sp^2 结合构成的 10 nm 左右的微细晶粒所形成厚约 300 nm 的薄膜；在该膜中嵌有立方氮化硼和纤锌矿氮化硼的多晶体；直径达数微米的微晶，在没有激光照射的对比实验中，观察不到直径达数微米大小的微晶。其组成的概图如图 9-24 所示。

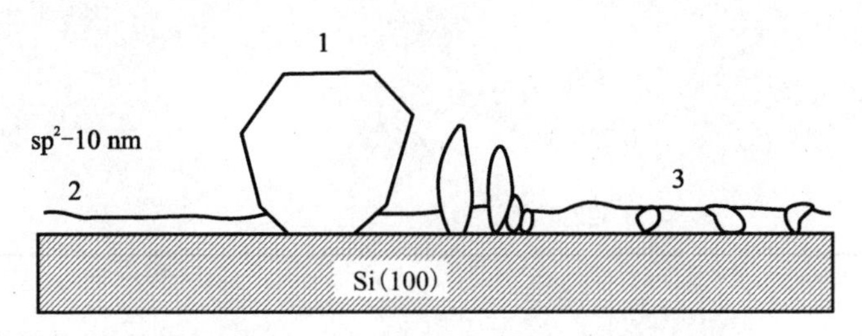

1—微晶；2—薄膜；3—多晶部分。

图 9-24 生成物的组成概图

对多晶部分所做 XRD 分析的 CBN 和 WBN 的衍射数据分别见表 9-4 和表 9-5。

表 9-4　薄膜中 CBN 的 XRD 数据和 CBN 标准数据的比较

实验值(d/nm)	JCPDS-ICDD No.35-1365 CBN		
	d/nm	I/I_1	(hkl)
0.363			
0.208	0.208 72	100	(100)
0.181	0.180 81	5	(111)
0.129	0.127 86	24	(200)
0.110	0.109 00	8	(220)
	0.090 39	2	(311)
0.082	-0.082 96	3	(400)
a/nm	a/nm		(331)
0.362	0.361 58		

表 9-5　薄膜中 WBN 的 XRD 数据和 WBN 标准数据的比较

实验值(d/nm)	JCPDS-ICDD No.35-1365 CBN		
	d/nm	I/I_1	(hkl)
0.222	0.221 1	100	(100)
0.212	0.211 4	70	(002)
0.201	0.195 9	45	(101)
…	0.152 8	18	(102)
	0.127 7	25	(110)
0.127	0.118 8	16	(103)
0.119	0.109 3	12	(112)
0.111			
a=0.255	0.255 3		
c=0.424	0.422 8		

等离子体在功率为 2 kW,温度为 773 K 时所得生成物的俄歇频谱如图 9-25 所示,可以观察出 B 和 N 的比例为 1:1,膜中有少量的 C、O 杂质。

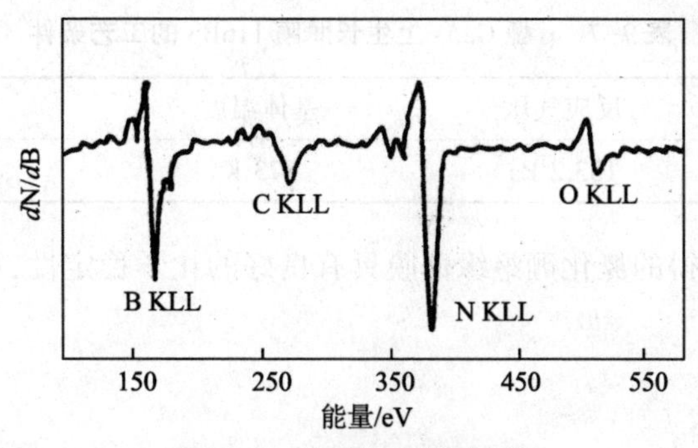

图 9-25 生成物的俄歇频谱

9.2.3 低温双等离子体 CVD 法

低温双等离子体 CVD 法的实验装置，如图 9-26 所示。

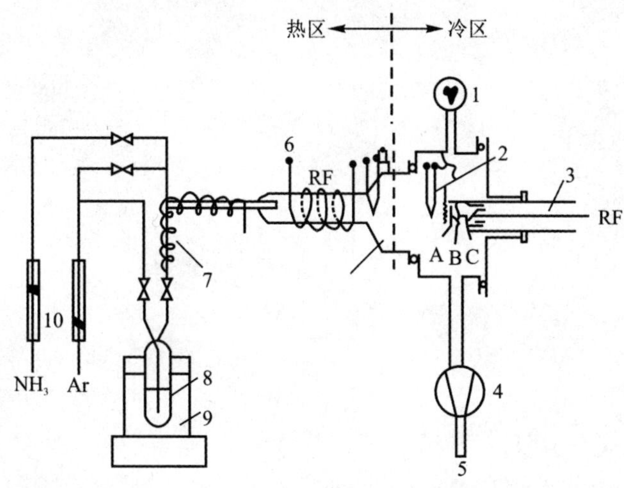

1—压力计；2—玻璃管；3—样品；4—旋转泵；5—排气口；6—等离子线圈；7—加热电阻丝；8—烷基；9—加热槽；10—流量计；A—等离子体电极；B—加热器；c—热电偶。

图 9-26 低温双等离子体 CVD 法的实验装置

用该装置可以在各种基体上生长不同绝缘膜。GaAs 基体上生长 BN 膜的两个例子见表 9-6 和表 9-7。

表 9-6 n 型 GaAs 上生长薄膜 148BS 的工艺条件

NH_3 流速	载体气体流速	环境气压	反应气压	基板温度（背面）	RF 功率		气体温度		有机混合物温度
					第一等离子体区	第二等离子体区	第一等离子体区	第二等离子体区	
33 cm^3/min	6 cm^3/min	13.3 Pa	200 Pa	560 K	150 W，13.56 MHz	159 W，27.12 MHz	923 K	573 K	313 K

表 9-7　p 型 GaAs 上生长薄膜 116BS 的工艺条件

环境气压	反应气压	基体温度	有机混合物温度
13.3 Pa	133.2 Pa	873 K	313 K

在上述条件下制得的氮化硼绝缘薄膜具有良好的化学稳定性，可以预见它能用于集成电路技术中。

10 结语与展望

值得注意的是,单晶 CVD 金刚石制作的超高强度砧座可用于新材料合成与基础科学研究的新一代高压试验装置。元素六公司作为研制 CVD 金刚石的领先企业,目前正积极开发利用这种材料的尖端性能,这可能对 21 世纪科学技术的发展产生巨大而深远的影响。

用 CVD 金刚石这种宽能带隙材料制造的固体电路器件,具有不同于硅器件的优越特性,有可能改善现有电气设计与电路布局,从而影响宇航工业未来动力电子设备的结构。

金属半导体场效应晶体管一直被认为是采用 CVD 金刚石制造的最有发展前景的器件之一。因为金刚石与传统的半导体相比,具有在更高温度和更高击穿电压下工作的能力。与电子线路中应用的具有竞争力的材料(如硅和砷化镓等)相比,单晶 CVD 金刚石的内在固有性质显然更为优越,在高科技中的应用具有强劲需求。新型电子器件的应用以期改进微波功率电子设备,有可能将引起微波功率电子设备的大变革。

用单晶 CVD 金刚石制作的高数值孔径透镜,用于近场光信息存储可使光盘的信息容量大为提高,有可能提高到 150 GB 以上。据称,理论信息容量可高达 550 GB。值得提及的是,金刚石微波透射窗是目前德国和日本正在进行的核聚变试验的关键部件;也是正在法国建造的国际热核试验反应堆的重要部件。由于 CVD 金刚石对微波能的吸收率低,但热导率高,而且介电常数小,因而在微波应用中是至关重要的材料。

如果量子级超高纯度单晶质 CVD 金刚石,在量子计算机的应用获得成功,将极大地提高计算机的运算速度,快速搜索查找浩如烟海的数据库并建立复杂的计算模型,就有可能迅速破译极其复杂的密码。目前,各国军事机构均不遗余力支持量子计算机的研制,可以说,这种超纯度各向同性量子单晶质 CVD 金刚石的研制成功,标志着 CVD 技术合成金刚石发展的一个里程碑。

ADT公司成功研制的UNCD Horigon，是迄今世界上最光滑的UNCD薄膜，标志着CVD金刚石技术水平一个划时代的跃进，使金刚石薄膜的表面光洁度达到了电子级硅晶片的水平，开创了金刚石薄膜在电子器件和生物医学器件上多样化应用的新时代。

材料科学家预言，CVD金刚石将成为金刚石材料未来发展的主流，并将金刚石材料全方位特性发挥到极至，成为加工业、汽车、信息、能源领域以及国防、军事武器和尖端技术的关键材料，有效地改变整体国民经济的产业结构。

在这个激烈竞争的世界，没有免费的午餐。核心技术是核心竞争力的精髓，谁也不会转让。没有技术独立，就要受制于人，要丢掉一切不切实际的幻想，以最大的决心持之以恒地培育自己的技术能力。以CVD金刚石薄膜的超精、功能、高效的应用技术为市场导向，以CVD金刚石薄膜的高端产品为目标，以拥有一支良好科学技术素质的研发团队和一个拥有先进测试装备的研发中心为基石，以CVD金刚石薄膜生长技术的优化与创新为源泉，将企业打造成为世界一流CVD金刚石的研发与生产的基地。

我国CVD金刚石薄膜的发展和国际上基本同步，经过近四十年的发展，有关CVD金刚石的基础研究及设备制造技术都达到了国际先进水平，其中热丝，直流热阴极，直流等离子体喷射等CVD设备已经十分成熟，基本实现了自主制造，广泛应用于院校、研究所、企业单位。但是由于工业、科技综合水平上的原因，我国在微波等离子体CVD设备的研制方面大大落后于发达国家，这是需要解决的重大问题。在获得高品质CVD金刚石的基础上，相关中、高端金刚石制品的研发及其在精密切削、地质钻探、半导体等领域的广泛应用，是未来CVD金刚石更好、更快发展的必经之路。随着CVD金刚石相关的科学和技术的不断进步，我国从事CVD金刚石研究和开发的科研队伍也在不断壮大，并有越来越多的企业加入到这个市场巨大、前景可观的高科技产业中。我们坚信，中国的CVD金刚石会有更加美好的明天。

尽管CVD金刚石薄膜仍有不尽人意之处，但还为人们所关注，为何？因为金刚石是目前所知自然界中最硬的物质，其作为工程材料应用的成效是毋庸置疑的，而且，它在热、电、声和光等领域的应用开发同样是大有文章可作的。我们深知，把这篇内涵丰富、涉及多学科、技术含量高的文章写好，并非易事。可是，我们也充分认识到，征途是坎坷的，但并非高不可攀。相信，经过工程技术专家们的辛勤耕耘，它将成为金刚石材料未来发展的主流。

参考文献

[1]王光祖.纳米金刚石[M].郑州:郑州大学出版社,2009.

[2]王光祖,张相法,鲁占灵.立方氮化硼制造与应用[M].郑州:郑州大学出版社,2016.

[3]王光祖,李刚,张相法.立方氮化硼合成与应用[M].郑州:河南科学技术出版社,1995.

[4]徐帅,李晓普,丁玉龙,等.化学气相沉积金刚石微球的生长机制研究[J].金刚石与磨料磨具工程,2018,5:1-5.

[5]申笑天,孙方宏.新型碳化硅基体单层 CVD 金刚石磨盘的制备[J].超硬材料工程,2017,29(6):1-6.

[6]丁康俊,马志斌,宋修曦,等.温度对 MPCVD 法同质外延单晶金刚石缺陷的影响[J].金刚石与磨料磨具工程,2018,38(2):8-11,19.

[7]杨小蟠,李友生,李凌祥,等.CVD 金刚石涂层工艺对硬质合金立铣刀铣削 CFRP 性能的影响[J].金刚石与磨料磨具工程,2018,38(2):37-41.

[8]陈义,汪建华,刘繁,等.二氧化碳对金刚石膜生长的影响[J].金刚石与磨料磨具工程,2016,36(4):39-43.

[9]翁俊,刘繁,孙祁,等.氮气体积浓度对高微波功率沉积金刚石膜的影响[J].金刚石与磨料磨具工程,2015,3:23-28.

[10]李成明,陈良贤,刘金龙,等.直流电弧等离子体喷射法制备金刚石自支撑膜研究新进展[J].金刚石与磨料磨具工程,2018,38(1):16-27.

[11]左振博,郭建超,刘金龙,等.氩气流量对等离子体喷射法制备的金刚石膜形核的影响[J].金刚石与磨料磨具工程,2014(4):1-5,10.

[12]许青波,王传新,王涛,等.硼掺杂金刚石薄膜的制备和性能研究[J].金刚石与磨料磨具工程,2018,38(3):11-15,20.

[13]王小安,汪建华,吕琳,等.高浓度氩气对金刚石膜质量、晶粒尺寸和硬度的影响[J].金刚石与磨料磨具工程,2015(5):20-24.

[14]刘欣蔚,陈美华.CVD 合成钻石工艺中种晶预处理及其后期处理研究进展[J].超硬材料工程,2018,30(6):59-65.

[15]庞国锋,石岩.用热丝法生长大面积高质量金刚石膜[J].薄膜科学与技术,1995,8(2):141-146.

[16]王季陶,张卫,刘志杰.金刚石低压气相生长的热力学耦合模型[M].北京:科学出版社,1998.
[17]王新昶,申笑天,孙方宏,等.HFCVD 硼掺杂金刚石复合金刚石薄膜的机械性能研究[J].金刚石与磨料磨具工程,2015,35(6):8-13,18.
[18]赵志岩,周明于,郝超.灯丝间距对 CVD 金刚石厚膜生长的影响[J].金刚石与磨料磨具工程,2016,36(1):31-33.
[19]吴宇琼,满卫东,翁俊,等."限流环"对 MPCVD 法快速制备高质量金刚石膜的研究[J].金刚石与磨料磨具工程,2011,31(5):10-14.
[20]简小刚,朱正宇,雷强.热丝 CVD 金刚石涂层膜基界面结合强度研究新进展[J].金刚石与磨料磨具工程,2016,36(3):11-16.
[21]朱金风,满卫东,吕继磊,等.同质外延单晶 CVD 金刚石的研究进展[J].金刚石与磨料磨具工程,2011,31(4):15-22.
[22]苟清泉,冉均国,郑昌琼.金刚石薄膜的形成机制及原子分子设计(摘要)[J].微细加工技术,1990 (2):11-13.
[23]李金桂.现代表面工程设计手册[M].北京:国防工业出版社,2000.
[24]赵中琴,唐伟忠,苗晋琦,等.含金刚石的复相过渡层及 Al_2O_3衬底上金刚石薄膜的附着力[J].金刚石与磨料磨具工程,2004(1):37-40.
[25]莫要武,夏义本,居建华,等.MPCVD 法在氧化铝陶瓷上的金刚石膜沉积及其成核分析[J].功能材料,1998,29(1):50-54.
[26]文黎星,夏义本,莫要武,等.氧气-乙炔火焰法在 Al_2O_3陶瓷上沉积金刚石薄膜[J].无机材料学报,1997,12(4):613-616.
[27]丁桂甫,曹莹,李新永,等.CVD 金刚石薄膜的似微机械加工技术研究进展[J].金刚石与磨料磨具工程,2003,1:6-11.
[28]王传新,汪建华,满卫东,等.采用 WC 过渡层增加金刚石薄膜附着力的研究[J].金刚石与磨料磨具工程,2003(3):46-48.
[29]刘学深,孙方宏,陈明,等.微波等离子体刻蚀对 WC-Co 硬质合金基体金刚石薄膜附着力的影响[J].金刚石与磨料磨具工程,2001(5):5-8.
[30]樊凤玲,唐伟忠,黑立富,等.化学气相沉积过程中 Si 的引入对硬质合金金刚石涂层附着力的影响[J].金刚石与磨料磨具工程,2005(1):31-35.
[31]苗晋琦,宋建华,赵中琴,等.两种预处理对硬质合金金刚石涂层附着力的影响对比研究[J].金刚石与磨料磨具工程,2003(4):5-8.
[32]曾谊晖,刘忠,罗飞霞,等.高钴硬质合金基底上化学气相沉积金刚石膜的研究[J].金

刚石与磨料磨具工程,2004(1):31-33.

[33]丁谦,代明江,严志军.WC/Co 硬质合金基体金刚石形核行为的研究[C].中国材料研讨会.北京:化学工业出版社,1998.

[34]匡同春,刘正义,周克崧,等.CVD 金刚石薄膜及膜-基界面形态[J].金属学报,1998,34(3):305-312.

[35]侯立,玄真武.CVD 金刚石及其应用进展[J].中国超硬材料,2003(3):1-19.

[36]孙振路,张平伟,吴晓波,等.影响 CVD 金刚石膜完整性的几个关键问题[J].超硬材料与工程,2008,20(4):11-13.

[37]戴风伟,陈广超,兰昊,等.DC Arc Plasma Jet CVD 自支撑金刚石膜表面形貌的研究[J].金刚石与磨料磨具工程,2007(4):13-15,21.

[38]孙超,汪爱英,黄荣芳,等.金刚石膜的制备和高取向生长[J].炭素技术,2002(1):34-41.

[39]朱晓东,詹如娟.金刚石薄膜的形貌分析及(100)面择优生长[J].真空科学与技术学报,1995,15(6):420-423.

[40]满卫东,孙蕾,吴宇琼,等.图形化 CVD 金刚石膜的新方法:等离子体辅助固体刻蚀法[J].金刚石与磨料磨具工程,2008(6):1-4,8.

[41]何敬晖,玄真武,刘尔凯.CVD 法制声表面波基片金刚石层细晶粒的生长研究[J].超硬材料与工程,2005,17(5):9-12.

[42]胡东平,李锡林,梅军.脉冲偏压辅助热丝法沉积金刚石膜的实验研究[J].金刚石与磨料磨具工程,2010,30(1):56-59,66.

[43]张志勇,王雪文,赵武,等.辅助偏压等离子体热丝 CVD 方法制备金刚石薄膜的研究[J].人工晶体学报,2000,29(5):145.

[44]马玉平,王勇,孙方宏,等.圆柱形衬底上高质量金刚石薄膜制备工艺研究[J].金刚石与磨料磨具工程,2005(3):26-29.

[45]吴宇琼,满卫东,翁俊,等."限流环"对 MPCVD 法快速制备高质量金刚石膜的研究[J].金刚石与磨料磨具工程,2011,31(5):10-14.

[46]李博,韩柏,吕宪义,等.微波 PCVD 法大尺寸透明自支撑金刚石膜的制备及红外透过率(英文)[J].新型炭材料,2008,23(3):245-249.

[47]谢扩军,蒋长顺,徐建华.CVD 金刚石改善 3D-MCM 散热性能分析[J].金刚石与磨料磨具工程,2005(6):27-30.

[48]何江,林贵平,庞丽萍.CVD 金刚石膜散热性能的实验及仿真分析[J].金刚石与磨料磨具工程,2010,30(3):22-27.

[49]李建国,丰杰,胡东平,等.反应气体对纳米金刚石薄膜的显微力学特性影响[J].金刚

石与磨料磨具工程,2009(1):13-17.
[50]简小刚,孙方宏,陈明,等.鼓泡法定量测量金刚石薄膜膜基界面结合强度的实验研究[J].金刚石与磨料磨具工程,2003(4):1-4.
[51]晋占峰,孙方宏,简小刚,等.CVD 金刚石薄膜窗口试样制备及力学性能测量[J].金刚石与磨料磨具工程,2002(6):3-5.
[52]王志娜,郭辉,孙振路,等.CVD 金刚石磨耗比测定[J].金刚石与磨料磨具工程,2008(1):47-49.
[53]丁桂甫,曹莹,李新永,等.CVD 金刚石薄膜的微机械加工技术研究进展[J].金刚石与磨料磨具工程,2003(1):6-12.
[54]贺琦,张凤雷,魏俊俊,等.自支撑金刚石膜冲蚀磨损研究[J].金刚石与磨料磨具工程,2007(4):8-12.
[55]李诗卓,董祥林.材料的冲蚀磨损与微动磨损[M].北京:机械工业出版社,1987.
[56]刘家浚.材料磨损原理及其耐磨性[M].北京:清华大学出版社,1993.
[57]许洪元,罗先武.磨料固液泵[M].北京:清华大学出版社,2000.
[58]张清.金属磨损和金属耐磨材料手册[M].北京:冶金工业出版社,1991.
[59]織田一彦.类金刚石膜的实用化现状与今后展望[J].蒋修治,译.超硬材料与工程,2006,18(4):49-54.
[60]田中章浩.类金刚石薄膜和金刚石薄膜的最新制备技术与各种特性[J].珠宝科技,2004,16(6):25-30.
[61]邹友生.电弧离子镀制备类金刚石膜的结构和性能研究[D].沈阳:中国科学院金属研究所,2005.
[62]山口胜美.类金刚石砂轮的开发[J].蒋修治,译.超硬材料与工程,2007,19(3):51-52.
[63]成云平,王爱玲,魏源迁,等.类金刚石膜的制备及应用[J].超硬材料与工程,2008,38(5):38-41.
[64]罗广南,谢致薇,郑健红,等.金刚石和类金刚石膜研究及其在电声领域中的应用[J].功能材料,1995,26(5):417-420,404.
[65]谈耀麟.CVD 金刚石应用前景探讨[J].超硬材料与工程,2009,21(4):49-53.
[66]徐西鹏.超硬材料工具在先进制造技术中的应用[R]//中国超硬材料发展论坛论文集.2008(6):13-17.
[67]张建国,沈彬.CVD 金刚石涂层钻石的制备及其在加工碳纤维复合材料中的试验研究[R]//第四届中国金刚石相关材料及应用学术会议论文集.2010(8):100-104.
[68]王新昶,孙方宏,沈彬,等.CVD 金刚石涂层减压阀部件的制备及其在煤液化设备中

的应用[R]//第四届中国金刚石相关材料及应用学术会议论文集.2010(8):89-94.

[69]孙方宏,陈明,张志明,等.高性能CVD金刚石薄膜涂层刀具的制备和试验研究[J].机械工程学报,2003,39(7):101-106.

[70]沈彬,孙方宏.超光滑金刚石薄膜涂层拉拔模具的制备与应用[R]//第四届中国金刚石相关材料及应用学术会议论文集.2010(8):95-99.

[71]CHII R L,CHENG T K.Improvement of diamond film adhesion on cemented carbides(WC/Co) by using Ti and micro-diamonds as seeding germination[J].Scripta Materialia,1998,3(3):385-390.

[72]BUCK V,DEUERLER F.Enhanced nucleation of diamond films on pretreated substrates[J].Diamond and Related Materials,1998,7(10):1544-1552.

[73]KONYASHIN I Y,GUSEVA M B,BABAEV V G,et al.Diamond films deposited on WC-Co substrates by use of barrier interlayers and nano-grained diamond seeds[J].Thin solid films,1987,300(1):18-24.

[74]ERDEMIR A,HALTER M,FENSKE G R,et al.Durability and tribological performance of smooh diamond films produced by Ar-C_{60} microwave plasmas and by laser polishing[J].Surface and Coatings Technology,1994,75:1758.

[75]JIN S,GRAEBNER J E,TIEFEL T H, et al.Thinning and patterning of CVD diamond films by diffusional reaction[J].Diamond and Related Materials,1993,2(5-7):1038-1042.

[76]TAKESHI T,YUTAKA A,AKIHIKO W,et al.Diamond films grown by a 60kW microwave plasma chemical vapor deposition system[J].Diamond and Related Materials,2001,10(9):1569-1572.

[77]KITAJO S,TAKEDA Y.Development of a high performance air cooled heat sink for multi-chip mokules[C].Eihghth IEEE SEMI-THERMTM Symposium 1992 IEEE:119-124.

[78]DING G,ZHAO X L,YANG C S,et al.Reactive ion etching of CVD diamond films for MEMS Applications[J].Shanghai Jiao Tong Univ.(China),2000,4230:224-230.

[79]VOEVODIN A,ZABINSKI J S.Super hard functionally gradient nanolayer and nanocomposite diamond like carbon coatings for wear protection[J].Diamond and Related Materials,1998,463:7.

[80]MIYOSHI K,POHLCHUCK B,STREET K W, et al.Sliding wear and fretting wear of diamond like carbon-based, functionally graded nanocomposite coatings[J]. Wear, 1999(225-229):65-73.

[81]SHEN B,SUN S H.Deposition and friction of ultra-smooth composite diamond films on

Co-cemented tungsten carbide substrate[J].Diamond and Related Materials,2009,18(2/3):238-243.

[82]MATSUMOTO S,SATO Y,KAMO M,et al.Vapor deposition of diamond particles from mechane[J]. Japanese journal of Applied Physics,1982,21(3):183-185.

[83]MATSUMOTO S,SATO Y,TSUSUMI M.Growth of diamond particles from methane-hydrogengas[J]. Journal of Materials Science,1982,17(11):3106-3112.

[84]赵利军,毕冬梅,王丽丽.金刚石膜的制备方法及应用[J].湖南科技学院学报,2007,28(9):47-48,58.

[85]孙山祥.CVD 金刚石膜投资财务分析[J].超硬材料工程,2007,19(4):43-45.

[86]CRUEN D M.Nanocrystalline diamond films[J].Annual Review of Materials Science,1999(29):211-259.

[87]REGEL L L,EMAIL A, WILCOX W R. Diamond film deposition by chemical vapor transport[J].ACta Astronautica,2001,48(2-3):129-144.

[88]王季陶,张卫,刘志杰.金刚石低压气相生长的势力学耦合模型[M].北京:科学出版社,1998.

[89]李金挂.现代表面工程设计手册[M].北京:国防工业出版社,2000.

[90]戚学贵,陈则韶,王冠中,等.C-H-O 和 C-H-N 体系生长金刚石膜的气相化学模拟[J].无机材料学报,2004,19(2):404-410.

[91]BACHMANN P K,LEERS D,LYDTIN H.Towards a general concept of diamond chemical vapour deposition[J].Dianond Relaed Mateials,1991(1):1-l2.

[92]JOGENDER S,VELLAIKAL M.Nucleation of diamond during hot filament chemical vapor deposition[J].Journal of Applied Physics,1993,73(6):2831-2834.

[93]许宁,郑志豪.热解 CVD 法沉积金刚石薄膜实验参数对沉积速率和晶粒尺寸的影响[J].薄膜科学与技术,1994,7(1):69-74.

[94]PRADHAN D,CHEN L J,LEE Y C,et al.Effect of titanium met al in the prenucleation of ultrananocrystalline diamond film growth at low substrate temperature[J].Diamond and Related Materials,2006,15(11-12):1779-1783.

[95]YANG J,SU X W,CHEN Q J,et al.Si + implantation :a pretreatment method for diamond nucleation on a Si wafer[J].Applied Physics Letters,1995,66(24):3284-3286.

[96]LIU Z H,ZONG B Q.Diamond growth on porous silicon by hot-filament chemical vapor deposition [J].Thin Solid Films,1995,254(1-2):3-6.

[97]YUGO S,KANAI T,MUTO T.Generation of diamond nuclei by electric field in plasma

CVD[J].Thin Solid Films,1991,58(3):1036-1038.

[98]LEE S T,LIN Z,JIANG X.CVD diamond films:nucleation and growth[J].Materials Science and Engineering,1999,25(4):123-154.

[99]LEE S T,LAM Y W,LIN Z,et al.Pressure effect on diamond nucleation in a hot-filament CVD system[J].Physical Review B,1997,55(23):15937-15941.

[100]LIANG X B,WANG L,ZHU H L,et al.Effect of pressure on nanocrystalline diamond films deposition by hot filament CVD technique from CH_4/H_2 gas mixture[J].Surface and Coatings Technology,2007.202(2):261-267.

[101]宋贵鸿,杜昊,贺春林.硬质与超硬涂层[M].北京:化学工业出版社,2007.

[102]SUN B W,ZHANG X P,LIN Z D.Growth mechanism and the order of appearance of diamond(111) and(100) facets[J].Physical Review B,1993(47):9816-9824.

[103] FRENKLACH M, WANG H. Delailed surface and gas - phase chemical kinetics of diamond deposition[J].Physical Review B,1991(43):1520-1545.

[104]HAMS S J.Mechanism for diamond growth from methyl radicals[J].Applied Physics Letters,1990,56(23):2298-2300.

[105]孙碧武,谢侃,赵铁男,等.金刚石膜和类金刚石膜的电子能量损失谱和喇曼光谱的研究[J].半导体学报,1992,13(11):655-660.

[106]孙碧武,刘朝晖,林彰达.用表面分析方法直接研究亚稳态条件下金刚石的生长机理[J].自然科学进展,1995,5(2):167-170.

[107]WILLIAMS O A,NESLADEK M,DAENEN M,et al.Growth and electronic properties and applications of nanodiamond[J].Diamond and Relaled Materials,2008,17(7-10):1080-1088.

[108]NETO M A,FERNANDES A J,SILVA R F,et al.Nucleation of nanocrystalline diamond on masked/unmasked Si_3N_4 ceramics with different mechanical pretrealments[J].Diamond and Relaled Materials,2008,17(4-5):440-445.

[109]LIU Y K,TSO P L,LIN L N,et al.Comparative study of nucleation processes for the growth of nanocrystalline diamond[J].Diamond and Relaled Materials,2006,15(2-3):234-238.

[110]LEE Y C,LIN S J,YIP M C,el al.Pre-nucleation techniques for enhancing nucleation density and adhesion of low temperature deposited ultra-nanocrystalline diamond[J].Diamond and Related Materials,2006,15(11-12):2046-2050.

[112]KULISCH W,POPOVB C,RAUSCHER H,et al.Investigation of the nucleation and

growth mechanisms of nanocrystalline diamond/amorphous carbon nanocomposite films [J].Diamond and Related Materials,2008,17(7-10):1116-1121.

[113] YANG T S,LAI J Y,WONG M S.Substrate bias effect on the formation of nanocrystalline diamond films by microwave plasma-enhanced chemical vapor deposition[J].Journal of Applied Physics,2002,92(4):2133-2138.

[114] SHARDA T, SOGA T, JIMBO T, et al. Biased enhanced growth of nanocrystalline diamond films by microwave plasma chemical vapor deposition[J].Diamond and Related Materials,2000,9(7):1331-1335.

[115] GERBER J,SATTEL S,EHRHARDT H,et al.Investigation of bias enhanced nucleation of diamond on silicon[J].Journal of Applied Physics,1996,79(8):4388-4396.

[116] ZHANG W J,MENG X M,CHAN C Y,et al.Interfacial study of cubic boron nitride films de-posited on diamond[J].Journal of Applied Physics,2005,109(33):16005-16010.

[117] LIAQNG X B,WANG L,ZHU H L,et al.Effect of pressure on nanocrystalline diamond films deposition by hot filament CVD technique from CH_4/H_2 gas mixture[J].Surface and Coatings Technology,2007,202(2):261-267.

[118] DUA A K,CEORGE V C,FRIEDRICH M F,et al.Effect of deposition parameters on different stages of diamond deposition in HFCVD technique[J].Diamond and Related Materials,2004,13(1):74-84.

[119] HARRIS S J,WEINER A M.Pressure and temperature effects on the kinetics and quality of diamond films[J].Journal of Applied Physics,1994,75(10):5026-5032.

[120] HOFFMANA A,HEIMAN A,STRUNK H P,et al.Microstructure and phase composition evolution of nanocrystalline carbon films: dependence on deposition temperature[J]. Journal of Applied Physics,2002,91(5):3336-3344.

[121] SUN J W,ZHANG Y F,HE D.Chemical adsorption growth model for hot filament chemical vapor deposition diamond[J].Diamond and Related Materials,2000,9(9-10):1668-1672.

[122] LEE Y C,LIN S J,CHIA C T,et al.Effect of processing parameters on the nucleation behavior of nanocrystalline diamond film[J]. Diamond and Related Materials, 2005, 14 (3-7):296-301.

[123] HIRAMATSU M,KALO K,LEU C H,et al.Measurement of C_2 radical density in microwave methane/hydrogen plasma used for nanocrystalline diamond film formation [J].Diamond and Related Materials,2003,12(3-7):365-368.

[124] HUANG S M,FRANKLIN C N H.Low temperature growth of nanocrystlline diamond films

by plasma-assisted hot filament chemical vapor deposition[J]. Surface and Coatings Technology,2006(200):3160-3165.

[125] SUN Z,SHI J R,TAY B K,et al.UV Raman characteristics of manocrystalline diamond films with different grain size[J].Diamond and Related Materials,2000,9(12):1979-1983.

[126] ZHOU D,KRAUSS A R,QLN L C,et al.Synthesis and electron field emission of nanocrystalline diamond thin Films grown from N_2/CH_4 microwave plasmas[J].Journal of Applied Physics,1997,82(9):4546-4550.

[127] GRUEN D M,LIU S,KRAUSS A R,et al.Fullerenes as precursors for diamond film growth Without hydrogen or oxygen additions[J].Applied Physics Letters,1994,64(12):1502-1504.

[128] ZHOU D,MCAULEY T C,QIN L C,et al.Synthesis of nanocrystalline diamond thin films from an Ar-CH_4 microwave plasma[J].Journal of Applied Physics,1998,83(1):540-543.

[129] ZHOU D,GRUEN D M,QIN L C,et al.Control of diamond film microstructure by Ar additions to CH_4/H_2 microwave plasma[J].Journal of Applied Physics,1998,84(4):1981-1989.

[130] KULISCH W,POPOV C,VORLICEK V,et al.Nanocryatalline diamond growth on different substrates[J].Thin Solid Films,2006,515(3):1005-1010.

[131] ZHANG Y F,ZHANG F,GAO Q L,et al.The roles of argon addition in the hot filament chemical vapor deposition system[J].Diamond and Related Materials,2001,10(8):1523-1527.

[132] TEII K,OSHIOKA H Y,ONO S,et al.Argon dilution effects on diamond deposition in electron cyclotron resonance plasma:a double probe study[J].Thin Solid Films,2003,437(1-2):63-67.

[133] LIFSHITZA Y,LEE C H,ZHANG W J,et al.Role of nucleation in nanodiamond film growth[J].Applied Physics Letters,2006,88(24):243114.

[134] JIAO S,SUMANT A,KIAK M A,et al. Microstructure of ultrananocrystalline diamond films grown by microwave Ar-CH_4 plasma chemical vapor deposition with or without added H_2[J].Journal of Applied Physics,2001,90(1):118-122.

[135] XIN H W,ZHANG Z M,LING X,et al.Composite films with smooth surface and the structural influence on dielectric properties[J].Diamond and Related Materials,2002,11(2):228-233.

[136] WU J J,KU C H,WONG T C,et al.Growth of nanocrystalline diamond films in CH_4/H_2

ambient[J].Thin Solid Films,2005,473(1):24-30.

[137]WANG T,XIN H W,ZHANG Z M,et al.The fabrication of nanocrystalline diamond films using hot filament CVD[J].Diamond and Related Materials,2004,13(1):6-13.

[138]KUNGEN T,TOMOHIRO I.Effect of enhanced C_2 growth chemistry on nanodiamond film deposition[J].Applied physics Letters,2007,90(11):111504.

[139]RABEAU J R,JOHN P,FAN Y,et al. The role of C_2 in nanocrystalline diamond growth [J].Journal of Applied Physics,2004,96(11):6724-6732.

[140]REDFERN P C,HOME D A,CURTISS L A,et al.Theoretical studies of growth of diamond (110) from dicarbon[J].The Journal of Physical Chemistry,1996,100(28): 11654-11663.

[141]TIEN S Y,JIR Y L,WONG M S,et al.Combined effects of argon addition and substrate bias on the formation of nanocrystalline diamond films by chemical vapor deposition[J]. Journal of Applied Physics,2002,92(9):4912-4917.

[142]MAY P W, MANKELEVICH Y A. Experiment and modeling of the deposition of ultrananocrystalline diamond films using hot filament chemical vapor deposition and $Ar/CH_4/H_2$ gas mixtures;a generalized mechanism for ultrananocrystalline diamond growth[J]. Journal of Applied Physics,2006,100(2):024301.

[143]MAY P W,HARVERY J N,SMITH J A,et al.Reevaluation of the mechanism for ultrananocrystalline diamond deposition from $Ar/CH_4/H_2$ gas mixtures[J].Journal of Applied Physics,2006,99(10):104907.

[144]MAY P W,ASHFOLD M N R,MANKELEVICH Y A.Microcrystalline,nanocrystalline,and ultrananocrystalline diamond chemical vapor deposition:experiment and modeling of the factors controlling growth rate.nucleation.and crystal size[J].Journal of Applied Physics, 2007,101(5):053115.

[145]LIFSHITZ Y, MENG X M, LEE S T, et al. Visualization of diamond nucleation and growth from energetic species[J].Physical Review Letters,2004,93(5):056101.

[146]MICHAELSON S,HOFFMAN A.Hydrogen in nanodiamond films[J].Diamond and Related Materials,2005,14(3-7):470-475.

[147]孙方宏,张志明,沈荷生,等.纳米金刚石薄膜的制备与应用[J].机械工程学报,2007,43(3):118-122.

[148]HEIMAN A,GOUZMAN I,CHRISTIANSEN S H,et al.Evolution and properties of nanodiamond films deposited by direct current glow discharge [J]. Journal of Applied

Physics,2001,89(5):2622 -2630.

[149]TANG Y H,LEE C S,ZHOU X T,et al.A soft X - ray absorption study of nanodiamond films prepared by hot-filament chemical vapor deposition[J].Chemical Physics Letters, 2003,372(3-4):320-324.

[150]叶永权,匡周春,雷淑梅,等.金刚石(膜)的拉曼光谱表征技术进展[J].金刚石与磨料磨具工程,2007(5):17-21.

[151]YANCHUK I B,VALAKH M Y,VUL A Y,et al.Raman scattering,AFM and nanoindentation characterisation of diamond films obtained by hot filament CVD [J].Diamond and Related Materials,2004,13(2):266-269.

[152]WANG C Z,YE F,CHANG C,et al.Micro-Raman analysis of the cross-section of a diamond film prepared by hot - filament chemical vapor deposition[J]. Diamond and Related Matcrials,2000,9 (9):1712-1715.

[153]WALTER A Y,RUSSELL M.Current issues and problems in the chemical vapor deposition of diamond[J].Science,1990(247):688-696.

[154] FILIK J, HARVEY J N, AILA N L, et al. Raman spectroscopy of nanocrystalline diamond: an ab initio approach[J].Physical Review B,2006(7):035423.

[155]FERRARI A C,ROBERTSON J.Raman signature of bonding and disorder in carbons [J].Materials Research Society Symposium Proceedings,2000(593):299-304.

[156]刘素田,唐伟忠,耿春雷,等.纳米金刚石薄膜的制备和应用[J].金刚石与磨料磨具工程,2006(1):75-79.

[157]唐存印,刘燕,吕智.金刚石膜技术及应用[J].超硬材料工程,2007,19(4):33-37.

[158]孙方宏,阵明,张志明,等.高性能 CVD 金刚石薄膜涂层刀具的制备和试验研究[J].机械工程学报,2003,39(7):100-106.

[159]奚正蕾,莘海维,张志明,等.常规与纳米金刚石薄膜介电性能的比较[J].微细加工技术,2001(4):50-55.

[160] HIRAMATSU M, LAU C H, ANDREW B, et al. Formation of diamond and nanocrystalline diamond films by microwave plasma CVD[J].Thin Solid Films,2002, 407(1-2):18-25.

[161]SUBRAMANIAN B K,KANG W P,DAVIDEON J L,et al.The effect of growth rate control on the morphology of nanocrystalline diamond [J].Diamond and Related Materials, 2005,14(3-7):404-410.

[162]KANG W P,DAVIDSON J L,WONG Y M,et al.Diamond vacuum field emission devices

[J].Diamond and Related Materials,2004,13(4-8):975-981.

[163]KULISCH W,POPOV C,REITHMAIER J P.Surface and bioproperties of nanocrystalline diamond/amorphous carbon nanocomposite films [J].Thin solid films,2007,515(23):8407-8411.

[164]BASU S,KANG W P,DAVIDSON J L,et al.Electrochemical sensing using nanodiamond microprobe [J].Diamond and Related Materials,2006,15(2 -3):269-274.

[165]FERREIRA N G,AZEVEDO A F,BELOTO A F,et al.Nanodiamond films growth on porous silicon substrates for electrochemical applications [J].Diamond and Related Materials,2005,14(3-7):441-445.

[166]PANIZZA M,CERISOLA C.Application of diamond electrodes to electrochemical processes[J]. Electrochemical Acta,2005,51(2):191-199.

[167]蒋丽雯,王林军,刘健敏,等.纳米金刚石薄膜的光学性能研究[J].红外与毫米波学报,2006,25(3):195-198.

[168]陈波,王小兵,程勇,等.军用纳米金刚石膜的研究与应用综述[J].光电子技术与信息,2003,16(4):1-7.

[169]吕反修.具有广阔应用前景的纳米金刚石膜[J].物理学和高新技术,2003,32(6):383-390.

[170]GRUEN D M.Nanocrystalline Diamond Films[J].Review Material Science,1999,29:211-259.

[171]HUANG S M,SUN Z,et al.Tribology of Tool-chip Interface and Tool Wear Mechanisms [J].Surface and Coatings Technology,2002,263:151-152.

[172]TANG Y H,LEE S T,et al.A Soft-X-ray Absorption filaStudy of Nanodiamond Films Prepared by Hot-filament Chemical Vapor Deposition[J].Chemical Physics Letters,372:320.

[173]SHARDAT,SOGAT,et al.Growth of Nanocrystalline Diamond Films by Biased Enhanced MicrowasaPlasma Chemical Vapor Deposition[J].Diamond and Related Materials,2001,10:1592-1596.

[174]HIRONMICHI YOSHIKAWA,CEDRIC MORAL,et al,Synthesis of Nanocrystalline Diamond Films Using MicrowasaPalsma CVD[J].Diamond and Related Materials,2001,10:1588-1591.

[175]ZHANGY F,ZHANGF,et al. The Roles of Argon Addition in the Hot Filament Chemical Vapor Deposition System[J].Diamond and Related Materials,2001,10:1523-1527.

[176]LOPEZJ M,GORDILLO-VAZQUEZF J.Nanocrystalline Diamond Thin Films Deposited by35 kHz Ar-rich Plasma[J].Applied Surface Science,2002,185:321-325.

[177]ERDEMIR A,FENSKEG R,et al.Tribological Properties of Nanocrystalline Diamond Films[J].Surface Coatings&Technology,1999,120-121:565-572.

[178]ZHANG Y F,ZHANGF,et al.Synthesis of Nanocrystalline Diamond Film in Hot Filament Chemical Vapor Deposition by Adding Ar.Chin. Phys.Lett.2001,18(2) :286-288.

[179]CHOW L,ZHOU D,et al.Chemical Vapor Deposition of Novel Carbon Materials.Thin Solid Films,2000,386:193-197.

[180]NISTOR L C,CAN L J,et al.Diamond and Related Materials,1997,6:159.

[181] LEE S T,PENGH Y,et al.A Nucleation Site and Mechanism Leading to Epitaxial Growth of Diamond Films[J].Science,2000,287:104-107.

[182]SHARDAT,SOGAT,et al.Biased Enhanced Growth of Nanocrystalline Diamond Films by Microwave Plama Chemical Vapor Deposition[J].Diamona and Related Materials,2000,(9):1331-1335.

[183]HIRONMICHI YOSHIKAWA,CEDRICMORAL,et al. Synthesis of Nanocrystalline Diamond Films Using Microwave PlasmaCVD[J].Diamond and Related Materials,2001,(10):1588-1591.

[184]JIANGN,KUJIMES,et al.Growth and Structural Analysis of Nanodiamond Films Deposition on Si Substrates Pretreated by Various Methods,Journal of Crystal Growth,2000,281:265-271.

[185] TIEN - SYHYANG, JIR - YONLAI, et al. Growth of Faceted, Ballas - like and Nanocrystalline Diamond Films Deposited inCH4/H2/ArMPCVD,Diamond and Related Materials,2001(10):2161-2166.

[186]TANGY H,LEES T,et al.A SoftX-ray Absorption Study of Nanodiamond Films Prepared by Hot-filament Chemical Vapor Deposition[J].Chemical Physics Letters,372:320.

[187]MA Y,WASSDAHL N,et al.Soft-X-ray Resonant Inelastic at the CKE dge of Diamond [J].Physical Review Letter,1992,69(17).

[188]BUSRMANN HANS-GERD,PAGELERANTJE,et al.Grain Boundaries and Mechanical Properties of Nanocrystalline Diamond Films.Journal Metastable and Nanocrystalline Materials,2000,8:255-260.

[189] KRAUSS A R, AUCIELLO O.Ultrananocrystalline Diamond Thin Films For MEMS and Moving Mechanical Assembly Devices.Diamond and Related Materials,2001,10:1952-1961.

[190]ZHU W,KOCHANSK G P,JIN S.Low-fied Electron Emission form Undoped Nanostructured Diamond[J].Science,1998,282:1471-1473.

[191]朱利兵,唐元洪,林良武.纳米金刚石薄膜的合成、表征及应用[J].人工晶体学报,2004,33(6):1052-1056.

[192]韩毅松,玄真武,刘尔凯,等.纳米金刚石膜:一种新的具有广阔应用前景的CVD金刚石[J].人工晶体学报,2002,31(2):158-163.